S O U V E N I R S   E N T O M O L O G I Q U E S

SOUVENIRS ENTOMOLOGIQUES

SOUVENIRS ENTOMOLOGIQUES

JEAN-HENRI FABRE

法布爾昆蟲記全集 2

樹莓樁中的居民

法布爾 著

梁守鏘 / 譯　楊平世 / 審訂

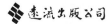

遠流出版公司

審訂者介紹

楊平世

現任國立台灣大學昆蟲學系教授。主要研究範圍是昆蟲與自然保育、水棲昆蟲生態學、台灣蝶類資源與保育、民族昆蟲等；在各期刊、研討會上發表的相關論文達200多篇，曾獲國科會優等獎及甲等獎十餘次。

除了致力於學術領域的昆蟲研究外，也相當重視科學普及化與自然保育的推廣。著作有《台灣的常見昆蟲》、《常見野生動物的價值和角色》、《野生動物保育》、《自然追蹤》、《台灣昆蟲歲時記》及《我愛大自然信箱》等，曾獲多次金鼎獎。另與他人合著《臺北植物園自然教育解說手冊》、《墾丁國家公園的昆蟲》、《溪頭觀蟲手冊》等書。

1993年擔任東方出版社翻譯日人奧本大三郎改寫版《昆蟲記》的審訂者，與法布爾結下不解之緣；2002年擔任遠流出版公司法文原著全譯版《法布爾昆蟲記全集》十冊審訂者。

譯者介紹

梁守鏘

畢業於南京大學外語系。廣東中山大學外語學院教授退休。主要著作及譯作有《法語詞匯學》、《法語詞匯學教程》、《法語搭配詞典》、《布阿吉爾貝爾選集》、《風俗論(上)》、《法國辯護書》、《波斯人信札》、《威尼斯女歌手》等。

圖例說明：《法布爾昆蟲記全集》十冊，各冊中昆蟲線圖的比例標示法，乃依法文原著的方式，共有以下三種：(1)以圖文說明（例如：放大 1 1/2 倍）；(2)在圖旁以數字標示（例如：2/3）；(3)在圖旁以黑線標出原蟲尺寸。

目錄

序

相見恨晚的昆蟲詩人

劉克襄

　　我和法布爾的邂逅，來自於三次茫然而感傷的經驗，但一直到現在，我仍還沒清楚地認識他。

第一次邂逅

　　第一次是離婚的時候。前妻帶走了一堆文學的書，像什麼《深淵》、《鄭愁予詩選集》之類的現代文學，以及《莊子》、《古今文選》等古典書籍。只留下一套她買的，日本昆蟲學者奧本大三郎摘譯編寫的《昆蟲記》(東方出版社出版，1993)。

　　儘管是面對空蕩而淒清的書房，看到一套和自然科學相關的書籍完整倖存，難免還有些慰藉。原本以為，她希望我在昆蟲研究的造詣上更上層樓。殊不知，後來才明白，那是留給孩子閱讀的。只可惜，孩子們成長至今的歲月裡，這套後來擺在《射鵰英雄傳》旁邊的自然經典，從不曾被他們青睞過。他們琅琅上口的，始終是郭靖、黃藥師這些虛擬的人物。

　　偏偏我不愛看金庸。那時，白天都在住家旁邊的小綠山觀察。二十來種鳥看透了，上百種植物的相思林也認完了，林子裡龐雜的昆蟲開始成為不得不面對的事實。這套空擺著的《昆蟲記》遂成為參考的重要書籍，翻閱的次數竟如在英文辭典裡尋找單字般的習以為常，進而產生莫名地熱愛。

　　還記得離婚時，辦手續的律師順便看我的面相，送了一句過來人的忠告，「女人常因離婚而活得更自在；男人卻自此意志消沈，一蹶不振，你可要保重了。」

　　或許，我本該自此頹廢生活的。所幸，遇到了昆蟲。如果說《昆蟲記》提昇了我的中年生活，應該也不為過罷！

　　可惜，我的個性見異思遷。翻讀熟了，難免懷疑，日本版摘譯編寫的《昆蟲記》有多少分真實，編寫者又添加了多少分己見？再者，我又無法學到法布爾般，持續著堅定而簡單的觀察。當我疲憊地結束小綠山觀察後，這套編書就束諸高閣，連一些親手製作的昆蟲標本，一起堆置在屋角，淪為個人生活史裡的古蹟了。

第二次邂逅

　　第二次遭遇，在四、五年前，到建中校園演講時。記得那一次，是建中和北一女保育社合辦的自然研習營。講題為何我忘了，只記得講完後，一個建中高三的學生跑來找我，請教了一個讓我差點從講台跌跤的問題。

　　他開門見山就問，「我今年可以考上台大動物系，但我想先去考台大外文系，或者歷史系，讀一陣後，再轉到動物系，你覺得如何？」

　　哇靠，這是什麼樣的學生！我又如何回答呢？原來，他喜愛自然科學。可是，卻不想按部就班，循著過去的學習模式。他覺得，應該先到文學院洗禮，培養自己的人文思考能力。然後，再轉到生物科系就讀，思考科學事物時，比較不會僵硬。

　　一名高中生竟有如此見地，不禁教人讚嘆。近年來，台灣科普書籍的豐富引進，我始終預期，台灣的自然科學很快就能展現人文的成熟度。不意，在這位十七歲少年的身上，竟先感受到了這個科學藍圖的清晰一角。

　　但一個高中生如何窺透生態作家強納森・溫納《雀喙之謎》的繁複分析和歸納？又如何領悟威爾森《大自然的獵人》所展現的道德和知識的強度？進而去懷疑，自己即將就讀科系有著體制的侷限，無法如預期的理想。

　　當我以這些被學界折服的當代經典探詢時，這才恍然知道，少年並未看過。我想也是，那麼深奧而豐厚的書，若理解了，恐怕都可以跳昇去攻讀博士班了。他只給了我「法布爾」的名字。原來，在日本版摘譯

編寫的《昆蟲記》裡，他看到了一種細膩而充滿濃厚文學味的詩意描寫。同樣近似種類的昆蟲觀察，他翻讀台灣本土相關動物生態書籍時，卻不曾經驗相似的敘述。一邊欣賞著法布爾，那獨特而細膩，彷彿享受美食的昆蟲觀察，他也轉而深思，疑惑自己未來求學過程的秩序和節奏。

　　十七歲的少年很驚異，為什麼台灣的動物行為論述，無法以這種議夾敘述的方式，將科學知識圓熟地以文學手法呈現？再者，能夠蘊釀這種昆蟲美學的人文條件是什麼樣的環境？假如，他直接進入生物科系裡，是否也跟過去的學生一樣，陷入既有的制式教育，無法開啟活潑的思考？幾經思慮，他才決定，必須繞個道，先到人文學院裡吸收文史哲的知識，打開更寬廣的視野。其實，他來找我之前，就已經決定了自己的求學走向。

第三次邂逅

　　第三次的經驗，來自一個叫「昆蟲王」的九歲小孩。那也是四、五年前的事，我在耕莘文教院，帶領小學生上自然觀察課。有一堂課，孩子們用黏土做自己最喜愛的動物，多數的孩子做的都是捏出狗、貓和大象之類的寵物。只有他做了一隻獨角仙。原來，他早已在飼養獨角仙的幼蟲，但始終孵育失敗。

　　我印象更深刻的，是隔天的戶外觀察。那天寒流來襲，我出了一道題目，尋找鍬形蟲、有毛的蝸牛以及小一號的熱狗（即馬陸，綽號火車蟲）。抵達現場後，寒風細雨，沒多久，六十多個小朋友全都縮在廟前避寒、躲雨。只有他，持著雨傘，一路翻撥。一小時過去，結果，三種動物都被他發現了。

　　那次以後，我們變成了野外登山和自然觀察的夥伴。初始，為了爭取昆蟲王的尊敬，我的注意力集中在昆蟲的發現和現場討論。這也是我第一次在野外聽到，有一個小朋友唸出「法布爾」的名字。

　　每次找到昆蟲時，在某些情況的討論時，他常會不自覺地搬出法布爾的經驗和法則。我知道，很多小孩在十歲前就看完金庸的武俠小說。沒想到《昆蟲記》竟有人也能讀得滾瓜爛熟了。這樣在野外旅行，我常

感受到，自己面對的常不只是一位十歲小孩的討教。他的後面彷彿還有位百年前的法國老頭子，無所不在，且斤斤計較地對我質疑，常讓我的教學倍感壓力。

有一陣子，我把這種昆蟲王的自信，稱之為「法布爾併發症」。當我辯不過他時，心裡難免有些犬儒地想，觀察昆蟲需要如此細嚼慢嚥，像吃一盤盤正式的日本料理嗎？透過日本版的二手經驗，也不知真實性有多少？如此追根究底的討論，是否失去了最初的價值意義？但放諸現今的環境，還有其他方式可取代嗎？我充滿無奈，卻不知如何解決。

完整版的《法布爾昆蟲記全集》

那時，我亦深深感嘆，日本版摘譯編寫的《昆蟲記》居然就如此魅力十足，影響了我周遭喜愛自然觀察的大、小朋友。如果有一天，真正的法布爾法文原著全譯本出版了，會不會帶來更為劇烈的轉變呢？沒想到，我這個疑惑才浮昇，譯自法文原著、完整版的《法布爾昆蟲記全集》中文版就要在台灣上市了。

說實在的，過去我們所接觸的其它版本的《昆蟲記》都只是一個片段，不曾完整過。你好像進入一家精品小鋪，驚喜地看到它所擺設的物品，讓你愛不釋手，但是，那時還不知，你只是逗留在一個小小樓層的空間。當你走出店家，仰頭一看，才赫然發現，這是一間大型精緻的百貨店。

當完整版的《法布爾昆蟲記全集》出現時，我相信，像我提到的狂熱的「昆蟲王」，以及早熟的十七歲少年，恐怕會增加更多吧！甚至，也會產生像日本博物學者鹿野忠雄、漫畫家手塚治虫那樣，從十一、二歲就矢志，要奉獻一生，成為昆蟲研究者的人。至於，像我這樣自忖不如，半途而廢的昆蟲中年人，若是稍早時遇到的是完整版的《法布爾昆蟲記全集》，說不定那時就不會急著走出小綠山，成為到處遊蕩台灣的旅者了。

2002.6 月於台北

（本文作者為自然觀察家暨自然旅行家）

導讀

兒時記趣與昆蟲記

楊平世

「余憶童稚時，能張目對日，明察秋毫。見藐小微物必細察其紋理，故時有物外之趣。」

——清　沈復《浮生六記》之「兒時記趣」

「在對某個事物說『是』以前，我要觀察、觸摸，而且不是一次，是兩三次，甚至沒完沒了，直到我的疑心在如山鐵證下歸順聽從為止。」

——法國　法布爾《法布爾昆蟲記全集7》

　　《浮生六記》是清朝的作家沈復在四十六歲時回顧一生所寫的一本簡短回憶錄。其中的「兒時記趣」一文是大家耳熟能詳的小品，文內記載著他童稚的心靈如何運用細心的觀察與想像，為童年製造許多樂趣。在《浮生六記》付梓之後約一百年（1909年），八十五歲的詩人與昆蟲學家法布爾，完成了他的《昆蟲記》最後一冊，並印刷問世。

　　這套耗時卅餘年寫作、多達四百多萬字、以文學手法、日記體裁寫成的鉅作，是法布爾一生觀察昆蟲所寫成的回憶錄，除了記錄他對昆蟲所進行的觀察與實驗結果外，同時也記載了研究過程中的心路歷程，對學問的辨證，和對人類生活與社會的反省。在《昆蟲記》中，無論是六隻腳的昆蟲或是八隻腳的蜘蛛，每個對象都耗費法布爾數年到數十年的時間去觀察並實驗，而從中法布爾也獲得無限的理趣，無悔地沉浸其中。

遠流版《法布爾昆蟲記全集》

昆蟲記的原法文書名《SOUVENIRS ENTOMOLOGIQUES》，直譯為「昆蟲學的回憶錄」，在國內大家較熟悉《昆蟲記》這個譯名。早在1933年，上海商務出版社便出版了本書的首部中文節譯本，書名當時即譯為《昆蟲記》。之後於1968年，台灣商務書店復刻此一版本，在接續的廿多年中，成為在臺灣發行的唯一中文節譯版本，目前已絕版多年。1993年國內的東方出版社引進由日本集英社出版，奧本大三郎所摘譯改寫的《昆蟲記》一套八冊，首度為國人有系統地介紹法布爾這套鉅著。這套書在奧本大三郎的改寫下，採對小朋友說故事體的敘述方法，輔以插圖、背景知識和照片說明，十分生動活潑。但是，這一套書卻不是法布爾的原著，而僅是摘譯內容中科學的部分改寫而成。最近寂天出版社則出了大陸作家出版社的摘譯版《昆蟲記》，讓讀者多了一種選擇。

今天，遠流出版公司的這一套《法布爾昆蟲記全集》十冊，則是引進2001年由大陸花城出版社所出版的最新中文全譯本，再加以逐一修潤、校訂、加注、修繪而成的。這一個版本是目前唯一的中文版全譯本，而且直接譯自法文版原著，不是摘譯，也不是轉譯自日文或英文；書中並有三百餘張法文原著的昆蟲線圖，十分難得。《法布爾昆蟲記全集》十冊第一次讓國人有機會「全覽」法布爾這套鉅作的諸多面相，體驗書中實事求是的科學態度，欣賞優美的用詞遣字，省思深刻的人生態度，並從中更加認識法布爾這位科學家與作者。

法布爾小傳

法布爾(Jean Henri Fabre, 1823-1915)出生在法國南部，靠近地中海的一個小鎮的貧窮人家。童年時代的法布爾便已經展現出對自然的熱愛與天賦的觀察力，在他的「遺傳論」一文中可一窺梗概。(見《法布爾昆蟲記全集 6》) 靠著自修，法布爾考取亞維農(Avignon)師範學院的公費生；十八歲畢業後擔任小學教師，繼續努力自修，在隨後的幾年內陸續獲得文學、數學、物理學和其他自然科學的學士學位與執照(近似於今日的碩士學位)，並在1855年拿到科學博士學位。

年輕的法布爾曾經為數學與化學深深著迷，但是後來發現動物世界

更加地吸引他，在取得博士學位後，即決定終生致力於昆蟲學的研究。但是經濟拮据的窘境一直困擾著這位滿懷理想的年輕昆蟲學家，他必須兼任許多家教與大眾教育課程來貼補家用。儘管如此，法布爾還是對研究昆蟲和蜘蛛樂此不疲，利用空暇進行觀察和實驗。

這段期間法布爾也以他豐富的知識和文學造詣，寫作各種科普書籍，介紹科學新知與各類自然科學知識給大眾。他的大眾自然科學教育課程也深獲好評，但是保守派與教會人士卻抨擊他在公開場合向婦女講述花的生殖功能，而中止了他的課程。也由於老師的待遇實在太低，加上受到流言中傷，法布爾在心灰意冷下辭去學校的教職；隔年甚至被虔誠的天主教房東趕出住處，使得他的處境更是雪上加霜，也迫使他不得不放棄到大學任教的願望。法布爾求助於英國的富商朋友，靠著朋友的慷慨借款，在 1870 年舉家遷到歐宏桔(Orange)由當地仕紳所出借的房子居住。

在歐宏桔定居的九年中，法布爾開始殷勤寫作，完成了六十一本科普書籍，有許多相當暢銷，甚至被指定為教科書或輔助教材。而版稅的收入使得法布爾的經濟狀況逐漸獲得改善，並能逐步償還當初的借款。這些科普書籍的成功使《昆蟲記》一書的寫作構想逐漸在法布爾腦中浮現，他開始整理集結過去卅多年來觀察所累積的資料，並著手撰寫。但是也在這段期間裡，法布爾遭遇喪子之痛，因此在《昆蟲記》第一冊書末留下懷念愛子的文句。

1879 年法布爾搬到歐宏桔附近的塞西尼翁，在那裡買下一棟義大利風格的房子和一公頃的荒地定居。雖然這片荒地滿是石礫與野草，但是法布爾的夢想「擁有一片自己的小天地觀察昆蟲」的心願終於達成。他用故鄉的普羅旺斯語將園子命名為荒石園(L'Harmas)。在這裡法布爾可以不受干擾地專心觀察昆蟲，並專心寫作。（見《法布爾昆蟲記全集2》）這一年《昆蟲記》的首冊出版，接著並以約三年一冊的進度，完成全部十冊及第十一冊兩篇的寫作；法布爾也在這裡度過他晚年的卅載歲月。

除了《昆蟲記》外，法布爾在 1862-1891 這卅年間共出版了九十五本十分暢銷的書，像 1865 年出版的《LE CIEL》(天空)一書便賣了十一

刷，有些書的銷售量甚至超過《昆蟲記》。除了寫書與觀察昆蟲之外，法布爾也是一位優秀的真菌學家和畫家，曾繪製採集到的七百種蕈菇，張張都是一流之作；他也留下了許多詩作，並為之譜曲。但是後來模仿《昆蟲記》一書體裁的書籍越來越多，且書籍不再被指定為教科書而使版稅減少，法布爾一家的生活再度陷入困境。一直到人生最後十年，法布爾的科學成就才逐漸受到法國與國際的肯定，獲得政府補助和民間的捐款才再脫離清寒的家境。1915年法布爾以九十二歲的高齡於荒石園辭世。

　　這位多才多藝的文人與科學家，前半生為貧困所苦，但是卻未曾稍減對人生志趣的追求；雖曾經歷許多攀附權貴的機會，依舊未改其志。開始寫作《昆蟲記》時，法布爾已經超過五十歲，到八十五歲完成這部鉅作，這樣的毅力與精神與近代分類學大師麥爾(Ernst Mayr)高齡近百還在寫書同樣讓人敬佩。在《昆蟲記》中，讀者不妨仔細注意法布爾在字裡行間透露出來的人生體驗與感慨。

科學的《昆蟲記》

　　在法布爾的時代，以分類學為基礎的博物學是主流的生物科學，歐洲的探險家與博物學家在世界各地採集珍禽異獸、奇花異草，將標本帶回博物館進行研究；但是有時這樣的工作會流於相當公式化且表面的研究。新種的描述可能只有兩三行拉丁文的簡單敘述便結束，不會特別在意特殊的構造和其功能。

　　法布爾對這樣的研究相當不以為然：「你們（博物學家）把昆蟲肢解，而我是研究活生生的昆蟲；你們把昆蟲變成一堆可怕又可憐的東西，而我則使人們喜歡他們……你們研究的是死亡，我研究的是生命。」在今日見分子不見生物的時代，這一段話對於研究生命科學的人來說仍是諍諍建言。法布爾在當時是少數投入冷僻的行為與生態觀察的非主流學者，科學家雖然十分了解觀察的重要性，但是對於「實驗」的概念還未成熟，甚至認為博物學是不必實驗的科學。法布爾稱得上是將實驗導入田野生物學的先驅者，英國的科學家路柏格(John Lubbock)也是這方面的先驅，但是他的主要影響在於實驗室內的實驗設計。法布爾說：

「僅僅靠觀察常常會引人誤入歧途,因為我們遵循自己的思維模式來詮釋觀察所得的數據。為使真相從中現身,就必須進行實驗,只有實驗才能幫助我們探索昆蟲智力這一深奧的問題……通過觀察可以提出問題,通過實驗則可以解決問題,當然問題本身是可以解決的;即使實驗不能讓我們茅塞頓開,至少可以從一片混沌的雲霧中投射些許光明。」(見《法布爾昆蟲記全集 4》)

這樣的正確認知使得《昆蟲記》中的行為描述變得深刻而有趣,法布爾也不厭其煩地在書中交代他的思路和實驗,讓讀者可以融入情景去體驗實驗與觀察結果所呈現的意義。而法布爾也不會輕易下任何結論,除非在三番兩次的實驗或觀察都呈現確切的結果,而且有合理的解釋時他才會說「是」或「不是」。比如他在村裡用大砲發出巨大的爆炸聲響,但是發現樹上的鳴蟬依然故我鳴個不停,他沒有據此做出蟬是聾子的結論,只保留地說他們的聽覺很鈍 (見《法布爾昆蟲記全集 5》)。類似的例子在整套《昆蟲記》中比比皆是,可以看到法布爾對科學所抱持的嚴謹態度。

在整套《昆蟲記》中,法布爾著力最深的是有關昆蟲的本能部分,這一部份的觀察包含了許多寄生蜂類、蠅類和甲蟲的觀察與實驗。這些深入的研究推翻了過去權威所言「這是既得習慣」的錯誤觀念,了解昆蟲的本能是無意識地為了某個目的和意圖而行動,並開創「結構先於功能」這樣一個新的觀念(見《法布爾昆蟲記全集 4》)。法布爾也首度發現了昆蟲對於某些的環境次機會有特別的反應,稱為趨性(taxis),比如某些昆蟲夜裡飛向光源的趨光性、喜歡沿著角落行走活動的趨觸性等等。而在研究芫菁的過程中,他也發現了有別於過去知道的各種變態型式,在幼蟲期間多了一個特殊的擬蛹階段,法布爾將這樣的變態型式稱為「過變態」(hypermetamorphosis),這是不喜歡使用學術象牙塔裡那種艱深用語的法布爾,唯一發明的一個昆蟲學專有名詞。(見《法布爾昆蟲記全集 2》)

雖然法布爾的觀察與實驗相當仔細而有趣,但是《昆蟲記》的文學寫作手法有時的確帶來一些問題,尤其是一些擬人化的想法與寫法,可能會造成一些誤導。還有許多部分已經在後人的研究下呈現出較清楚的

面貌，甚至與法布爾的觀點不相符合。比如法布爾認為蟬的聽覺很鈍，甚至可能沒有聽覺，因此蟬鳴或其他動物鳴叫只是表現享受生活樂趣的手段罷了。這樣的陳述以科學角度來說是完全不恰當的。因此希望讀者沉浸在本書之餘，也記得「盡信書不如無書」的名言，時時抱持懷疑的態度，旁徵博引其他書籍或科學報告的內容相互佐證比較，甚至以本地的昆蟲來重複進行法布爾的實驗，看看是否同樣適用或發現新的「事實」，這樣法布爾的《昆蟲記》才真正達到了啓發與教育的目的，而不只是一堆現成的知識而已。

人文與文學的《昆蟲記》

《昆蟲記》並不是單純的科學紀錄，它在文學與科普同樣佔有重要的一席之地。在整套書中，法布爾不時引用希臘神話、寓言故事，或是家鄉普羅旺斯地區的鄉間故事與民俗，不使內容成為曲高和寡的科學紀錄，而是和「人」密切相關的整體。這樣的特質在這些年來越來越希罕，學習人文或是科學的學子往往只沉浸在自己的領域，未能跨出學門去豐富自己的知識，或是實地去了解這塊孕育我們的土地的點滴。這是很可惜的一件事。如果《昆蟲記》能獲得您的共鳴，或許能激發您想去了解這片土地自然與人文風采的慾望。

法國著名的劇作家羅斯丹說法布爾「像哲學家一般地思，像美術家一般地看，像文學家一般地寫」；大文學家雨果則稱他是「昆蟲學的荷馬」；演化論之父達爾文讚美他是「無與倫比的觀察家」。但是在十八世紀末的當時，法布爾這樣的寫作手法並不受到一般法國科學家們的認同，認為太過通俗輕鬆，不像當時科學文章艱深精確的寫作結構。然而法布爾堅持自己的理念，並在書中寫道：「高牆不能使人熱愛科學。將來會有越來越多人致力打破這堵高牆，而他們所用的工具，就是我今天用的、而為你們（科學家）所鄙夷不屑的文學。」

以今日科學的角度來看，這樣的陳述或許有些情緒化的因素摻雜其中，但是他的理念已成為科普的典範，而《昆蟲記》的文學地位也已為普世所公認，甚至進入諾貝爾文學獎入圍的候補名單。《昆蟲記》裡面的用字遣詞是值得細細欣賞品味的，雖然中譯本或許沒能那樣真實反應

出法文原版的文學性，但是讀者必定能發現他絕非鋪陳直敘的新聞式文章。尤其在文章中對人生的體悟、對科學的感想、對委屈的抒懷，常常流露出法布爾作為一位詩人的本性。

《昆蟲記》與演化論

雖然昆蟲記在科學、科普與文學上都佔有重要的一席之地，但是有關《昆蟲記》中對演化論的質疑是必須提出來說的，這也是目前的科學家們對法布爾的主要批評。達爾文在1859年出版了《物種原始》一書，演化的概念逐漸在歐洲傳佈開來。廿年後，《昆蟲記》第一冊有關寄生蜂的部分出版，不久便被翻譯為英文版，達爾文在閱讀了《昆蟲記》之後，深深佩服法布爾那樣鉅細靡遺且求證再三的記錄，並援以支持演化論。相反地，雖然法布爾非常敬重達爾文，兩人並相互通信分享研究成果，但是在《昆蟲記》中，法布爾不只一次地公開質疑演化論，如果細讀《昆蟲記》，可以看出來法布爾對於天擇的觀念相當懷疑，但是卻沒有一口否決過，如同他對昆蟲行為觀察的一貫態度。我們無從得知法布爾是否真正仔細完整讀過達爾文的《物種原始》一書，但是《昆蟲記》裡面展現的質疑，絕非無的放矢。

十九世紀末甚至二十世紀初的演化論知識只能說有了個原則，連基礎的孟德爾遺傳說都還是未能與演化論相結合，遑論其他許多的演化概念和機制，都只是從物競天擇去延伸解釋，甚至淪為說故事，這種信心高於事實的說法，對法布爾來說當然算不上是嚴謹的科學理論。同一時代的科學家有許多接受了演化論，但是無法認同天擇是演化機制的說法，而法布爾在這點上並未區分二者。但是嚴格說來，法布爾並未質疑物種分化或是地球有長遠歷史這些概念，而是認為選汰無法造就他所見到的昆蟲本能，並且以明確的標題「給演化論戳一針」表示自己的懷疑。（見《法布爾昆蟲記全集 3》）

而法布爾從自己研究得到的信念，有時也成為一種偏見，妨礙了實際的觀察與實驗的想法。昆蟲學家巴斯德（George Pasteur）便曾在《SCIENTIFIC AMERICAN》（台灣譯為《科學人》雜誌，遠流發行）上為文，指出法布爾在觀察某種蟹蛛（Thomisus onustus）在花上的捕食行為，以

及昆蟲假死行為的實驗的錯誤。法布爾認為很多發生在昆蟲的典型行為就如同一個原型，但是他也觀察到這些行為在族群中是或多或少有所差異的，只是他把這些差異歸為「出差錯」，而未從演化的角度思考。

　　法布爾同時也受限於一個迷思，這樣的迷思即使到今天也還普遍存在於大眾，就是既然物競天擇，那為何還有這些變異？為什麼糞金龜中沒有通通變成身強體壯的個體，甚至反而大個兒是少數？現代演化生態學家主要是由「策略」的觀點去看這樣的問題，比較不同策略間的損益比，進一步去計算或模擬發生的可能性，看結果與預期是否相符。有興趣想多深入了解的讀者可以閱讀更多的相關資料書籍再自己做評價。

今日《昆蟲記》

　　《昆蟲記》迄今已被翻譯成五十多種文字與數十種版本，並橫跨兩個世紀，繼續在世界各地擔負起對昆蟲行為學的啟蒙角色。希望能藉由遠流這套完整的《法布爾昆蟲記全集》的出版，引發大家更多的想法，不管是對昆蟲、對人生、對社會、對科普、對文學，或是對鄉土的。曾經聽到過有小讀者對《昆蟲記》一書抱著高度的興趣，連下課十分鐘都把握閱讀，也聽過一些小讀者看了十分鐘就不想再讀了，想去打球。我想，都好，我們不期望每位讀者都成為法布爾，法布爾自己也承認這些需要天份。社會需要多元的價值與各式技藝的人。同樣是觀察入裡，如果有人能因此走上沈復的路，發揮想像沉醉於情趣，成為文字工作者；那和學習實事求是態度，浸淫理趣，立志成為科學家或科普作者的人，這個社會都應該給予相同的掌聲與鼓勵。

楊平世　　　2002.6.18 於台灣大學農學院

（本文作者現任台灣大學昆蟲學系教授）

第一章
荒石園

這就是我所想要的：一塊地。哦！一塊不要太大，但四周有圍牆，不會有馬路上各種麻煩的土地；一塊日曬熱烤，荒蕪不毛，被人拋棄但卻是矢車菊和膜翅目昆蟲鍾愛的土地。在那裡，我可以不必擔心過路人的打擾，與砂泥蜂和飛蝗泥蜂交談，這種艱難的對話，就靠實驗表達出來；在那裡，無需耗費時間遠行，無需迫不及待的奔走，我可以編製我的進攻計畫，設置我的埋伏陷阱，每天時時刻刻觀察所得到的結果。一塊地，是的，這就是我的願望，我的夢想，是我一直苦苦追求的夢想，但將來能否實現卻沒有明確的把握。

所以，當一個人整天都在為每日的麵包一籌莫展而操心時，要在曠野裡給自己準備一個實驗室是不容易的。我以不屈不撓的勇氣跟窮困潦倒的生活搏鬥了四十年，結果這朝思暮想

的實驗室終於得到了。這是我孜孜不倦、頑強奮鬥的結果，我不想去說它了。它來到了，但伴隨著它而來的，也許是必須要有一點空閒的時間，這是更重要的條件。我說也許，是因爲我的腳上總是拖著苦行犯的鎖鏈。願望是實現了，只是遲了些啊，我美麗的昆蟲！我很害怕有了桃子的時候，我的牙齒卻啃不動了。是的，只是遲了些，原先那開闊的天際，如今已成了十分低垂、令人窒息，而且日益縮小的穹廬。對於往事，除了我已經失去的以外，我一無所悔，我什麼也不後悔，甚至不後悔那二十年的光陰。對一切我也不抱希望，已經到這個地步了，往事歷歷，使我精疲力竭。我思忖：究竟值得不值得這樣生活下去。

四周一片廢墟，中間一堵斷牆聳立，石灰和沙使它巍然不動，這屹立著的斷牆就是我對科學眞理的熱愛。哦！我靈巧的膜翅目昆蟲啊！這種熱愛是不是足以讓我名正言順地對你們的故事再添上幾頁呢？我會不會力不從心呢？爲什麼我自己也把你們拋棄了這麼長的時間呢？一些朋友爲此責備我。啊！告訴他們，告訴那些既是你們的也是我的朋友們。告訴他們：並不是由於我的遺忘、我的懶散、我的拋棄，我想念你們，我深信節腹泥蜂的窩還會告訴我們動人的秘密，飛蝗泥蜂的捕獵還會給我們帶來驚奇的故事。但是我缺少時間，我在跟不幸的命運搏鬥中，孤立無援，被人遺棄。在高談闊論之前，必須能夠活

下去。請您告訴他們吧，他們會原諒我的。

　　還有人指責我使用的語言不莊嚴，乾脆直說吧，就是沒有乾巴巴的學究氣息。他們害怕讀起來不令人疲倦的作品，認為它就是沒有說出真理。照他們這種說法，只有晦澀難懂，才真的是思想深刻。你們這些帶著螫針的和盔甲上長著鞘翅的，不管有多少，都到這裡來為我辯護，替我說話吧！你們說說我跟你們是多麼親密無間，我多麼耐心地觀察你們，多麼認真地記錄你們的行為。你們的證詞會異口同聲地說：是的。證明我的作品沒有充滿言之無物的公式，一知半解的瞎扯，而是準確地描述觀察到的事實，一點不多，一點也不少。誰願意詢問你們就直接去問好了，他們也會得到同樣的答覆的。

　　另外，我親愛的昆蟲們，如果因為對你們的描述不夠令人討厭，所以說服不了這些正直的人，那麼就由我來對他們說：「你們是把昆蟲開膛破肚，而我是在牠們活蹦亂跳的情況下進行研究；你們把昆蟲變成一堆既恐怖又可憐的東西，而我則使得人們喜歡牠們；你們在酷刑室和碎屍場裡工作，但我是在蔚藍的天空下，在鳴蟬的歌聲中觀察；你們用試劑測試蜂房和原生質，而我卻是研究本能的最高表現；你們探究死亡，而我卻是探究生命。我為什麼不能進一步說明我的想法，因為野豬攪渾了清泉。博物學是青年人極好的學業，可是由於越分越細，

彼此隔絕，如今已成了令人嫌惡的東西。然而，如果說我是為了那些企圖有朝一日稍微弄清楚「本能」這個熱門問題的學者、哲學家們而寫，其實我更是為年輕人而寫，我希望使他們熱愛這門被你們弄得令人憎惡的博物學。這就是為什麼我在極力保持翔實的同時，不採用你們那種科學性的文字，因為這種文字似乎是從休倫人①的語言中借用來的。這種情況，唉！真是太常見了。」

不過，這並不是我現在要做的事。我要談的是在我的計畫中朝思暮想的那塊地，我要將它變成活的動物學實驗室。這塊地，我終於在一個荒僻的小村莊裡得到了。這是一個荒石園，當地的語言中，「荒石園」這個詞指的是一塊荒蕪不毛、亂石遍布、百里香恣生的荒地。這種地貧瘠到即使辛勤地犁耙也無法改善。當春天偶爾下雨，長出一點草時，綿羊會來到這裡。不過，我的荒石園由於在無數亂石中還有一點紅土，所以開始長出一些作物。據說從前那裡有些葡萄。的確，為了種幾棵樹而進行的挖掘中，會從各處挖出一些寶貴的根莖，由於時間久了，部分已經成了炭。於是，我用唯一能夠掘開這種土地的農具──長柄三齒耙來挖。可是實在太遺憾了，原先的植物已經沒有了。不再有百里香，不再有薰衣草，不再有一簇簇胭脂蟲

① 休倫人：十七世紀時北美洲的印地安人。──譯注

櫟，這種矮矮的胭脂蟲櫟會形成小樹林，人只要稍微抬腿一跨就可以走過去。這些植物，尤其是前兩種，由於能夠提供膜翅目昆蟲所要採集的東西，可能對我有用，我不得不把它們再栽到用長柄三齒耙掘開的地上。

大量存在而且我管不來的，是那些剛開始經過翻動，而以後長時間沒有過問的、蔓生在地面的植物：最主要的是狼牙草，這種可惡的禾本科植物，三年激烈的戰爭也無法把它徹底消滅。數量上占第二位的是矢車菊，全都一副倔強的樣子，渾身是刺，或者長著星型的戟，有兩至生矢車菊、丘陵矢車菊、蒺藜矢車菊、苦澀矢車菊，第一種最多。在糾纏盤繞著的矢車菊叢中，樣子兇惡的西班牙刺木多往四處伸展出來，像支大燭臺似的，那大大的橘紅色花朵就是火焰，而它的刺莖有釘子那麼硬。長得比它高的是伊利大翅薊，後者的莖孤零零、直挺挺的，有一至二公尺長，頂端有一個玫瑰色的大絨球，它的盔甲不比刺木多差。別忘了薊類植物。首先要提到的是惡薊，它渾身是刺，以至於植物採集者不知道從哪裡下手；其次是葉脈頂部呈矛頭狀的闊葉披針薊；最後是黑薊，它像帶刺的玫瑰花結。在這些薊之間，荊棘的新枝椏結著淡藍色果子，像帶著鉤的長繩似的在地上匍伏前進。要想在叢生的荊棘中觀察膜翅目昆蟲採蜜，必須穿著半高筒靴或者情願小腿肚被刺得出血。只要土裡還有一點春雨留下的水分，角錐般的刺木多和大翅薊細

長的新椏，便從由兩至生矢車菊黃色的頭狀花序鋪成的整塊地
毯上生長出來。這時，這種生命力頑強的荊棘，必定展現出某
種嫵媚之姿。但是，乾旱的夏天來臨了，現在這裡只是一片枯
枝乾葉，擦一根火柴，整塊地都會著起火來。這就是我打算從
此跟昆蟲彼此親密無間地生活在一起的極樂伊甸園。或者不如
說，這個伊甸園當我擁有它時就是這個模樣。我經過四十年艱
苦的奮鬥，才得到了這塊地。

　　我說是伊甸園，這樣說是恰當的。這塊沒有一個人願意撒
一把蘿蔔籽的地，對於膜翅目昆蟲來說，卻是一個天堂。園裡
各種茁壯成長的薊和矢車菊，幫我把四周所有的膜翅目昆蟲都
吸引來了。我在捕獵昆蟲的過程中，從來都沒有在一塊地方找
到過這麼多的昆蟲，這一行的所有成員都會聚在這裡了。這裡
有以各種獵物為生的捕獵者，有土屋的建造者，有棉織品的整
經工，有在花葉和花蕾中修剪零件的組裝工，有紙板屋的建築
師，有攪拌黏土的泥水工，有鑽木的木匠，有在地下挖巷道的
礦工，有製造薄膜氣球的工人。還有
什麼我也數不清了。

　　這是隻什麼？這是隻黃斑蜂。牠
刮耙著兩至生矢車菊蛛網般的莖來堆
一個棉花球，然後自豪地用大顎把球

黃斑蜂

衝到地下，爲自己製造一個棉氈袋
來裝蜜和卵。這些經過激烈搶奪的
戰利品是什麼？是切葉蜂，肚子下
有黑色、白色或者火紅色花粉刷。
牠將離開那些薊，去拜訪附近的灌
木叢，從灌木的葉子上剪下橢圓形

壁蜂

的零件，組裝成容器來盛牠的捕獲物。這些穿著黑絨衣服的是
什麼？是石蜂，牠們在加工水泥和卵石。在石頭上我們可以很
容易地找到牠們砌造的房子。還有這些拔地飛起、大聲嗡嗡叫
的是什麼呢？這是定居在舊牆和附近向陽斜坡上的條蜂。

現在壁蜂來了。這一隻在蝸牛空殼
的螺旋壁上建造巢房。另一隻啄著一段
乾的荊棘以去除裡面的髓質，好給幼蟲
做一個圓柱形的房子，房子中用隔牆分
成一層一層。第三隻使用斷掉的蘆竹天
然管道。第四隻則是某個築巢蜂閒置走

隧蜂

廊的免費房客。這裡是大頭蜂和長鬚蜂，雄蜂有角高高翹起。
毛足蜂那做爲探蜜器官的後腳上，有一枝大毛筆。地蜂的種類
繁多；隧蜂肚子纖細。我走了過去不予理睬。如果我想一一尋
究這些昆蟲，那麼在我的菊科植物的客人中，幾乎有整個採蜜
類的昆蟲。我曾把我新發現的昆蟲獻給一位昆蟲學者，波爾多

理學院②的佩雷教授，他問我是否有特殊的捕蟲方法，才能夠寄給他這麼多稀罕的，甚至是新的品種。我並不是捕蟲專家，更不熱衷於此道，因為我更感興趣的是正在從事工作的，而不是用一根大頭釘釘在盒子裡的昆蟲。我所有的昆蟲都是在我那長著茂密的薊和矢車菊的草地上捕捉的。非常湊巧，跟這個採蜜的大家庭一起的是捕獵採蜜者的族群。在荒石園，泥水匠為了砌牆，放了一大堆沙和石頭。工程一直拖著，這些材料是一開始時運來的。於是石蜂便選擇石頭間的空隙作為過夜的宿舍，一堆堆的擠在一起。粗壯的單眼蜥蜴從近處捕獵，張著嘴，向著人也會向著狗撲上來，牠守候著過路的金龜子。長耳石鴝穿著道明會③修士服裝，白袍子，黑翅膀，在最高的石頭上棲息，唱著牠那簡短而有鄉土味的小調。牠的窩大概就在某個石堆裡，窩裡有牠那些天藍色的卵。這個小道明會修士在石堆中消失了。我懷念牠，因為這是個討人喜歡的鄰居。我一點也不懷念單眼蜥蜴。

　　沙也提供另一種昆蟲做窩。泥蜂在那裡打掃地穴的門檻，把塵土拋物線般地往後拋。隆格多克飛蝗泥蜂用觸角把短翅螽斯拖到那裡去。巨唇泥蜂在那裡把儲存的葉蟬放到地窖裡。我

② 波爾多：法國西南部港口。——譯注
③ 道明會：又名佈道兄弟會，俗稱黑衣兄弟會，天主教四大托缽修會之一。——譯注

覺得非常可惜，泥水匠終於把那裡
的獵人都攆走了。但是，如果有一
天我想叫牠們回來，只要再堆起沙
堆，牠們很快就會全都到來的。

蛛蜂

　　沒有消失的是這些昆蟲——砂
泥蜂，因為牠們的住所不一樣。我看到牠們有的在春天，有的
在秋天裡，在花園小徑上的草地上飛來飛去，尋找毛毛蟲。蛛
蜂，拍打著翅膀敏捷地飛向隱蔽的
角落去抓隻蜘蛛，體型最大的則窺
伺著拿魯波狼蛛，牠的窩在荒石園
多的是。這窩是個豎井，用禾本科
植物的莖稈，中間夾上絲來做護井
欄。在窩底，大多數人看了都害怕
的粗壯的狼蛛，眼睛閃閃發光像小
金剛鑽似的。對於蛛蜂來說，要捕
捉這樣的獵物是多麼危險的事啊！
好吧，現在來看一看吧。一個炎熱
的下午，雌蟻排成長隊從兵營的宿
舍裡出來到遠處去捕獵奴隸。我們
利用片刻的空閒，跟著看看牠是怎
麼圍獵的吧。在那裡，一堆變成土

2/3

狼蛛和牠的豎井

肥的草四周，有一些寸半長的土蜂無精打采地飛著，牠們被金龜子、犀角金龜和花金龜的幼蟲等豐美的野味吸引住了，一頭鑽進草堆裡。

有多少研究的課題啊，而且這還沒完呢！人們不但拋棄了地，也拋棄了房子。既然人走了，就不會受到打擾，於是動物就跑來了，占據了所有的地方。鶯在丁香叢中築巢；翠雀在茂密的柏樹遮蔽下定居；麻雀把碎布和稻草運到每片瓦下；南方金絲雀來到梧桐樹梢啁啾，牠那柔軟的窩有杏子一半那麼大；紅角鴞習慣於晚上在這裡唱著牠那聲細如笛的單調歌曲；雅典之鳥——貓頭鷹，跑到這裡發出刺耳的咕咕叫聲。房子前面是一個大池塘，水來自於供給村莊的噴泉水的溝渠。交尾季節，兩棲類動物從方圓一公里遠的地方到那裡去。燈心草叢中的蟾蜍，有的有盤子大小，背上披著窄窄的黃綬帶，在那裡約會、洗澡。當暮靄沈沈時，在池塘邊跳躍的雄蟾蜍是雌蟾蜍的接生婆，牠的後腿掛著一串有李子核那麼大的卵。這位溫厚的父親帶著牠的寶貝卵囊從遠方來，要把卵囊放到水裡，然後再到某塊石板下面，發出鈴鐺般的響聲。最後，雨蛙如果不在樹叢間哇哇叫，就表演優美的潛水動作。就這樣，在五月間，每當黑夜降臨，這池塘就成了震耳欲聾的合唱隊。讓我無法在吃飯時說話，無法睡覺，必須採取嚴格點的手段來整頓一下。有什麼辦法呢？想睡覺而睡不著的人是會變得兇狠的。

膜翅目昆蟲更大膽，把我的隱廬都強
占了。白邊飛蝗泥蜂在我家門檻處的瓦礫
地裡築窩，進入我家的時候，我必須注意
別把牠的窩踩壞了，別踩死正忙著幹活的
礦工們。我已經有整整二十五年沒有看過
這種專門捕捉蝗蟲的活躍分子了。當我剛
認識牠時，曾走了幾公里地去拜訪牠，每

細腰蜂

一次去都要頂著八月火辣辣的太陽遠征。今天我在自己家門口
又看到牠了，我們是親密的鄰居。關著的窗框提供細腰蜂溫暖
的套房。牠的窩是用土砌的，貼在牆壁的方石上。這種捕獵蜘
蛛的昆蟲，利用蓋著的外板窗上偶然存在的一個小洞，返回牠
的家。幾隻孤身的石蜂在百葉窗的線腳上，建起牠們的蜂房
群；一隻黑胡蜂在半開的屏風下部建造牠的小土圓頂，圓頂上
面有一個廣口短細頸子。胡蜂和長腳蜂是我家的常客，牠們來
到飯桌上看看我們吃的葡萄是不是熟透了。

這裡的昆蟲的確是既多又齊全，而且我看到的還非常不完
整呢！如果我能夠讓牠們說話，那麼跟牠們的談話一定會使我
孤寂的生活得到許多樂趣。這些昆蟲，有的是我的舊交，有的
是新識，牠們全都在這裡，彼此緊靠著，在捕獵、探蜜、築
窩。另外，如果需要改變一下觀察地點，走幾百步就是山，山
上有野草莓叢、岩薔薇叢、歐石楠樹叢。有泥蜂所珍愛的沙

層，有各種膜翅目昆蟲喜歡開採的泥灰岩邊坡。我預見了這些寶貴的財富，這就是我爲什麼逃離城市到鄉村，來到塞西尼翁，爲我的蘿蔔鋤草，爲我的萵苣澆水的原因了。

　　人們在大洋洲和地中海海邊花很多錢建造實驗室，用來解剖對我們意義不大的海洋小動物。人們大量使用顯微鏡、精密的解剖器、捕獵設備、小船、捕魚人員、水族缸，以便知道某種環節動物的卵黃如何分裂，我至今還不明白這有什麼意義。可是，人們卻瞧不起地上的小昆蟲，這些小昆蟲跟我們息息相關，向普通生理學提供無價之寶的資料；有的損壞我們的莊稼，破壞了公眾的利益。什麼時候會有一個不是研究泡在三六燒酒[4]裡的死昆蟲，而是研究活昆蟲，一個以研究這些小昆蟲的本能、習性、生活方式、工作和繁衍爲目的，而我們的農業和哲學應當對此加以考慮的昆蟲學實驗室呢？徹底了解蹂躪我們的葡萄的昆蟲歷史，可能比知道一種蔓足綱的動物某一根神經末梢結尾是什麼樣子更加重要。以實驗來確定智慧與本能的分界，經由比較動物界的各種事實來揭示：人的理性是不是一種可以改變的特性。這一切應該比一個甲殼動物觸鬚的數目重要得多。爲了解決這些巨大的問題，必須有大批工作者，可是

---

[4] 三六燒酒：取三份精餾酒精（濃度85度以上），對三份水，即成六份普通燒酒。——編注

我們現在卻連一個也沒有。人們想到的只是軟體動物、植物性
無脊椎動物。人們投入大量的拖網來探索海底，但卻對腳下的
土地仍然不了解。我在等待著人們改變方式，但在這之前，我
開闢了荒石園來研究活生生的昆蟲，而這個實驗室卻無須從納
稅人的錢包中掏一分錢。

第二章

毛刺砂泥蜂

　　五月的某一天，我在荒石園裡來回巡視，偵察著可能發生的新情況。法維埃正忙著在不遠處的菜園裡幹活。法維埃是誰？用幾個字很快就可以說清楚了，因為他將在我下面的故事中出現。

　　法維埃是一個老兵。他曾在非洲的角豆樹下搭起他的茅屋，在君士坦丁堡吃過海膽，當沒有軍事行動時，他曾在克里木獵過椋鳥。他見多識廣。冬天，將近四點鐘，田裡的工作就結束了。冬夜是那麼漫長，綠橡樹圓木在廚房爐子裡發出熊熊的火光，他把耙、叉、雙輪車收好後，便坐在爐子的高石頭上，拿出煙斗，用大拇指沾了沾口水，熟練地塞著煙絲，然後就認真地抽起來。他好幾個鐘頭前就想抽煙了，可是他沒有抽，因為煙草太貴了。得不到的東西加倍吸引人，所以他一口

煙都不吐掉，總是有規則地等到煙全部吞下去後才再抽一口。

　　大家就在這個時候聊天。法維埃海闊天空地談著，他就像古代的說書人，因為故事精彩，被允許坐上娛樂場所最好的位子，只不過我們的說書人是在兵營裡培養出來的。管他呢，一家人，無論大人還是小孩，都興致勃勃地聽他說。即使他的故事很大一部分是編出來的，不過總是編得合情合理。所以在工作完成後，如果他不來爐邊歇一會兒，我們大家都會覺得很失望。他到底跟我們說些什麼，會讓我們這麼想聽呢？他向我們講述一場他親身經歷的，推翻一個專制帝國政變中的所見所聞。他談到，他們先是分著喝了燒酒，然後向人群射擊。他向我保證，他總是朝著牆開槍的。我相信他的話，因為我覺得，他對於曾經出於無奈而參加了這種強盜般的屠殺，感到非常悲傷、恥辱。

　　他為我們敘述他在塞巴斯托波爾[1]城外戰壕裡的不眠之夜，他談到曾在夜裡孤立無援地蜷縮在前線的雪堆裡，看到他稱之為花瓶的東西在他身旁落下時的恐懼心情。這個東西燃燒、噴射、發光，照亮了四周。可惡的殺人機器隨時在爆炸，我們的士兵死掉了，他安然無恙，花瓶平靜地熄滅了。這是一

① 塞巴斯托波爾：烏克蘭黑海邊的城市，克里木西南的海港和軍火庫。——譯注

種照明物，在黑暗中發射，用來偵察圍城者的工事。

　　講了慘烈的戰鬥後，接著是兵營的趣聞。他告訴我們軍隊裡燜菜的奧妙，士兵飯盒裡的秘密，碉堡裡可笑的瑣事。他的故事永遠也說不完，再加上用詞生動，引人入勝，不知不覺間吃宵夜的時候就到了。我們誰都不覺得夜晚是漫長的。

　　法維埃漂亮的一雙巧手引起了我的注意。我的一個朋友從馬賽寄給我兩隻大螃蟹，漁夫稱為海上蜘蛛的蜘蛛蟹。當工人們——忙著修補破房子的畫工、泥水工、粉牆工吃了晚飯回來時，我把這兩隻螃蟹的繩子解開了。他們看到這些奇怪的動物，螯針從甲殼四周輻射出來，而且豎在長長的腿上，有點像蜘蛛，都發出了驚奇得近乎恐慌的叫聲。但法維埃卻不當一回事，巧妙地一把抓住正橫行亂跑的可怕「蜘蛛」，說道：「我認識這玩意；我在荷納吃過，味道好極了！」說著，他用某種嘲弄的目光看著周圍的人，好像在說：你們這些人啊，從來沒走出過你們的窩呢。

　　最後再講一講他的另一個特點。他的一個女鄰居根據醫生的意見曾經到塞特去洗海水浴。她回來時帶了個稀奇的玩意，一種奇怪的果子，她對這種果子抱著很大的希望。把這果子放到耳邊搖晃，它會發出聲音，說明裡面有種子。這果子是圓形

的，有刺，一端像一朵小白花未開的蓓蕾；另一端略爲凹陷，有幾個洞。女鄰居跑去找法維埃，把她的新發現給他看，並且要他告訴我。她把這些寶貴的種子給我，並說這種子會長出某種好看的小灌木來妝點我的花園。「這是花，這是尾巴。」她指著果子的兩端對法維埃說。

法維埃哈哈大笑起來。「這是一個海膽，我在君士坦丁堡吃過。」接著他盡可能清楚地解釋海膽是什麼。對方一點也聽不懂，一直堅持自己的說法。她心想，法維埃一定是因爲這麼寶貴的種子不是由他，而是由別人給了我，心裡嫉妒才故意欺騙她。他們把這場官司打到我這裡來了。「這是花，這是尾巴。」那位好心腸的女人重複說道。我對她說那「花」是海膽的五顆聚在一起的白齒，而那「尾巴」則是跟嘴相對的部位。她走了，並不太相信。也許她的種子——那些在空殼裡發出響聲的沙粒，現在正放在一個缺口的舊土甕裡發著芽呢。

可見法維埃認識許多東西，而且是因爲吃過才認識的。他知道獾的脊背怎麼樣才好吃，他知道一塊狐狸臀部肉的價值，他知道荊棘鰻魚——遊蛇哪個部位最好吃，他曾把臭名昭彰的「南方玻璃珠」單眼蜥蜴用油來烤，他曾考慮過油炸蝗蟲這道菜。他周遊世界的生活使他做出了人們根本不可能做的菜，這令我驚訝不已。

　　我對他那仔細觀察的判斷力和對事物的記憶力也很驚訝。無論我隨便描述個植物，哪怕對他來說是毫無意思的無名雜草，只要我們的樹林中有這種植物，我幾乎可以確定他會把它帶回來，並且告訴我在哪裡可以找得到。即使是非常小的植物，他都能辨別得出。為了對我已發表的關於沃克呂茲球蕈的文章作些補充，在氣候不好的季節，由於昆蟲停止活動，我只好重新用放大鏡進行植物標本的採集。如果嚴寒把土凍得硬梆梆的，如果下雨把地變成爛泥漿，那麼我就把法維埃從花園中的工作調出來，帶他到樹林裡去。在那裡，在荊棘叢生的亂草堆裡，我們一起尋找這些非常細小的植物。球蕈的一個個小黑點使得遍地蔓生的枝椏都長了點點黑斑。他把那些最大的稱為「炮彈火藥」，這些球蕈中有一種，植物學家們也正是用這個詞來指稱的。他的發現比我豐富，對此他很自豪。玫瑰茄像一團黑色的乳頭，乳頭上包著一層淡紅色棉絮般的絨毛，要是他找到一枝這種絕色的植物，他一定會點一斗煙，來犒賞一下他興高采烈的熱情。

　　他特別善於打發掉我在出外採集中遇到的討厭鬼。好奇的農夫，問起問題來就像小孩似的，但是農民的好奇摻雜著惡作劇，他們的問題帶有嘲弄的意味。只要他們不懂的東西，他們就加以嘲笑。一個先生瞧著玻璃杯裡一隻用紗網捕來的蒼蠅，一塊從地上撿來的爛木頭，難道還有什麼比這更可笑的嗎？法

維埃只要一句話，就足以制止這種不懷好意的詢問了。

　　我們彎著腰，一步一步地在地面上尋找史前時期的遺物：蛇形斧、黑陶器斷片、燧石製的箭簇和矛頭、碎片、刮削器、燧石塊；這些東西在山的南坡很多。「你的主人要這些火石做什麼？」一個突然來到的人這樣問道。「給裝設門窗玻璃的人做填塞用。」法維埃以十分肯定的神情回答道。

　　我收集了一把兔糞，從放大鏡看到上面有一種隱花植物值得以後進行研究。這時突然出現了一個多嘴的人，他看到我小心翼翼地把發現的寶貴東西放到紙袋裡去。他懷疑這是一樁錢財的生意，一筆荒誕的交易。對於鄉下人來說，一切都歸結爲錢。在他們眼裡，我靠這兔糞發了大財。「你主人用這些petourle（這是當地土話）幹什麼？」他狡黠地問法維埃。「他蒸餾這些兔糞來取糞汁。」我的助手十分鎮靜地回答道。詢問者被這意想不到的回答弄得莫名其妙，轉身走了。

3/4

休息的毛刺砂泥蜂

　　不過我們別在這個長於應答、愛好嘲弄的士兵身上花太多的筆墨了，還是回到荒石園裡引起我注意的東西上吧。幾隻砂泥蜂用腳搜索著，過一會兒飛一小段路，

時而飛到有草的地方，時而飛到不毛之地。這時已接近五月中旬了。一天，風和日暖，我看到牠們停在滿是灰塵的小路上舒服地曬著太陽。這些全是毛刺砂泥蜂。我在本套書的第一冊中談到過這種砂泥蜂的冬眠，以及在春天的時候，當別的獵食野味的膜翅目昆蟲還躲在牠們的蛹室裡時，牠就開始進行捕獵。我描述過牠是怎樣對給牠的幼蟲吃的毛毛蟲動手術的，我敘述過牠多次把螫針分別刺在各個神經中樞。這種如此巧妙的活體解剖，我還只看見過一次，我很想再看到。由於我長途奔波，疲憊不堪，也許其間有什麼東西忽略了，而即使我真的全看清楚了，也有必要再做一番觀察，使觀察的結果完全真實，無可置疑。我還要補充一句，即使看過上百遍，人們對於我想再看一看的場面也是不會感到厭倦的。

因此當砂泥蜂一出現，我就開始監視。現在既然在我家離大門幾步路的地方，就有這些昆蟲，我只要肯用心，一定會找到牠們的。三月末和四月過去了，我的等待一無所獲，這也許是因為築窩的時候還未來到，或者更重要的是因為我的監視不得法。五月十七日，幸運之神終於光顧了。

幾隻砂泥蜂出現了，顯得十分忙碌；讓我們注意觀察比其他更積極的那一隻吧！我是在一條小徑上，在被踩得結結實實的土裡，對牠的窩耙最後幾耙時發現牠的。這時狩獵者把已經

麻醉的毛毛蟲暫時丟在離牠的窩幾公尺遠的地方，還沒有運進窩裡去。當砂泥蜂確定這洞穴很合適，門足夠寬到可以把一隻體積龐大的獵物運進去後，牠便去尋找獵物。牠很容易就找到了這一條毛毛蟲，躺在地上，已經爬滿螞蟻了。這條爬滿螞蟻的蟲，狩獵者根本不想要。許多狩獵的膜翅目昆蟲為了把住宅修整完善，或者剛開始做窩時，總是暫時把獵物丟到一旁。不過牠們是把獵物放在高處，放在草叢上，不讓別人搶走。砂泥蜂精通這種謹慎的做法，可是也許牠忽略了預防措施，或者是因為這沈重的獵物在搬運中掉了下來，結果如今螞蟻在爭先恐後地拉扯著這豐盛的食物。要想把這些強盜趕走是不可能的，趕走一隻，又有十隻來進攻。砂泥蜂也許就是這樣判斷的，因為牠看到獵物被侵占後，就又重新去捕獵了，沒有任何爭鬥發生，因為爭鬥是毫無用處的。

尋找獵物是在窩四周十來公尺的半徑內進行。砂泥蜂用腳在土裡，一點一點地，不慌不忙地探索著；牠用彎成弓狀的觸角不斷地拍打著土地。不管是光禿禿的地，鋪滿碎石的地，還是長著草的地，牠都一一搜索。當時烈日高照，天氣悶熱，預計明天將會有雨，甚至晚上就會落下幾滴。而我在整整三個鐘頭中，眼睛一直盯著正在尋找獵物的砂泥蜂。可見對於現在就需要毛毛蟲的膜翅目昆蟲來說，要找到一隻灰毛蟲是多麼的困難啊！

　　人要找到一隻毛毛蟲也一樣不容易。讀者了解我曾採取什麼方法去觀察一隻狩獵的膜翅目昆蟲，也知道膜翅目昆蟲為了提供牠的幼蟲一塊不能活動但卻沒有死掉的肉，是怎樣對牠的獵物進行外科手術的：我拿走膜翅目昆蟲的獵物，換給牠一塊一模一樣的活肉。我對於砂泥蜂也採取同樣的辦法，為了讓牠重複進行手術，我必須盡快找到幾隻灰毛蟲，這樣當牠終於找到所需的灰毛蟲時，就會再用針來螫牠。

　　法維埃這時正在花園裡忙著。我喊他：「快點來，我需要幾隻灰毛蟲。」這玩意我已經告訴過他，而且他這一段時間以來已經了解這件事情。我向他談到了我的小昆蟲以及牠們要捕捉的毛毛蟲，他大致知道了我所關心的是昆蟲生活方式。他明白這一切。於是他開始尋找起來。他在萵苣下搜尋，在鳶尾旁查看。他的敏銳，他的靈巧，我是了解的；我相信他能辦到。可是時間過去了。「怎麼樣？法維埃，灰毛蟲呢？」「先生，我沒找到。」「真見鬼！那麼克萊爾、阿格拉艾，其他的人都來幫忙吧，有多少人就來多少人，都來找吧，一定要找到！」全家的人都召集來了，個個都像對待即將發生的嚴重事件那樣積極行動起來。我自己為了不失去砂泥蜂，一直待在我的崗位上，一隻眼盯著這個捕獵者，另一隻眼搜尋著灰毛蟲。毫無結果，三個小時過去了，我們沒有一個人找到這種毛毛蟲。

砂泥蜂也沒挖出灰毛蟲。我看到牠堅持不懈地在一些有丁點縫隙的地方尋找著。昆蟲清掃著地面，疲憊不堪，用盡力氣，把一塊有杏子核大小的乾土掀了起來。可是牠很快就放棄了這些地方。於是我產生了疑問：如果說我們四、五個人都找不到一隻灰毛蟲，這不等於說砂泥蜂也是這麼笨拙。人無能為力的，昆蟲往往會取得成功。極端敏銳的感覺指引著昆蟲，不會讓牠整整幾個小時都迷失了行動方向。也許預感到即將下雨，毛毛蟲躲到更深的地方去了。捕獵者非常明白毛毛蟲在哪裡，但牠無法把毛毛蟲從深深的隱蔽所裡挖出來。如果牠在試了幾次後把一塊地方放棄了，並不是因為缺乏洞察力，而是因為沒有挖掘的力氣。凡是砂泥蜂刮耙的地方可能就有一隻灰毛蟲。牠放棄了這個地方，是因為牠承認這種挖掘工程是其力有未逮的。我沒有早點想到這一點，真是太蠢了！難道偷獵專家會去注意什麼也沒有的地方嗎？才不會呢！

於是我打算幫助牠。此時昆蟲正在搜尋一處光禿禿的耕地。牠像在別處多次做過的那樣，放棄了這塊地方。我自己用一把刀的刀背繼續挖下去，同樣什麼也沒找到，便走開了。昆蟲回來了，在我清掃過的某處開始刮耙起來。我明白了：「你走開吧，蠢貨。」膜翅目昆蟲似乎對我說，「我要指給你看灰毛蟲藏在哪裡。」按照這個指示，我對指定的地方進行挖掘，結果我挖出了一條灰毛蟲。啊！我說過的嘛，你是不會在沒有

毛毛蟲的碎石堆中亂耙的！

從這次以後，我便採用狗鼻子捕獵法：狗指出獵物在哪裡，人就把獵物弄出來。砂泥蜂指出合適的地點，我就把裡面的東西挖出來。就這樣，我獲得了第二隻，然後第三隻，第四隻，總是在幾個月前鐵鎬翻動過的光禿禿的地方挖出來的。地的外表沒有任何跡象表明這裡有毛毛蟲。怎麼樣？法維埃、克萊爾、阿格拉艾和其他人，你們覺得如何？你們三個鐘頭連一條灰毛蟲也沒有幫我挖出來，而現在我想去幫助砂泥蜂，結果我要多少隻，牠就會給我多少隻。

現在我有豐富的替代品了，讓這個捕獵者在我的幫助下得到牠的第五隻蟲吧！下面我以編號的段落來闡述在我眼前發生的各場精采戲劇。觀察是在最有利的條件下進行的，我趴在地上，跟砂泥蜂離得非常近，任何一個細節都沒有忽略掉。

1. 砂泥蜂用大顎的彎鉗子抓住毛毛蟲的頭區。灰毛蟲用力掙扎，扭曲的臀部轉過來又轉過去。膜翅目昆蟲無動於衷，牠守在旁邊，不讓牠碰到自己。螫針刺入位於腹部中線皮最細嫩處，頭部第一個環節分開的關節。螫針在傷口停了一會兒。看來主要的螫刺是在那個地方，牠可以制服毛毛蟲，使牠更易於受擺弄。

2. 接著砂泥蜂放掉獵物，自己匍伏在地，側身轉動，肢體抽搐擺動，翅膀顫抖，彷彿有死亡的危險。我害怕捕獵者在爭鬥中受到了致命的打擊，我擔心這隻英勇的膜翅目昆蟲就這樣可悲地死去，使我等待了這麼長時間。想要進行的一場實驗會以失敗告終。但是現在砂泥蜂平靜下來了，牠撣撣翅膀，彎彎觸角，又以敏捷的步伐奔向毛毛蟲。那被我原先視為預示即將死亡的痙攣，其實是牠捕獵勝利後欣喜若狂的舉動。膜翅目昆蟲以自己的方式來慶祝撲殺了惡魔。

3. 手術者咬住毛毛蟲背部的表皮，位置比剛才低一點，刺入第二個環節，還是在腹部那一面。於是我看到牠在灰毛蟲身上往後退，每次在背上咬的部位總是低一點，用彎把的闊鉗子似的大顎咬著毛毛蟲，然後每一次都把螫針刺入下一個體節。昆蟲按部就班、十分精確地後退，每次在背上咬的部位都往後一點，就好像獵人用尺量著他的獵物似的。每後退一步，螫針就刺在下一個體節上，就這樣把真正的腳上那三個胸部體節、後面的兩個無足的體節和腹部假腳上的四個體節都螫刺了一下，總共刺了九下。不過牠沒有刺最後四個節段，那上面有三個無足體節和最後一個帶假腳的體節或者說是第十三體節。動手術沒有遇到嚴重的困難：灰毛蟲被刺了第一針後，牠的抵抗已經軟弱無力了。

4. 最後，砂泥蜂把大顎的利鉗完全打開，銜著毛毛蟲的頭，審慎地咬牠，壓牠，但並沒有把牠弄傷。這一下接著一下的壓榨慢條斯理地進行著，昆蟲似乎想了解每次壓榨所產生的後果。所以牠停下來，等了一下，然後再進行。為了達到預期的目的，對頭部的操作要有限度，操作過度，就會把毛毛蟲弄死，那麼毛毛蟲很快就會腐爛。所以砂泥蜂用鉗的力度很有節制，而鉗子壓榨的次數很多，約有二十來下。

外科手術結束了。灰毛蟲側身半蜷縮著躺在地上，一動也不動，沒有活力，牠根本無力抵抗捕獵者進行挖洞工程，然後把牠運進窩，牠不會傷害要以牠為糧食的幼蟲。砂泥蜂把牠扔

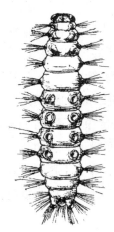

夜蛾的毛毛蟲（腹面）

在動手術的地方，回到自己的窩裡去了。我也跟著牠。牠對窩做了一些修繕，以便儲存食物。窩的拱頂有一塊卵石突出來，會妨礙把這個體積龐大的獵物放進地下食品儲存室，於是牠便把石頭拔了出來。在艱苦的勞力工作中，翅膀摩擦著，發出吱吱嘎嘎的聲音。窩裡的臥室不夠寬敞，便把臥室加大。工作在繼續進行著，我為了不漏掉膜翅目昆蟲行動的任何細節，而沒有去照料那隻毛毛蟲，螞蟻都擁來了。當砂泥蜂和我回到毛毛蟲那裡時，牠混身上

下黑漆漆的，爬滿了這些積極的剁肉碎屍者。對我來說，這是個令人遺憾的事故，而對於砂泥蜂來說，則是令人惱怒的事件，因爲這種不如意的事情已經發生兩次了。

　　砂泥蜂似乎洩氣了。我用備用的一隻毛毛蟲來替換，但沒有用，砂泥蜂對用來替換的獵物不屑一顧。接著夜晚降臨，天變陰了，甚至下了幾滴雨。在這樣的情況下不可能指望再進行狩獵了。於是整個實驗結束了，而我無法利用我已經準備好的灰毛蟲。我從下午一點到傍晚六點都把時間花在這次觀察上，一刻也沒停歇。

第三章

一種未知的感官能力

　　前面我詳細地敘述了砂泥蜂獵蟲的過程。我覺得我所看到的事實是具有重大意義的，即使荒石園不再提供我任何東西，僅是這一次觀察就足以補償一切了。膜翅目昆蟲為了麻醉灰毛蟲所採取的手術，是我迄今為止所看到的本能方面最卓絕的表現。這種天生的學問是多麼卓越不凡啊！這個創造難道不足以引起我們的深思嗎！這個無意識的生理學家具有多麼巧妙的邏輯，多麼穩健準確的本領啊！

　　誰如果也想看到這些奇蹟，可不能指望在田間散散步就會碰巧遇到，而且即使出現這樣的好機會，也是來不及利用的。我的觀察花了五個鐘頭，一刻也沒離開，還無法完成計畫中的實驗，所以要搞好這種觀察，就必須在家裡利用空閒進行。因此實驗的成功，我應當感謝這個粗陋的實驗室。我把這秘密告

訴想繼續進行這種出色研究的人，收穫是取之不竭的，人人都
會得到幾束麥穗。

　　按照砂泥蜂的工作順序來觀察牠的捕獵，首先出現的問題
是：這種膜翅目昆蟲怎麼發現灰毛蟲在地下躲藏的地點呢？

　　外表上，至少從眼睛看來，沒有任何跡象顯示毛毛蟲的藏
身處。藏有獵物的地可以是光禿禿的或是長著草的，是布滿石
頭或全是泥土，是連成一片或龜裂為條條小縫。對於狩獵者來
說，外表的這種種不同都無所謂，牠搜索著所有的地方，對哪
一處也不偏愛。膜翅目昆蟲停在那裡，並且搜尋了一段時間，
我再怎麼注意看，也看不出這地方有什麼特別之處；可是，那
裡會有一條灰毛蟲。我前面敘述的事實已經使我相信了這一
點，我曾經接連五次靠著砂泥蜂的幫助得到了毛毛蟲，而砂泥
蜂則因為無力完成這項工作而沮喪了。因此可以確定這不是視
覺的問題。

　　那麼是哪種官能呢？嗅覺嗎？讓我們看看究竟是怎麼回事
吧。進行尋找的器官是觸角，這是業經證實了的。觸角的末端
彎成弓形，不斷顫動著，昆蟲用它來輕輕快速地拍打土地。如
果發現縫隙，便把顫動的細絲伸進去探測；如果一簇禾本科植
物的根莖像網似地蔓延在地面上，牠便加緊抖動觸角來搜索根

莖網絡窪陷的地方。觸角的末端彼此貼著一會兒，在探索的位置上幾乎黏在一起，就像是兩根有觸覺的絲條，兩個活動自如的手指，通過觸摸來探聽情況。但是要查出地下有什麼，觸摸是沒有用的；因為牠要觸摸的是灰毛蟲，可是這蟲子卻躲在地下幾法寸深處的地穴裡。

於是我們想到嗅覺。昆蟲，毫無疑義，擁有嗅覺官能，而且往往非常發達。埋葬蟲、扁屍蚋、閻魔蟲和皮蠹，從四面八方朝埋著一具小小屍體的地點跑去，牠們必須從土裡把屍體挖出來。在嗅覺的指引下，這些收屍者急急忙忙向這隻死鼠跑過來了。

扁屍蚋

但是如果昆蟲確實存在著嗅覺，那麼還得考慮一下嗅覺官能到底在哪裡。很多人斷言它存在於觸角中。即使接受這種說法，我們也很難理解，由角質的環一節接著一節組成的一根莖怎麼能擁有鼻孔的作用，因為鼻孔的結構與這個是如此的不同。兩個器官的組織毫無共同之處，難道感覺會一樣嗎？如果工具不同，它們的功用會一樣嗎？

何況，就我們這種膜翅目昆蟲而言，我們可以對前面的說法提出更重要的反對意見。嗅覺是一種被動而不是主動的感官

能力：它不像觸覺那樣主動去感覺，它是接受感覺；當氣味傳來時，它就接受下來，而不是主動去打探哪裡有氣味在散發著。然而，砂泥蜂的觸角不斷地動著，它在打探，它主動去感覺。去感覺什麼？如果的確是感覺氣味，那麼對它來說，動也不動比起動個不停可能更有利。

　　不僅如此，如果沒有氣味，就談不上嗅覺了。我曾親自對灰毛蟲作過鑑定，我讓鼻孔比我敏感得多的年輕人去聞聞這毛毛蟲，我們沒有一個人聞得出毛毛蟲有什麼氣味。狗的嗅覺靈敏是人所共知的。當牠把鼻子拱到地下偵察時，牠是受松露的香味指引的，這香味我們即使透過厚厚的土層聞起來也很香。我承認狗的嗅覺比我們靈敏，牠可以聞得更遠，牠接受到的感覺更強烈，而且更持久。然而牠是由於散發的氣味而產生感覺的，而這種氣味在遠近合適的條件下，我們的鼻孔也能感覺得出來。

　　如果人們一定要堅持，我也可以同意砂泥蜂具有跟狗一樣的，甚至更靈敏的嗅覺。但這也需要有氣味，因此我尋思，擺在人的鼻孔前都沒有氣味的東西，昆蟲透過土層的障礙怎麼能夠聞到呢？從人到纖細的毛毛蟲，如果感官有著同樣的功能，那就有同樣的刺激體。對我們來說，在絕對黑暗的環境中，就我所知，任何動物都不可能清楚地看到東西的。我們可以說，

皮蠹

動物類的敏感性雖然在實質上是一樣的，感受力的程度卻有高低之分；有的類別能力大些，有的小些；有的東西，有的動物能夠感覺到，有的動物卻感覺不到。對此我很清楚，可是一般而言，昆蟲的嗅覺感受力似乎並不是出類拔萃的，吸引牠的氣味並不是靠極端敏銳的嗅覺感受到的。當皮蠹、扁屍蚓、閻魔蟲湧入的天南星花盎裡不再出現死屍味時，當一群群蒼蠅圍著一條鼓著青色肚子的死狗嗡嗡叫時，四周充滿了臭味。難道還要昆蟲具有極端敏銳的嗅覺，才能發現這爛肉和臭乳酪嗎？我們看到這些蟲子無論奔向哪裡，牠們肯定是靠嗅覺來指導的，而我們也總能聞出一種氣味來。

還剩下聽覺沒有談到。靠這種官能，昆蟲也不能敏銳地打探到消息。聽覺感官在哪裡？有的人說在觸角裡。的確，這些敏感的觸角受到聲音的刺激似乎完全可以顫動起來。用觸角探索地點的砂泥蜂，可能是由於從地裡傳出來的輕微聲響，比如大顎啃草根的聲響，毛毛蟲扭動屁股的聲響，而知道那裡有灰毛蟲的。這聲音是多麼微弱，要穿過吸音的土地而傳出來，有時是多麼的困難啊！

這聲音還不止是微弱，而是根本沒有。灰毛蟲是夜間活動的。白天，牠蜷縮在地洞裡，一動也不動。牠也不啃東西。至

少我靠著砂泥蜂的指示而挖出來的灰毛蟲不啃任何東西，因為根本沒有任何東西可啃。牠們在一個沒有樹根的土層裡完全不動。因此，牠是安安靜靜，沒有聲音的。聽覺也跟嗅覺一樣被排除了。

問題又出來了，而且更加模糊難解。砂泥蜂怎樣辨別出地下有灰毛蟲的地點呢？毫無疑義，觸角是給牠帶路的器官。但是觸角不具備嗅覺器官的作用，除非同意這樣的說法：即這些觸角又乾又硬的表面，絲毫沒有通常的嗅覺器官所需要的纖細結構，卻能感覺到我們根本聞不出來的味道。如果這樣，那就是承認粗糙的工具卻能做出精美的作品。觸角也不具有聽覺器官的作用，因為沒有聲音可聽。那麼，觸角究竟有什麼作用呢？我不知道，而且對於以後有一天能否知道也不抱希望。

我們總是傾向於，而且大概也只能如此，傾向於用我們略知一二的唯一尺度去衡量萬物。我們把我們的感知方式賦予動物，而沒有想到牠們很可能具有別的手段，我們對牠們的手段不可能有明確的概念，因為我們之間沒有絲毫類似之處。我們真能肯定牠們不會程度極其不同地擁有某種手段來感覺嗎？我們不知道牠們的感覺是怎麼回事，就像如果我們是瞎子，不知道顏色的感覺是怎麼回事一樣。難道我們對於物質已經沒有任何不明白的東西了嗎？難道我們就這麼確信，對於有生命的物

體來說，感覺只是靠著光、音、味、香、可觸摸的特性顯示出來的嗎？物理學和化學，雖然還非常年輕，卻已經向我們證明了，在我們所不了解的黑暗中有大量東西可以收穫。相比起來，科學的麥穗渺小得微不足道。一種新的感官能力——也許就存在於菊頭蝠那迄今被誇張的說是怪誕的鼻子中，也許就存在於砂泥蜂的觸角裡。這個觸角向我們的研究揭開了，一個我們的身體結構一定永遠不會讓我們想到要去探索的世界。物質

菊頭蝠

的某些特性，雖然在我們身上沒有產生能夠感受到的作用，但是在具有與我們不同感官能力的動物身上，難道不會產生一種反響來回應嗎？

　　斯帕朗紮尼[1]在一間房裡順著各個方向扯了許多繩子，又堆了好些堆荊棘，把房間變成了迷宮。他把蝙蝠弄瞎了，然後放到房間裡。這些蝙蝠怎麼彼此認得，迅速飛行，從房間裡飛來飛去，可又不會碰到設置的障礙呢？哪種與我們類似的感官指引著牠們呢？誰願意告訴我，並且使我明白這個道理呢？我也想弄明白，砂泥蜂借助觸角怎樣萬無一失地找到毛毛蟲的地穴？請您別跟我談什麼嗅覺；要談嗅覺，就得假設這種嗅覺靈敏得無以復加，但一切卻指出，牠擁有的

① 斯帕朗紮尼：1729～1799年，義大利生物學家。——譯注

器官似乎完全不是用來感知氣味的。

　　其他還有多少無法理解的事情，令我們可以相信昆蟲的嗅覺啊！我們可以高談闊論，用現成的解釋，而不必做艱苦的調查。但是如果想對這個問題深思熟慮，如果我們將所有足夠的事實加以比較，那麼一道無知的懸崖陡壁就會聳立在我們面前，而從我們頑固要走的小路是翻越不過去的。那麼我們就換條路走，並且承認動物跟我們有不同的獲取資訊手段吧！我們的感官能力並不代表動物跟牠身外的一切東西打交道的所有方式。還有別的方式，也許還有許多方式，跟我們所擁有的方式不相似，甚至相差甚遠。

　　如果砂泥蜂的行為是一件孤立的事實，那我前面就不會費這麼多筆墨加以強調了，我打算指出一些最挑剔的人也不得不相信的更加奇怪的事。我先敘述這些事實，然後再回到這些一定存在、但我們並不知道的特別的感覺器官問題上來。

　　現在我們再來談談灰毛蟲，更詳盡地了解這種毛毛蟲還是有必要的。我有四隻灰毛蟲，是在砂泥蜂給我指出的地方用刀子挖出來的。我的企圖是一隻一隻地用牠們來替換作為犧牲品貢獻的獵物，好看看膜翅目昆蟲如何重複進行外科手術。因為這個計畫沒有成功，我便把毛毛蟲放到短頸大口瓶裡，上面鋪

了一層土，再蓋著生菜心。白天，我的囚犯們一直待在土底下，晚上牠們爬到土層上面來，我看到牠們在生菜下面啃著。到了八月，牠們躲在土裡不再出來，各自織造一個外表非常粗糙的橢圓形、有一個小鴿子蛋那麼大的繭。八月底，孵出了蛾，我認出這是穀田夜蛾。

可見毛刺砂泥蜂是把穀田夜蛾的幼蟲給牠的幼蟲吃，而且牠只在具有地下生活習性的類別中進行挑選。這些毛毛蟲因為外表淡灰色，俗稱「灰毛蟲」，是農田作物和花園裡最可怕的禍害。牠們白天潛伏在地穴深處，晚上爬到地面上來啃草本植物的根莖，不管是觀賞用植物還是蔬菜植物，牠們都要吃。花圃、菜園、農田，全都遭到牠們的蹂躪。一棵苗無緣無故枯了，您把它輕輕地一扯，垂死的苗就被扯了起來，它的根被咬斷了。灰毛蟲夜裡從那裡經過，這些貪婪的傢伙用大顎把苗咬死了。牠造成的破壞與白毛蟲——也就是鰓金龜的幼蟲不相上下。如果牠在甜菜地裡大量繁殖，損失的價值可以百萬計。這就是砂泥蜂幫助我們消滅可怕的敵人。我向農民指出並極力推薦這位在春天那麼積極地尋找灰毛蟲，那麼善於發現毛毛蟲藏身處的寶貴助手。園子裡有一隻砂泥蜂，也許這就會把一畦生菜和一花園的鳳仙花從死亡的危險中拯救出來。但是我這樣的叮嚀有什麼用！沒有一個人想消滅這種可親的膜翅目昆蟲，牠敏捷地從一條小徑飛到另一條小徑，先查看著花園的一角，然

後到這裡，然後到那裡，然後到下一個園子；可是也沒有任何人想到，唉，沒有一個人會想到去幫助牠繁衍啊！

在絕大多數情況下，我們對昆蟲都無能為力；我們無法在牠有害時便消滅牠，而如果牠有益便保護牠。人類挖運河把大陸切成一塊塊以便溝通兩個海洋，人類開隧道穿過阿爾卑斯山，人類能夠估量太陽的重量；可是卻無法阻止一個可惡的小傢伙先於他嚐嚐他的櫻桃，阻止一隻討厭的小蟲毀滅他的葡萄園！泰坦人被俾格米人②打敗了。既有力量，卻又軟弱無力，多麼奇怪的對照啊！

可是現在，在昆蟲世界裡，我們有了一個具有無上才能的助手，一個我們萬惡的敵人──灰毛蟲，舉世無雙的天敵。我們能不能夠幫幫忙，讓牠在我們的田裡和園子裡繁衍生殖呢？一點也幫不上忙，因為繁衍砂泥蜂的第一個條件就是繁衍灰毛蟲，這是砂泥蜂幼蟲的唯一食糧。這樣的飼養有著無法克服的困難。砂泥蜂可不像蜜蜂那樣，由於群居的習性而絕不離開牠的蜂窩；牠更不是爬在桑葉上那愚蠢的蠶和那笨重的蛾，拍拍翅膀，交配，產卵，然後死掉；這種昆蟲遷徙無常，飛行迅

---

② 泰坦人是希臘神話中的巨人族，是天神烏拉紐斯和地神格伊阿斯所生的子女，共12人，6男6女。俾格米人則是小人國的人。──譯注

速,而且舉止我行我素,不受約束。

　　何況第一個條件就讓人放棄了任何的希望。我們想要樂於助人的砂泥蜂嗎?那麼我們就只好聽任灰毛蟲蟲滿為患。於是我們將落入一個惡性循環之中:為了得益,必須求助於害。由於匪幫的存在使我們的田裡出現了救助的部隊;但是後者沒有前者是不會來的,而這兩者在數目上總是不相上下。灰毛蟲多了,砂泥蜂才能為牠的幼蟲找到豐盛的獵物,於是牠的家族便昌盛;灰毛蟲缺乏,砂泥蜂的後代就少了,絕種了。昌盛和衰亡,以這樣的輪迴調整吞噬者和被吞噬者的比例,這是一個永恆的法則。

第四章

關於本能的理論

　　各種狩獵性膜翅目昆蟲給幼蟲提供的獵物必須動也不動，為的是不讓獵物的自衛動作傷害嬌弱的卵和由卵孵出來的幼蟲。另外，這種沒有活力的獵物卻又必須是活的，因為幼蟲不要屍體做為食物。牠的口糧必須是鮮肉而不是罐頭。我在第一冊中，相當詳盡地談到動也不動和具有生命這兩個互相矛盾的條件，所以用不著再加以強調了。我曾指出膜翅目昆蟲怎樣以麻痺的手段來實現這兩個條件：麻痺使獵物無法動彈，卻又使牠身體的生命力安然無損。昆蟲以令我們最著名的活體解剖學者都羨慕不已的靈活手段，將有毒的螫針刺入肌肉活動的發源地──神經中樞。根據神經器官的結構，神經節的數目和集中情況，手術師決定只螫一下，或者兩下，三下或好幾下。螫針的動作是根據對獵物的精確解剖學知識來決定的。

　　毛刺砂泥蜂的獵物是一種毛毛蟲，牠的各個神經中樞彼此隔開，一個個分布在毛毛蟲的各個體節上，其作用各自獨立。這種毛毛蟲非常健壯有力，牠的臀部只要一動，就會把卵在牆壁上撞碎。因此只有在牠完全不能動的情況下，才能把牠儲藏在蜂房裡，跟砂泥蜂的卵放在一起。

　　由於神經分布中心的相對獨立性，因此就算一個體節被麻醉得不能動，並不能使相鄰的體節也失去感覺。於是必須對所有的體節，從第一個體節到最後一個體節，至少是對最重要的那些體節逐一動手術。這可能需要最專門的生理學家才能勝任，可是砂泥蜂能夠做好這手術：牠的螫針從一個體節到下一個體節，九次螫入不同的部位。

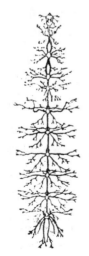

　　牠比生理學家做得更出色。毛毛蟲由於頭部仍然完好無損，靠著大顎的靈活轉動，可以在路途中抓住牢牢長在土裡的麥結，從而給砂泥蜂的運輸造成不可克服的阻力；頭腦這個首要的神經中樞會激起隱蔽的反抗，使得運輸這樣的重擔更加礙手礙腳。因此，必須避免這樣的麻煩，使毛毛蟲陷於一種毫無抵抗意識的麻木狀態。砂泥蜂使用壓迫毛

毛毛蟲的神經系統

毛蟲的頭來做到這一點。牠小心翼翼地不把螯針螯到腦裡，如果腦神經節受到致命傷，那就是一針把毛毛蟲殺死了，這種笨拙的行為是絕對要避免的。牠只是把毛毛蟲的頭放在大顎裡面有克制地壓迫著；而且每次牠停下來時都要驗證一下效果如何，因為要打擊的是一個敏感的部位，麻痺不能超過一定的程度，否則毛毛蟲就會死了。就這樣牠讓毛毛蟲陷於半睡眠狀態而失去了意志力。現在毛毛蟲不可能反抗了，不可能企圖反抗了，砂泥蜂就抓住牠的頸子把牠拖到窩裡去。這樣一些事實是很有說服力而毋庸置疑的。

我兩次看到毛刺砂泥蜂做外科手術。我還敘述過很久以前的第一次觀察。從前那次的觀察是在沒有準備的情況下做的，而這一次是事先策劃好的，是在非常空閒的條件下完成的，因此看得十分清楚。兩次相似之處在於螯針刺了多次，有條不紊地從前到後刺在腹部那一面。這兩次螯刺的數目真是一樣的嗎？目前這一次，數目恰好九次；可是我在翁格勒高原上看到的、被動手術的那隻毛毛蟲，似乎螯刺的傷口更多些，不過我無法精確地說螯了多少下。很可能螯刺的數目會有所不同，毛毛蟲最後一個體節遠沒有其他體節重要，根據應當麻痺的獵物的大小和力氣，決定刺或者不刺這個體節。

另外，我在第二次觀察中還看到了對腦袋的壓迫，這是產

生麻痺狀態以便於運輸和儲存的動作。在第一次觀察中，這樣一個值得注意的事實我是不會遺漏掉的，可見那一次沒有進行這一項動作。因此，腦部壓迫法是膜翅目昆蟲在情況需要時，例如當獵物在路途中似乎會進行某種反抗時，靈活運用的一種辦法。

對腦部神經節的壓迫是可有可無的，因爲這並不關係到幼蟲的未來。膜翅目昆蟲在需要時，爲方便自己的運輸工作，才進行這個動作。我從前曾經花了好大的力氣，去觀察隆格多克飛蝗泥蜂，經常看到牠從事捕獵工作，但我只看到過一次，就在我眼前，在短翅螽斯的頸上做這個手術。因此，毛刺砂泥蜂的戰略，就其不變且絕對必須的要素來說，就在於把螫針一次次地刺到腹部那一面，沿著中線分布、或者幾乎所有的神經中樞裡去。

我把膜翅目昆蟲的凶殺手段跟人（以快速撲殺爲職業，有實際經驗的人）的凶殺手段進行比較。我想在這裡提到一個童年的回憶。那時我是個十二歲的小學生，老師跟我們講解梅麗貝的不幸，她在蒂迪爾①的懷中傾訴自己的悲傷，蒂迪爾把他

---

① 梅麗貝和蒂迪爾：古希臘詩人塞奧克里托斯（約西元前310～前250年）《田園詩》中的牧羊女和牧羊人。——譯注

的栗子、乳酪和新編的蕨草墊給她；老師要我們背誦拉辛[2]的一首詩＜宗教＞。對於更關心彈子而不關心神學的孩子來說，這真是一首奇怪的詩！我現在僅僅記住兩句半：

……最後藏身於污泥，
昆蟲居然對自己的價值深信不疑，
為受蔑視起訴我們，要求道歉賠罪。

為什麼這兩句半留在我的腦海裡，而其餘的卻全都忘掉了呢？因為金龜子和我已經成為朋友了。這兩句半令我不安，你們這些昆蟲，你們的衣著是這麼清潔，你們的打扮是這麼得體，你們要到污泥中去住，這種想法是非常荒唐的。我認識步行蟲黝黑的胸甲，鹿角鍬形蟲穿著俄羅斯皮革的緊身外衣；我知道你們中最小的也都有烏木色的光澤，貴金屬的光亮。所以詩人要你們到污泥裡去，這使我有點氣憤。如果拉辛對於你們沒有什麼更恰當的話可說，那他就別說好了；可是他並不了解你們，而在他那個時代，幾乎還沒有幾個人注意到你們。

我一面為了應付下一堂課而背誦著這令人生厭的詩歌中某個段落，一面隨自己的心意接受另一種教育。刺柏叢長得有我

---

[2] 拉辛：1639～1699年，法國詩人。——譯注

那麼高，朱頂雀的窩就築在上面，我到牠的窩裡看望牠；松鴉在地上啄食橡實，我在一旁窺視；剛剛蛻皮渾身還軟軟的螫蝦，被我無意中撞見了；我探詢鰓金龜到來的準確時期；我尋找第一朵綻開的報春花。動物和植物是奇妙的詩篇，在我年輕的腦海裡出現了他那隱隱約約的回聲，使我很幸運地在枯燥乏味的亞歷山大詩體中得以散散心。生活的問題，和另一個令人愁腸的問題——死亡，有時也在我的腦海裡閃過。這種縈迴腦際的一時困擾，隨著年齡的增長而遺忘，但某種偶然的事情把它勾了起來，這可怕的問題又出現了。

一天，我從屠宰場前走過，看到屠夫拉著一頭牛走來。我過去總是害怕見到血，我年輕時候，看到流血的傷口，就會受到強烈的刺激而暈過去，好多次幾乎因此丟了性命。我怎麼會有勇氣走進這可怕的屠宰場呢？可能是死亡這個悲慘的問題刺激著我。我跟著牛走進去了。

牛角用一根結實的繩子綁住，牛鼻子濕濕的，那頭牛目光平靜地向前走著，好像是向牛欄裡的飼料槽走去似的。人走在前面，手牽著繩子。我們走進了死亡之室，地上到處是內臟和一灘一灘的血，整個房間臭哄哄的，令人噁心。牛認出這裡不是牛欄，牠害怕得眼睛發紅，牠抵抗，牠想逃走。但是地板上有一個環牢牢釘在石板上。那個人把繩子穿過鐵環，往前拉。

牛低下頭，鼻子頂著地。一個助手抓住牛角把牛按著，屠夫拿起一把尖刃的刀，這把刀一點也不嚇人，並不比我的馬褲口袋裡的那把刀大。他用手指在牛頸上找了一會兒，刀戳進選好的部位。這隻大牲口顫抖了一下，然後就像被擊斃般倒了下來；這我們過去就叫做「牛躺在地上」。

我跌跌撞撞地從那裡出來。後來我尋思著，用一把幾乎跟我用來打開核桃殼、剝栗子皮一樣的刀，刀刃一點也不起眼的刀，怎麼就能夠殺死一條牛，而且死得這麼快呢？沒有巨大的傷口，沒有遍地流血，沒有哀鳴。屠夫用手指尋找部位，一刀刺入就了事，牛的腿一彎就倒下了。

這樣的猝然死去，這樣的倒斃，對我來說一直是個驚心動魄的謎。很久以後，我偶然讀了解剖學的一些片段，才明白了屠宰場的秘密。屠夫切斷了牛的顱骨出口處的脊髓，他切開了生理學家稱為「生命結」的部位。今天我可以說他是按照膜翅目昆蟲把螫針刺入神經中樞的辦法來動手術的。

讓我們在更扣人心弦的條件下，再一次看看這個場面吧！這是南美洲的一個牛肉醃製場，一個巨大的宰牛和醃肉場所，一天的宰牛數高達一千二百頭。我把一位目擊者的敘述轉抄在這裡③。

　　成群的牲口來了。宰殺在牛到達的第二天進行。整群牛關在一個封閉的，稱爲「瑪格拉」的地方。幾個騎馬的人每隔一段時間便把五、六十條牛趕進一個更狹窄、封閉得更嚴密的場所，地面傾斜，鋪著磚頭、木板或者混凝土，但都非常光滑。一個專業工人站在沿著瑪格拉的牆蓋起來的平臺上，處理趕來的牛，抓住其中一隻牛的套牛索，更經常是抓住牛角。套牛索的繩子又長又結實，中間部分捲在絞盤上。一種牲口，通常是一匹馬或者是一對牛拉著繩子的另一端，把疲乏不堪的牛拖過來，這牛掙扎，但還是一直滑到絞盤那裡，被絞盤頂住，完全不能動彈了。

　　這時只要另一個也是站在平臺上的工人，叫做「刺頸師」，把刀戳進牛頭後部的枕骨和第二頸椎之間，牛就斃命了，猝倒在一輛活動的小運貨車上被拉走了。牛立即被傾倒在傾斜的地面上，那裡有一些專門的工人給牠放血剝皮。但是由於刺在頸椎上的傷口位置和大小很不相同，以致於這些不幸的畜牲往往心還在跳動，還能呼吸；於是牠在刀下反抗鳴叫，四肢踢蹬，皮已經剝了一半，牠的肚子敞開著。這些工人渾身是血，七手八腳地把所有畜牲活活剝皮，切成碎塊，醃製起來。再也沒有比這更悲慘的場面了。

③ 庫笛，《科學雜誌》，1881年8月6日。——原注

　　牛肉醃製場準確地重複了我在屠宰場看到的屠殺方法。在
這兩個宰牛工廠裡，人們刺傷顱骨下的頸椎。砂泥蜂的手術方
法與此類似，不同的是，由於獵物身體結構的緣故，牠的外科
手術複雜得多，也困難得多。如果考慮到砂泥蜂所取得的成果
是那麼完美，那麼，優勢還在砂泥蜂。牠的毛毛蟲不是像被切
斷頸椎的牛那樣的一具屍體；毛毛蟲還活著，只是不能動而
已。從各個方面來看，在這一點上，昆蟲比人強。

　　不過，像牛這樣的龐然大物是不會讓人屠殺而不進行殊死
的抵抗的，我們國家的屠夫，南美潘帕斯草原的刺頸師，怎麼
會想到把尖刀插入脊椎的根部，使牠猝然死去的呢？除了幹這
一行的人和科學家之外，沒有一個人會知道或猜想到，這麼一
記戳傷會產生立即斃命的結果。我們幾乎所有的人在這個問題
上都跟我當時出於幼稚的好奇心進入屠宰場時一樣的無知。刺
頸師和屠夫，經由繼承傳統和遵循榜樣而學會了這一技術；他
們有師傅，這師傅又是另一個師傅的徒弟，這樣通過傳統的鏈
條一直追溯到第一個人，他可能由於一次狩獵而看到了刺傷頸
部所取得的驚人後果。誰能說不是由於偶然把尖燧石片刺入馴
鹿或者猛獁象的脊椎，而引起了刺頸師的前輩的注意呢？一樁
偶然的事使人們產生初步的想法，這想法經由觀察得到證實，
經思考而成熟，依靠傳統得以保存，藉由示範得到推廣。在將
來，也是靠著這樣世代相傳。刺頸師的後代，如果沒有師傅，

即使一代又一代下去也沒用，他又會變得像最初那樣無知的。遺傳並不能把從脊髓部位刺殺的技術傳下來，人不是生來就是會使用刺頸師方法的殺牛人。

可是砂泥蜂以高明得多的辦法來搏擊毛毛蟲。螫針術師傅在哪裡？沒有什麼螫針術師傅。當這種膜翅目昆蟲咬破蛹室，從地底下出來時，牠的前輩早就死了；牠自己也會見不著牠的後代就死去。把食櫥裝滿食物和產下卵後，牠跟後代的一切關係都沒有了。這一年的成蟲死的時候，下一年的昆蟲還處於幼蟲狀態，睡在地下絲搖籃裡。所以絕對沒有經過現身說法的教育來傳授技術。砂泥蜂生來就是完美的刺頸師，就跟我們生來就會吮母親的奶一樣，從來都不用學。嬰兒靠他的嘴吸奶，砂泥蜂靠牠的螫針狩獵；而這兩者，在第一次實驗時就是這困難技術的大師。像心和肺的節奏一樣成為生命的主要部分，並經由遺傳而傳下來，就是這種本能，這種無意識的驅動力。

如果可能，我們試圖追溯砂泥蜂本能的根源。今天，一種需要比任何時候都更縈迴在我們腦際，那就是解釋可能無法解釋的事情的需要。有這種人，而且數目還在日益增多，他們解決巨大問題的大膽令人欽佩得無以復加。您給他們六個細胞、一點原生質和一個說明示意圖，他們就可以對一切都做出解釋。有機世界、智力和道德世界，一切都從原細胞衍生出來，

同時以它自己的能量演化著。本能並不比這困難。本能是一種既定的習慣，它在某種對動物有利的偶然行爲激發下表現出來。關於這問題，人們提出了自然選擇、遺傳、生存競爭做爲理由。我完全注意到人們所使用的莊嚴話語，但我寧願要一些不起眼的事實。我收集、觀察這些不起眼的事實，已近四十年了，可這些事實並不完全符合當前流行的理論。

你們對我說，本能是一種既定的習慣。一個有利於動物後代的偶然事實是本能的第一刺激物。讓我們進一步來考察這件事。如果我沒有理解錯，你們說，在非常遙遠的過去，某隻砂泥蜂曾經偶然擊中毛毛蟲的神經中樞，牠覺得這樣做很好。對牠來說，好就好在進行的是一場沒有危險的鬥爭，而對於牠的幼蟲來說，則可提供充滿生命力，卻又不會造成傷害的新鮮的野味。因此牠可能經由遺傳，使牠的後代具有一種重複採取這種戰術的習性。母親的贈與並不會使牠所有的子孫都同樣得益，在使用這種新出現的螫針戰術方面，有的笨拙，有的靈巧。於是便出現了生存競爭，可惡的戰敗者活該倒楣[4]。弱者死亡，強者昌盛；代復一代，這種生存競爭的選擇使最初那短暫的印跡轉變成深刻而不可磨滅的烙印，變成膜翅目昆蟲身上

④古代高盧人的領袖布倫努斯（活動時期西元前四世紀初）率兵占領羅馬，羅馬人在天平上秤金子，想用金子換取他撤兵。布倫努斯把他的劍擲在天平上，並說了這句話，意思是：戰敗者就得聽從戰勝者的擺布！——譯注

今天令我們讚嘆不已的高明本能。

　　好吧，我真心誠意地承認這一點，但人們有點過於注重偶然性了。當砂泥蜂第一次遇到毛毛蟲時，照你們的說法，沒有任何東西會指導牠使用螫針。牠選擇螫刺的部位是沒有道理可講的。根據一場肉搏鬥爭時的機會，螫針可能刺到被抓住的獵物的上頭那一面、下頭那一面、側面、前部、後部，哪裡都可以。蜜蜂和胡蜂只要能夠螫到哪裡，就把螫針螫在那裡，而並不是非要刺到某個部位不可。砂泥蜂應該也是這樣行事的，因為牠對牠的技術還不了解。

　　可是在一隻灰毛蟲身上，在表面和內部，有多少個部位呢？嚴密的數學答覆說數目是無限的，我們就算它幾百個部位吧。在這幾百的數目中，要選的是九個部位，或許更多些，螫針必須刺到那裡而不是別的地方；刺得高一點，低一點，偏一點，就無法達到要求的效果。如果有利的事件是偶然造成，那麼需要多少次組合才能得到這個結果，需要多少時間才能把所有可能的情況都排除掉？這困難實在太大了，於是你們就躲藏在迷霧般的年代後面，退縮到所能夠想像到的蒙昧的遙遠過去，你們求助於時間，時間這個因素我們掌握得很少，但正因此，用來掩飾我們的想入歧途卻很適合。在這一點上，您可以隨心所欲，隨便推到什麼年代都可以。我們把幾百個價值不同

的符號放在一個甕裡打亂，隨便抽出九個來。像這樣我們要到什麼時候才能抽到一個事先確定的組合，獨一無二的組合呢？計算答覆說，機會非常小，幾乎等於零，不如說所期待的安排是永遠達不到的。對於古代的砂泥蜂來說，實驗只能從當年到來年隔了很長時間後才能再進行。因此從充滿偶然性的甕裡，怎麼能抽出在九個選定的部位螫刺九下這個組合呢？如果我必須求助於無限的時間，那麼我真怕是在講荒誕無稽之事了。

你們又會說，昆蟲不是一下子就達到目前的手術水準的，牠要經過實驗、學習，逐步熟練起來。自然淘汰進行了挑選，消滅了不在行的，保留了天賦好的。每隻昆蟲逐步累積的才能加上遺傳下來的才能，終於逐步發展成了我們現在看到的這種本能。

這種理由是站不住腳的。就這個問題來說，本能逐步發展起來是顯然不可能的。供應幼蟲食物只能由師傅進行，學徒是做不來的。膜翅目昆蟲必須一出手就精於此論：昆蟲能夠把個子和力氣比牠大得多的獵物拖回家儲存起來；剛孵出的幼蟲能夠在狹小的卵室裡平安無事地咬嚼一隻比牠大的活獵物，這獵物無法動彈是實現這些條件的唯一辦法。而要想使獵物完全無法動彈，螫針就要刺多次，每一針都刺在運動刺激中心上。如果麻痺和休眠程度不充分，灰毛蟲就會反抗獵人的努力，在路

上進行絕望的鬥爭，砂泥蜂就達不到目的地。如果不是完全不動，產在毛毛蟲身上某個部位的卵，就會由於巨人扭動身子而死去。沒有可接受的折衷辦法，事情做成一半也不行。如果按部就班地為毛毛蟲動手術，那麼膜翅目昆蟲的種族就綿延下去；如果獵物只是局部麻痺，那麼膜翅目昆蟲的後代沒孵化出來就死在卵中了。

我們順從事物無法規避的邏輯，因此我們承認第一隻毛刺砂泥蜂在抓住一隻灰毛蟲來餵養牠的幼蟲時，所使用的方法就是正確的，就像今天的毛刺砂泥蜂給灰毛蟲動手術的方法一樣。牠抓住毛毛蟲頸子上的表皮，從下面對著每個神經中樞刺入；如果這巨物還有抵抗的表示，牠就壓迫牠的腦袋。我得再次強調，手術只能這樣進行，不精於此道、幹起活來不徹底的殺手，是不會有後代的，因為牠不可能育卵。如果沒有完善的外科手術，捕獵大毛毛蟲的獵人第一代就要絕後了。

我還算同意你們這種說法：毛刺砂泥蜂在捕獵灰毛蟲之前，可能是選擇比較小的毛毛蟲，在同一蜂房裡堆放好幾條，直到食物的總量有今天的大毛毛蟲那麼多。獵物弱小，只要刺幾下，也許只要一下就夠了，逐漸地，砂泥蜂喜歡起體積大的獵物來了，因為這樣可以減少狩獵遠征的次數。而由於俘虜抵抗加強，螫刺的數目也就多了，於是原先簡陋的本能一步步變

成了今天完善的本能了。

關於本能的演化這個問題，首先可以這樣回答：改變幼蟲的飲食習慣，用一隻毛毛蟲來取代許多毛毛蟲，這與我們所看到的情況明顯相反。捕獵食物的膜翅目昆蟲，就我們所了解的來說，是極端忠實於古老習慣的，牠們有牠們絕不會違反的限制消費法。以象鼻蟲餵養幼蟲的，在幼蟲的蜂房裡只放象鼻蟲而不放別的任何東西；以吉丁蟲爲食物的，堅持所選定的荤肴，把吉丁蟲給牠的幼蟲吃。飛蝗泥蜂有的吃蟋蟀，另一種吃短翅螽斯，第三種吃蝗蟲；除了這些之外，別的都不要。捕獵虻的泥蜂覺得虻的味道鮮美而捨不得丟掉，赤角巨唇泥蜂的食櫥裡裝的是修女螳螂，而對任何別的野味都不屑一顧。其他也是這樣，各有所好。

誠然，有許多昆蟲允許食品多樣化，但只是在同一昆蟲類別的範圍內進行選擇；象鼻蟲和吉丁蟲的捕獵者就是這樣，牠們捕捉自己力氣能夠捕捉到的各種象鼻蟲或吉丁蟲。毛刺砂泥蜂改變飲食制度可能就屬於這種情形。每個蜂房裡放的或者蟲小但數量多，或者蟲大而只有一隻。但是獵物總是毛毛蟲。至此一切都還解釋得通，只剩下用一隻蟲來代替多隻蟲這個問題。膜翅目昆蟲這樣改變習性的情況，我連一個例子也沒有見到過。凡是在食櫥裡裝一隻獵物的，絕不會想到要在裡面堆放

幾隻小一點的；凡是要多次遠征以便在蜂房裡存放好些隻獵物的，就根本不知道去選大一點的，以便只儲存一隻。我觀察的記錄，在這一點上總是不變的。從前的砂泥蜂放棄多隻獵物而採用一隻獵物，這只是猜測罷了，沒有任何證據可以證明。

即使同意這種說法，問題是不是有所進展呢？絲毫沒有。假定說吧，最初的獵物是一隻弱小的毛毛蟲，螫針刺一下就昏昏沈沈了。可是螫針的這一刺還不能隨便刺在什麼部位，否則這個行為不但沒用，反而有害。毛毛蟲受到刺激卻又沒有被螫傷到不能動彈，牠就會變得更加危險。螫針應當刺到一個神經中樞，很可能就是刺在神經節串的中間部位。至少在我看來，今天的砂泥蜂，如果喜歡劫持纖弱的毛毛蟲，就是這樣行事的。手術者亂無章法地使用帶螫針的柳葉刀，有可能刺到這唯一的部位嗎？可能性極小：因為這是在毛毛蟲身體上的無數部位中的唯一部位。可是按照這種理論，膜翅目昆蟲的未來就建築在這種可能性上。這座建造在一根針尖上的建築物真是再平衡不過的啊！

我們姑且同意這種說法，再繼續談下去。所要求的部位刺中了，獵物處於昏昏沈沈的狀態，產在獵物側面的卵發育良好而沒有危險。這樣足夠了嗎？為了將來有一對蟲好生產後代，產下另一個卵是必不可少的。於是間隔沒幾天，沒幾小時之

後，第二次螫刺就必須跟第一次一樣碰巧刺到規定的部位。這就是要重複發生不可能的事，這就是不可能的事的二次方。

我們可別氣餒，把問題窮究到底吧！這裡有一隻膜翅目昆蟲，砂泥蜂的隨便哪個祖先，牠吉星高照，曾有兩次或者更多次成功地使獵物處於為了育卵所絕對必要的昏沈狀態。牠雖然把螫針刺到了某一個神經中樞而不是別的地方，但牠並不知道這件事，牠並沒有料到這件事。既然沒有任何東西促使牠進行選擇，可見牠只是隨意行事罷了。如果我們把本能的理論真的當作一回事，那麼就得承認，一個對於昆蟲來說是隨隨便便的偶然行為，卻留下了深刻的痕跡，並產生了這麼強烈的印象，乃至於這個經由刺傷神經中樞造成麻痺的高明手術，靠著遺傳而傳了下去。砂泥蜂的後代由於一種奇妙的天賦，而將母親所沒有的東西繼承下來。牠們出於本能而知道螫針應該螫到哪個，或者哪些部位；因為如果牠們還是在當學徒，如果牠們和牠們的後代，還要憑著偶然的機會來不斷增強新的本領，那麼牠們就會回到近於零的可能性。牠們在漫長的年代中，每年都要回到這個近於零的可能性上來，可是這唯一的有利機會應該總會出現的。這種既得的習慣是靠著一些事實的長期重複而養成的。而在這些事實中，要想產生出唯一的那個事實，就需要排除掉許許多多相反的可能性。我不太相信這樣的習慣。只要略加考慮，就可以看出這個理論有多麼的荒謬。

　　不僅如此。可能還要想想，昆蟲生來並不熟悉的偶然行為怎麼演變成為一種經由遺傳而傳下來的習慣。如果有人對我們說，刺頸師的後代，無須言傳身教，僅僅因為他的父親是刺頸師，便會徹底了解殺牛的技術，那麼，我們一定會把他視為無聊的說笑者。這位父親不是偶爾動那麼一兩次刀的，他每天操作多次，一邊思考一邊工作著。這是他的職業。他這樣畢生的操作會不會變成一種可以傳之後代的習慣呢？如果沒有人教，他的兒子、孫子、曾孫，他們會知道這種技術的詳細情況嗎？這一切都必須重頭學起，人不是天生就習慣於這種屠殺的。

　　如果說膜翅目昆蟲精於牠的技術，那是因為牠生來就要運用這種技術；是因為牠天生不僅具有工具，而且具有使用工具的辦法。這種能力是原來就有的，從一開始就已經完善了的；過去的經歷對此絲毫無所增添，將來也不會增添任何東西。過去怎樣，現在就怎樣，而將來也將是怎樣。如果您在本能問題上只看到那是一種既定的習慣，是經由遺傳加以改進而傳下來的一種習慣，那麼請您至少給我們解釋解釋：人，您是原生質中最高度演化的人，為什麼沒有這種天賦。一隻微不足道的昆蟲可以把牠的訣竅傳給牠的兒子，但人卻辦不到。如果我們不會面臨勤勞者被遊手好閒者所取代，有才幹者被傻子所取代的危險，那麼，這對於人類來說是怎樣一種無法估量的好處啊！呵！原生質靠著自己的效力演化成為生物，牠把這種奇妙的本

領如此慷慨地贈給昆蟲，爲什麼不讓我們也保存哪怕一絲半點呢！大概在這個世界上，細胞的演化還沒有完結吧！

由於這些原因以及其他原因，我不接受現代關於本能的理論。我認爲這種理論只是一種想像的遊戲，書齋裡的博物學家可以玩著這遊戲而沾沾自喜，他以自己的奇想來塑造世界。可是與眞實事物打交道的觀察者，對於他所看到的任何事物，從這遊戲中卻找不到嚴肅的解釋。在我周圍的人中，對這些艱難的問題採取最肯定態度的人，正是見到的事物最少的人。雖然他們什麼也沒有看見，可是卻如此的武斷。其他的人，謹愼小心的人，略微知道一點他們談論的是什麼。在我這小圈子之外，事情難道不就是這樣的嗎？

第五章

黑胡蜂

　　穿著胡蜂的外衣，一半爲黑黃色，纖纖細腰，步態輕盈，休息時，翅膀不是平展著，而是橫折成兩半。腹部像化學家的曲頸瓶、蒸餾甕般鼓起，靠一個長頸連到胸部。這長頸先是鼓得像個梨子，然後縮成細繩；起飛輕盈，飛行無聲，慣於獨居。這就是關於黑胡蜂的簡要描述。在我居住的地區有兩類黑胡蜂：最大的叫阿美德黑胡蜂，約一法寸長；另一種叫果仁形黑胡蜂，只有前者一半大[1]。

　　這兩類形狀和顏色相似的黑胡蜂，擁有同樣的建築才能；

---

[1] 我在這個名稱下把三種黑胡蜂都混在一起，即：果仁形黑胡蜂、雙點黑胡蜂、模糊狀黑胡蜂。很久以前，我在進行初步研究時，沒有把這三者區分開來，今天我已不可能找出牠們各自的窩了。由於牠們的習性相同，所以這種混淆對於這一章的敘述沒有什麼影響。——原注

這才能表現在牠們建築物的高度完美上，令初學者嘆為觀止。牠們的窩是個傑作。但是黑胡蜂做的是不利於藝術的征戰職業，牠們用螫針螫刺獵物，強取豪奪。牠們是兇殘的膜翅目昆蟲，用毛毛蟲餵養牠們的幼蟲。把牠們的習性跟對灰毛蟲動手術的毛刺砂泥蜂的習性進行比較，可能會很有意思。雖然兩者的獵物都一樣，都是毛毛蟲。但種類不同，本能的表現各異，或許會使我們得到一些新的知識。何況光是黑胡蜂所建造的窩就值得研究。

我們前面闡述過的狩獵性膜翅目昆蟲都十分精通螫針的技術，牠們的外科手術法使我們驚嘆不已，牠們似乎得到某個洞察一切的生理學家的傳授。但是這些高明的殺手，在建造住宅方面卻是沒有本領的工人。那住宅是什麼樣呢？一條沒有泥土的通道，盡頭是一間蜂房。一條走廊，一個洞穴，一個粗陋不堪的巢穴，這就是礦工、挖土工的作品。這些蟲子有時孔武有力，但絕沒有藝術天才。牠們用鎬掘，用鉗撬，用耙挖，而從不用抹刀來蓋房。但黑胡蜂則是真正的泥水匠，牠的建物全部是灰漿和砌石的構件，牠們露天建築，有時建在岩石上，有時建在搖搖晃晃的枝椏上。捕獵與建築

阿美德黑胡蜂

交替進行，這種昆蟲輪番充當維特魯威②和寧錄③的角色。

　　首先，這些建築師把牠們的住宅選擇在什麼地方呢？如果您從一個酷熱的隱蔽所朝南的小圍牆前經過，如果您一塊塊地仔細看那些沒有抹上灰泥層的石頭，特別是那些大塊的石頭，檢查那些高出地面不太多、被太陽曬得像蒸氣浴室那麼熱的岩石塊，您還沒有找得不耐煩，也許就會找到阿美德黑胡蜂的建築物。這種昆蟲很稀有，牠孤零零地生活著，要想遇到牠可真是不容易。這是非洲的一個種類，牠喜歡熱的會把角豆樹的果實和海棗曬熟的熱度。牠最喜愛的是太陽曬得最厲害的地方；牠的窩就築在不會晃動的岩壁和石頭上。也有以下的情形，不過很少見，那就是模仿高牆石蜂把窩建在一塊普通的卵石上。

果仁形黑胡蜂

果仁形黑胡蜂的分布範圍廣得多，牠對於建造蜂房基座的性質要求不高。牠把房子建在牆上，建在孤立的石頭上，建在半閉的外板窗內面的木板上；或者採用空中地基，比如灌木的小枝椏，隨便什麼植物的枝幹。對牠來說，無論什麼樣的支柱都行。牠也不擔心隱蔽所的問題。牠沒

② 維特魯威：羅馬建築師、工程師，名著《建築十書》的作者（創作時期西元前一世紀）。——譯注
③ 寧錄：《聖經》人物，古實之子。《創世紀》說他是個英勇的獵人。——譯注

有牠的同行那麼怕冷，四面通風，沒有遮擋的地方牠也不怕。

阿美德黑胡蜂的建築物如果是建在一個不受任何東西妨礙的水平表面上，那麼它就是一個規則的圓屋頂，一個球形的帽狀拱頂，在屋頂的最高處開著一個只夠牠出入的狹窄通道，上面有一個開得很好看的細頸口。這令人想到愛斯基摩人或者古代蓋爾人④的圓形草房中央的煙囪。直徑二‧五公分左右，高二公分。如果支架是垂直的表面，建築物仍然保持拱頂的形狀，但供進出的漏斗則開在側面，靠近上部的地方。這套房間的地板無需任何設施，直接採用裸露的石頭。

建築師在選定的場所上，首先砌起一座厚約三公釐的環形牆，材料是泥粉和小石子。昆蟲在人常走的山間小徑，在附近的公路上，選擇最乾燥、堅硬的地方作為牠的挖掘工地。牠用大顎尖扒，把收集到的一點點粉用唾液浸濕，這就成了泥質灰漿，灰漿迅速凝固，水透不進了。石蜂已經讓我們看到，在人來人往的道路和由養路工人用壓路機碾實的碎石路面上，類似的挖掘情形。所有這些露天建築者，所有這些要經歷風吹雨打的紀念性建築物的建造者需要最乾的粉，否則已經潮濕的材料

④ 蓋爾人：約西元前500年侵入不列顛島嶼的民族，主要居住在愛爾蘭和蘇格蘭。——譯注

就無法有效地吸收使它黏結的液體，這建築物很快就會被雨淋爛掉。牠們有石膏工那樣的辨別力，拒絕採用受潮裂開的石膏。我們下面將會看到，在遮蔽物下面工作的建築者，不做扒地這種艱苦的工作，而寧願採用僅僅靠材料本身的濕度就可捏成麵團的鮮土。如果一般的石灰就能用，人們就不會花力氣去生產水泥了。然而阿美德黑胡蜂需要的是一流的水泥，比高牆石蜂的水泥更好的水泥，因為建築物一旦完工後，牠不會再加上厚厚的外套來保護牠的蜂房群。所以圓屋頂的建造者盡可能選擇大路作為採石場。

除了泥粉外，必須有礫石。這是有梨籽那麼大的礫石，體積幾乎一樣，但根據開採的地點，礫石的性質和形狀大不相同。有的隨意裂成一定刻面而帶稜角，有的被水磨得光滑圓潤。如果窩的附近許可，牠所喜愛的礫石是光滑而半透明的小石英粒。這些礫石是經過精心挑選的，昆蟲掂了掂這些礫石，用大顎這個圓規加以測量，在認為礫石的大小和硬度符合要求的品質後才會採用。

我們說過，一堵環形的圍牆是在裸露的岩石上築起來的。在泥粉凝固前──這不要很長時間，隨著工作的進展，泥水匠把幾塊礫石填到柔軟的灰漿裡去。牠把礫石半埋在這水泥中，讓礫石大部分突出在外而不是深入到灰漿內部，因為內部的牆

壁應當保持平整以便幼蟲住得舒服。礫石黏結凝固和純灰漿的
澆灌交替進行，新蓋的每一層都鑲進小石子作為砌面。隨著房
子的升高，建築師讓建築物略微向中心彎曲傾斜，從而使房子
呈球狀。我們使用拱形的支架，在蓋房子時，拱頂的砌體就砌
在支架上。黑胡蜂比我們大膽，牠直接建築牠的圓屋頂。

　　在屋頂最高處，開了一個圓孔；而在這個圓孔上有一個純
水泥製造的喇叭口狀的出口，仿佛是伊特魯立亞⑤花瓶標緻的
瓶頸。蜂房裡裝好食物，卵產下來後，這個出口便用水泥塞封
住了；而在這塞子內鑲嵌著一粒小石子，就像把聖人遺物放在
聖骨盒裡似的，裡面不多不少，只有一粒，儀式是神聖莊嚴
的。這座粗陋的建築物絲毫不怕風吹雨淋，用手指壓也壓不
壞，用刀可以把它整個撬起來，可是無法把它切碎。它那乳頭
般隆起的形狀，外部遍布的礫石，令人想到圓頂上面布滿著巨
大石塊的古代某些環形大石垣，某些墳墓。

　　這就是蜂房密閉後的房屋外觀；但是黑胡蜂幾乎總是在第
一個圓屋頂上再疊上圓屋頂，五層、六層，甚至更多。這樣兩
個相連的蜂房可以使用同一隔牆，從而縮短了工期。原先的勻
稱美觀現在不見了，外表看起來這一切只是一堆帶小石子的乾

⑤ 伊特魯立亞：義大利古地區名。──譯注

土。如果我們進一步觀察這一堆不成形的東西，那麼我們就會看出，帶瓶狀出口的房屋由一間間明顯區別開來的房間組成，每間房都有自己的小礫石鑲在水泥中做為填塞物。

高牆石蜂使用跟阿美德黑胡蜂一樣的方法來蓋房子，牠把一些體積不大的小石子鑲在水泥層內部。牠的建築物首先是一座小塔，技術粗糙卻倒也別致；然後並排蓋一些蜂房，整個建築就是一堆土而不成樣子，似乎完全不是按照建築規則蓋起來的。築巢蜂還在這一堆蜂房上覆蓋了一層厚水泥，於是最初那個石堆狀的房屋看不見了。黑胡蜂沒有全面使用這種塗層，因為牠的建築物十分牢固，牠任憑石子的砌面和房間的出口暴露在外面。這兩種窩雖然是用同樣的材料建造的，但是彼此很容易區別。

黑胡蜂的圓屋頂是一件藝術作品，所以藝術家如果用灰漿把牠的傑作蓋住可能會感到遺憾。請讀者原諒我以保留的態度提出這個懷疑，因為這個問題相當微妙而不得不如此。環形大石垣的建造者難道不會對自己的作品沾沾自喜，帶著某種喜愛的心情去端詳它，並且因為它證明了自己的才智而感到得意嗎？昆蟲難道沒有某種美感嗎？我覺得至少從黑胡蜂身上，可以依稀看到一種把自己的作品修得漂亮美觀的癖好。窩首先應該是一個牢固的住所，一個撬不開的保險櫃。但是如果把窩裝

飾一番而不妨礙耐用度，建築師對於裝飾會永遠不感興趣嗎？
誰會有否定的看法呢？

我們看看事實吧。窩頂的開口即使只是一個普普通通的
洞，也跟精工製作的門一樣合用：昆蟲出入方便，不會受到任
何影響，而且還可以縮短工期。可是恰恰相反，牠建造的出口
卻是一個漂亮的弧形雙耳尖底甕，就像是用轆轤拉出來似的，
可是用牠那薄薄的寬口刀來製作，就需要上等的水泥和精雕細
刻的工夫才行。如果建築師只要求建築物牢固，那麼要這麼講
究幹嘛呢？

再者，用於圓屋頂外部砌面的礫石主要是石英粒。石英光
滑，半透明，有點反光，看起來很舒服。在窩的附近這種小礫
石和發光的石灰石都同樣豐富，為什麼牠特別喜歡石英呢？

更值得注意的是，常常可以發現圓頂上鑲著幾粒被太陽曬
白了的空蝸牛殼。最小的一種蝸牛，即常在乾旱的斜坡上出現
的條紋蝸牛殼，是黑胡蜂通常選擇的品種。我曾看到有的窩上
幾乎全用這種蝸牛殼來代替卵石，那窩看上去簡直像是用手工
耐心做出來的貝殼匣。

在這裡不妨做個比較。澳大利亞的某些鳥，尤其是淺黃胸

園丁鳥編織樹枝，為自己建造了有頂的廊道與木屋別墅。為了裝飾柱廊的兩扇門，小鳥在門檻上放上了現場能夠找到的所有閃亮、光滑和色彩鮮豔的東西。每個門的正面都是一個珍品屋，收集者在裡面堆積著光滑的小石頭、各種各樣的貝殼、空的蝸牛殼、鸚鵡的羽毛、好像象牙棍似的骨頭。被人們丟失的東西在鳥的博物館裡都可以找得到。那裡有煙斗桿、金屬鈕扣、碎布、印地安人做為戰斧的石斧。

木屋別墅的每個門口，收集到的東西相當豐富，可以裝滿半個斗。由於這些東西對鳥來說毫無用處，牠堆積這些玩意只是為了滿足牠做為藝術品收藏家的愛好。我們常見的喜鵲也有類似的愛好。只要遇到發亮的東西，牠都當做財寶收藏起來。

可見，也喜歡光亮的石子和空蝸牛殼的黑胡蜂就是昆蟲中的淺黃胸園丁鳥，不過牠考慮得更周到，知道把實用與美觀結合起來，牠把找到的東西用來建造牠那既是碉堡又是博物館的窩。如果牠找到半透明的石英粒，牠就不要其他的東西了；這樣，建築物就更加美麗了。如果牠遇到一個白色的小貝殼，牠便急忙用它來裝飾牠的圓屋頂。如果牠運氣好，空蝸牛殼多，牠就把蝸牛殼鑲在整個建築物上，這是牠那收藏藝術品的愛好的最佳證明。真是這樣的嗎？或者另有原因呢？誰又能確定呢？

　　果仁形黑胡蜂的窩有中等的櫻桃那麼大，用純水泥建成的，外部連最小的石子都沒有。它的外形跟前面說過的完全一樣。如果窩是建在足夠寬的水平基礎上，圓屋頂中央有細頸、甕的出口處和喇叭形開口。但是如果支座只是架在一個點上，例如在灌木樹枝上，窩就呈圓形膠囊狀，當然，上面總是有一條細頸。於是這便成了一個縮小的異國風味陶器，一個大肚子的素陶冷水壺。它不厚，幾乎只有一張紙的厚度，所以手指稍微用力就會把它弄碎。外部有點不平，上面有幾條細帶，這是由於一層層的灰漿所造成的；或者呈結節般突出，這些結節總是分布在中心處。

　　這兩種黑胡蜂在牠們的匣子裡（不管是圓屋頂還是細頸瓶）總是堆放著毛毛蟲。下面我們把牠們的菜單記錄下來，這可以讓想觀察黑胡蜂的人知道，根據時間和地點，本能允許牠們在飲食習慣上變化的範圍有多大。牠們吃的東西很多，但總是千篇一律：一些小個子的毛毛蟲。所謂小毛毛蟲，就是小蝶蛾的幼蟲。從其結構來看，就可以找到證明，因為在這兩種黑胡蜂的獵物中，都可以看到毛毛蟲常見的形體。身體（不包括頭在內）由十二個節段組成。前三個節段長著胸腳，隨後兩個節段無足，四個節段帶著假腳（腹腳），其後兩個節段無足，最後末端節段帶著假腳。這跟我們已經看到的砂泥蜂喜歡的灰毛蟲的形體一樣。

　　不過，我過去的筆記列舉了我在阿美德黑胡蜂窩裡所找到的毛毛蟲的體貌特徵：身體淡綠色，或者淡黃色，但較少見，身上長著白色的短毛；頭比前部節段寬，黑而不亮，同樣長著毛。長十六至十八公釐，寬約三公釐。我做這番描述性的勾勒，已經有四分之一多世紀了。而今天在塞西尼翁，我在黑胡蜂的食櫥裡看到的獵物，跟我從前在卡爾龐特哈看到的一模一樣。歲月流逝，地點不同，黑胡蜂的口糧並沒有改變。

　　黑胡蜂恪遵祖先的飲食習慣，我只看到一個例外，唯一的一個例外。據我的記錄所載，有個窩裡有一條毛毛蟲跟放在一起的其他毛毛蟲很不一樣。這是隻尺蠖，只有三對假腳長在第八、第九和第十二節段上。身體在前後兩端逐漸變細，各個節段結合處收緊，淡綠色，在放大鏡下可看到淡黑色的細花紋和幾根稀疏的黑纖毛。牠長十五公釐，寬兩公釐半。

　　果仁形黑胡蜂也同樣有自己的愛好。牠的獵物是長約七公釐，寬一又三分之一公釐的毛毛蟲；身體淡綠色，在節段的結合處很明顯地收緊；頭比身體其他部分窄，有棕色的斑點；在中部節段上橫排著兩行具有眼狀斑的蒼白色乳暈，而在中央有一個黑點，黑點上面有一根也是黑色的纖毛；在第三和第四節段以及在倒數第二節段上，每個乳暈上有兩個黑點和兩根黑纖毛。普遍的規則是如此。

　　下面是我全部紀錄中例外的兩隻毛毛蟲，身體淡黃色，有五條磚紅色的縱帶和幾根十分罕見的毛，頭和前胸棕色發亮，長度和直徑與上面的一樣。

　　對我們來說，給每一隻幼蟲吃的食物，數目多少比質量更重要。在阿美德黑胡蜂的蜂房中，有的有五隻毛毛蟲，有的有十隻；也就是說食物的數量會有一倍之差，因為這兩種情況下的獵物完全差不多大小。為什麼這麼不平均，給這一隻幼蟲雙份口糧而只給另一隻一份呢？食客的胃口一樣大，一個嬰兒要吃多少，另一個也會要多少，除非雌雄的不同而有小小的差別。發育完全後，雄性比雌性小，牠的重量和體積只有雌性的一半，因此用來使之發育完好所需的食物總量可能就減少了一半。由此看來，食物豐盛的蜂房是雌蟲的房間，而其他供應較差的是雄蟲的房間。

　　可是卵是在食物準備好後產下的，從這個卵孵化出來的幼蟲，其性別是確定的，可是最仔細的檢查也無法看出卵有什麼不同，從而決定孵化出來的是雄蟲還是雌蟲。因此我們必然要得出這樣奇怪的結論：母親事先就知道牠要產出的卵的性別，而這種預見性使牠可以根據未來幼蟲的飯量大小來儲備食物。這是跟我們多麼不同的奇怪世界啊！我們曾經提出了一種特殊的感官能力來解釋砂泥蜂的捕獵，在此可以提出什麼說法來說

明這種對未來的直覺呢？或然論能不能用於這個神秘的問題呢？如果沒有任何東西可以合乎邏輯地運用於一個預期的目標，那麼對於看不見的東西的這種明見，又是怎麼得到的呢？

果仁形黑胡蜂的膠囊裡完全塞滿著獵物，的確這都是個子很小的毛毛蟲。我的筆記記載著，在一個蜂房裡有十四隻綠色毛毛蟲，第二個蜂房裡有六隻。關於這種膜翅目昆蟲的完整菜單，我沒有別的資料，我因為著重探究與牠同屬的，建造岩石砌面圓屋頂的黑胡蜂，而疏忽了牠。由於果仁形黑胡蜂雌雄兩性在體型大小的差別上，比阿美德黑胡蜂小一些，所以我傾向於認為這兩個裝了許多食物的蜂房是屬於雌蜂的，而雄蜂的蜂房供應的糧食要少一些。可是我沒有親眼看到，只是做這樣簡單的猜想。

我看到的，而且經常看到的，是礫石砌成的窩，裡面已經有幼蟲，而且糧食已經吃掉了一部分。在家裡繼續進行飼育以便每天密切注視幼蟲的發展，成為我無法忽略的事情，而且在我看來，這件事做起來也很容易。我這雙手對於充當養父這角色已經熟練了；我由於經常接觸泥蜂、砂泥蜂、飛蝗泥蜂以及其他許多昆蟲，已經成為勉強過得去的飼養員了。我把一個舊的畫筆盒隔成房間，裡面放上一層沙床，從母蜂建造的蜂房裡小心翼翼地把幼蟲和食物搬來，放到沙床上面去，對於這種技

術，我已經不是新手了。每一次，成功幾乎都是肯定的；我看到幼蟲在進食，我看著我的嬰兒長大，然後結造蛹室。我已經獲得了豐富的經驗，因此我期望飼養黑胡蜂也能取得成功。

可是結果卻完全沒有達到我的希望，我的一切企圖都失敗了，我眼睜睜地看著幼蟲對食物連碰都不碰一下，可憐兮兮地餓死了。

我把失敗歸之於許多原因：也許我在拆碉堡時挫傷了幼蟲；當我用刀撬開那堅硬的圓屋頂時，一個碎片傷害了牠；當我把牠從黑暗的蜂房裡取出來時，日照太強把牠嚇住了；戶外的空氣可能把牠的溼氣吸乾了。所有這些失敗的原因，我都一一盡可能地糾正了。我盡量小心地把碉堡的圍牆撬開，用身子擋在窩上，避免太陽直射使幼蟲中暑，我立即把幼蟲和食物放進玻璃管，把玻璃管放在盒子裡，用手捧著以減輕旅途的顛簸。怎麼做都沒用，幼蟲離開牠的住所後都死掉了。

我長時間都堅持用難以搬家來解釋我失敗的原因。阿美德黑胡蜂的蜂房是個堅固的匣子，要撬開就要硬砸；結果，拆這樣的建築物就會引起各種各樣的事故，所以我一直相信殘磚碎石必然會給幼蟲造成某種傷害。至於把窩從支座上撬下來，完好無損地搬運到家裡，就得加倍小心，這是野外倉促的作業所

辦不到的，根本別想這麼做，因為這窩似乎總是蓋在動都動不了的岩壁上，蓋在一堵牆的一塊大石頭上。我飼育的實驗不成功，那是因為當我破壞幼蟲的小屋時，牠受到傷害了。這理由似乎很正確，所以我一直這麼認為。

最後我突然產生了另一種想法，這個想法使我懷疑：失敗的原因並不是動作笨拙所造成的。黑胡蜂的蜂房裝滿著獵物，在阿美德黑胡蜂的蜂房裡有十隻毛毛蟲，果仁形黑胡蜂的蜂房裡有十五隻。這些毛毛蟲無疑是被螫刺了。雖然我並不了解是怎樣被螫刺的，不過牠們並不是完全不能動彈的。大顎會咬住碰到的東西，臀部捲起又伸直，當用針尖輕輕撥弄時，身體的後半部分會像鞭子似的抽打過來。在這蠕動著的毛毛蟲堆中，卵是產在哪個位置上呢？而在這些毛毛蟲中，有三十個大顎可以把幼蟲咬出一個個的洞，有一百二十雙腳可以把幼蟲撕裂的啊！當食物只有一隻獵物時，不存在這些危險，因為卵產在獵物身上，不是隨便的什麼部位，而是產在經過明智選擇的部位。毛刺砂泥蜂正是這樣把牠的卵橫放在灰毛蟲帶假腳的第一個體節的側部中間。卵固著在毛毛蟲的背部，在爪的反面，如果卵產在爪的附近，也許會有危險。另外，毛毛蟲大部分神經中樞受到螫刺，側身臥著，動也不動，臀部無法扭動，最後那些體節也無法猛然伸開。即使大顎想咬，即使腳有些顫動，但牠們面前什麼東西都沒有，因為砂泥蜂的卵是在反面。這樣，

幼蟲一從卵裡孵化出來，就可以安全地挖掘著這龐然大物的肚子了[6]。

黑胡蜂的蜂房裡的條件是多麼不同啊！毛毛蟲並沒有完全麻痺，也許是因為牠只被螫了一下；既然用大頭針碰牠，牠會掙扎，那麼牠被幼蟲咬著時，也會扭動身體的。如果卵是產在某一隻毛毛蟲身上，我承認，牠只要謹慎地選好咬食的部位，那麼吃這第一條蟲時是沒有什麼危險的，可是，還有其他毛毛蟲，這些蟲並沒有完全失去抵抗能力。只要這個蟲堆那麼一動，卵就會從上面被抖落下來，落入利爪和大顎組成的捕獸器中。採取什麼行動可以讓卵遭受不測呢？

什麼都不要。而這什麼都不要，在這毛毛蟲堆裡卻太容易發生了。這卵是個小小的橢圓體，就像水晶似的透明，非常嬌嫩，輕輕一碰就會挫傷，稍微一壓就要碎了。

不，卵不是產在獵物堆裡面，我再重複一遍，因為毛毛蟲並不是完全不會造成傷害。牠們沒有完全被麻醉，我用針尖刺激，牠們會扭曲身子，就是證明；另一方面，一個特別嚴重的事實也會證實這一點。在阿美德黑胡蜂的一個蜂房裡，我曾經

---

[6] 砂泥蜂相關文章見《法布爾昆蟲記全集1──高明的殺手》第十五章。──編注

拖出過幾隻毛毛蟲，這些毛毛蟲已經一半變成了蛹。顯然這種轉變就是在蜂房裡進行的，因此牠是在黑胡蜂動了手術之後發生的。這是什麼手術呢？我並不確切地了解，因為捕獵者動手術時我沒有看到。手術要靠螫針，這是肯定無疑的；但是螫刺在哪裡，螫刺多少下？這就不知道了。可以肯定的是麻痺得不深，因為患者還保存著相當強的生命力可以蛻皮變成蛹。因此，一切都令我們尋思卵是靠了什麼計謀來逃避危險的。

這計謀，我急切想了解，儘管窩很罕見，尋找困難，烈日當空，耗時費日，好不容易撬壁鑿岩，打開的蜂房卻不適用，這一切都沒有使我灰心，我要看看這計謀，我終於看到了。我採取的辦法是這樣的。我用刀尖和鑷子在阿美德黑胡蜂和果仁形黑胡蜂的圓屋頂下的側面開了一個洞，一個窗口。工作中我十分小心以免弄傷藏在裡面的東西。從前我是從頂上，如今我從側面來鑿圓屋頂。當缺口足夠大，可以讓我看到裡面發生的事時，我便停止了。裡面發生了什麼事呢？……我稍停片刻，讓讀者想一想，請你們自己設想出一種救護辦法，在我前面闡述的危險條件下將卵保護好，然後保護好幼蟲吧。你們具有創造精神，你們去尋找，去策劃，去思考吧。你們想出來了嗎？也許沒有，那麼還是告訴你們吧。

卵並不是產在食物上，而是用一根像蜘蛛網的絲那麼細的

細絲懸掛在圓屋頂上。稍稍吹一下，嬌嫩的圓柱形的卵就微顫、搖擺，這令我想起掛在先哲祠的圓屋頂上，用來指示地球旋轉的那口著名的時鐘。食物則堆放在卵的下面。

這齣令人嘆絕的第二幕戲。為了看這幕戲，我們在一些蜂房上打開一個窗戶，等待著幸運的機會向我們微笑。幼蟲已經孵化出來並開始長大了。跟卵一樣，幼蟲尾巴懸掛著，與房間的天花板垂直；但是懸吊的線明顯更長，除了最初的那根細絲外，再接上一條像飾帶的線。幼蟲正在用餐，牠頭朝下，搜尋著一條毛毛蟲鬆軟的肚子。我用一根麥稈輕輕碰一下仍然完好無損的獵物。毛毛蟲動彈起來，幼蟲立即從混亂中脫身出來。怎麼回事！奇蹟層出不窮，掛在吊鉤下端的東西，我原先認為是一條扁平的繩子，一條飾帶，事實上卻是一個套子，一個鞘，像是一個攀登的通道，幼蟲在通道裡面，後退爬行到上面去。幼蟲出卵後剩下的卵殼，保持著橢圓形，加上也許是由於新生兒特別的用勁而拉長，從而形成了這條逃亡的通道。毛毛蟲堆裡哪怕只有一點危險的跡象，幼蟲就撤退到牠的套子裡，然後上升到那群亂鑽亂動的毛毛蟲搆不到的天花板上去。當恢復平靜後，牠又從鞘子裡滑下來，頭朝下重新進食，尾朝上隨時準備後退。

第三幕，也就是最後一幕。是動武的時候了，幼蟲有力氣

了，不怕那群毛毛蟲的蠕動了。另外，毛毛蟲因飢餓煎熬而衰弱不堪，因長時間麻痺而精疲力竭，越來越無力自衛。嬌嫩的初生兒已成了粗壯的成蟲，安全已經取代了起初的危險，從此幼蟲把牠的攀登套扔到一旁，索性降落到剩下的獵物中去。於是這頓酒席就按照常規吃完了。

這就是我在黑胡蜂的一些窩裡所看到的情況，這就是我想給一些比我對這種戰術更加驚奇的朋友們看到的東西。卵掛在天花板上，跟食物隔開，根本用不著害怕下面亂鑽亂動的毛毛蟲。剛孵化出來的幼蟲由於懸掛繩加上套子，而長得可以搆到獵物，便謹慎地向獵物動手。如果有危險，牠便縮進鞘子裡，後退到屋頂去。現在該明白我最初的嘗試為什麼失敗的緣故了。我因為不知道有這條這麼細、這麼容易斷的救生繩，我有時取卵，有時抓幼蟲，但我從頂上撬，使卵和幼蟲正好落到食物中間。牠們與危險的獵物直接接觸，根本不可能昌盛繁榮。如果我剛才向之呼籲的讀者中，有哪個人想像的辦法比黑胡蜂的更好，那我請他做做好事，告訴我吧。如果這樣的話，那將是理性靈感和本能靈感的一種有趣比較。

第六章

蝶贏

　　由於給幼蟲吃的毛毛蟲數目多和沒有徹底麻痺，所以黑胡蜂必須有懸吊繩和攀登套；這種巧妙系統的目的在於避免危險。但是我跟別的人一樣，對於「為什麼」和「怎麼樣」的解釋心存疑慮；我知道在「解釋」這一塊土地上，斜坡是很滑的；在對一件已觀察的事實斷言其原因之前，我要尋找大量的證據。黑胡蜂的卵放得這麼奇怪，如果理由正是我所說的，那麼，在一切相似的條件下，即供應的獵物多和麻痺不徹底的地方，應該也有類似的保護方法，或者效果相同。如果這行為重複發生，那就可以證明我的解釋是正確的；而如果這行為（即使有某些差異）在別的地方沒有發生，那麼黑胡蜂的情況就仍然是一種非常奇怪的事實，而沒有我所猜想的那種高度的意義。現在讓我們擴大觀察的範圍，以便更清楚地確定事實。

棘刺蜾蠃

被雷沃米爾稱為獨棲胡蜂的蜾蠃，與黑胡蜂非常接近。牠具有同樣的外衣，同樣縱向折疊的翅膀，與同樣的捕獵本能，尤其是，最重要的條件，即同樣堆放著還相當活躍、具有危險性的獵物。如果我的理由是有根據的，如果我的預見是正確的，那麼蜾蠃的卵應該也跟黑胡蜂的卵一樣懸掛在穹屋的天花板上。我的信念是建立在邏輯的基礎之上，它是這樣的明確無誤，以致於我相信已經看到那剛剛產出來的卵，在救生繩末端微微顫動著了。

啊！我承認，我必須有一種堅強的信念，才會大膽地希望在大師們一無所見的地方發現某些新的東西。我反覆閱讀雷沃米爾關於獨棲胡蜂的論文。昆蟲的希羅多德①寫了豐富的資料；但是關於懸掛著的卵，他沒有任何敘述，一點也沒有。我參閱杜福的著作，他以他特有的熱情闡述這樣的課題；他看到了卵，他描述了卵；但是懸吊繩，沒有，也沒有任何描述。我查詢拉普勒蒂埃、歐端、布朗夏的論著，關於我預料到的保護手段隻字未提。像這樣的觀察者有可能疏忽掉一個具有如此高度意義的細節嗎？我是不是被我的想像所欺騙了呢？嚴密的邏

① 希羅多德：約西元前484～前430或前420年，希臘歷史學家。──譯注

輯向我指出的這種救生制度，難道只是我自己的幻想嗎？要不是黑胡蜂欺騙了我，就是我的期望是有根據的。我相信我的論據是駁不倒的，弟子要起來向老師造反，於是我著手進行研究，我深信自己會取得成功。的確，我成功了，我找到了我尋找的東西。讓我們敘述事情的詳細經過吧。

在我家附近居住著好幾種蜾蠃。我認得其中一種把阿美德黑胡蜂拋棄的窩作為自己的窩。這個窩建築得非常牢固，物主離開後留下的並不是一所破房子，只不過沒了細頸而已。圓屋頂完好無損，是個設有防禦工事的隱蔽所，真是太合用了，不該讓它空著。某個蜘蛛採用了這個岩洞，給它掛上了絲的掛毯；幾隻壁蜂在下雨天時躲在裡面，或者做為宿舍來過夜；有一種蜾蠃用黏土築壁，把它隔成三、四個房間，那是三、四隻幼蟲的搖籃。第二種蜾蠃則使用細腰蜂拋棄的窩；第三種掏掉樹莓的一根枯莖裡的髓汁，把這根莖做成一個長匣子給牠的家人，再分成若干層；第四種在一棵枯死的無花果樹樹幹上挖了一個走廊；第五種在人來人往的山路上挖了一個井，上面蓋著一個圓柱形的垂直的護井欄。所有這些技藝都值得研究，不過我更希望再找到由於雷沃米爾和杜福而出名的技藝。

在一個紅黏土的垂直邊坡上，我終於發現了蜾蠃部落的一點跡象。這是這兩個自然史學家談到過的典型煙囪，即加工成

格狀斜紋的彎曲管子懸掛在蜂窩的門口。邊坡朝著熾熱的南方，坡上有一堵短牆，已完全破爛不堪；坡後面是深深的柏樹林。這一切構成了炎熱的住所，這正是膜翅目昆蟲的住宅所要求的。另外，當時是五月下旬，按照建築師們的習慣，正是工作的時期。門面的形狀、地點、時間，一切都與雷沃米爾和杜福所敘述的相符合。我真的遇到了他們說的蜾蠃中的某一種嗎？這要看一看，而且立刻就看看。格狀斜紋柱廊的建築工程師一個也沒有出現，一個也沒有來到；必須等待。我就待在附近監視著，等著牠們的到來。

啊！烈日炙人，邊坡把火爐般的熾熱陽光反射過來，動也不動地在邊坡腳下等著，這時間可真長啊！我片刻不離的朋友布林跑到稍遠處綠色橡樹叢的樹蔭下。牠在那裡找到了一層沙，沙相當厚，還保存著上次下雨的一點濕潤。牠挖出了一張床位，然後這個驕縱閒散的傢伙便伸直身子躺在那清涼的田溝裡。牠伸著舌頭，尾巴拍打著枝葉，同時不斷地向我投來深情溫柔的目光，好像在說：「你在那裡幹嘛，傻瓜，讓太陽烤焦啊！來這兒，到樹底下來，看看我多舒服啊！」「哦！我的小狗，我的朋友，如果你懂得我說的話，那我就要回答你說，人的苦惱是求知；而你的苦惱，只是想要一根骨頭，隔了一段時間想要你的女朋友。這使我們之間有了一定的差別，雖然我們是誠摯的朋友，而且今天人們還說我們有點親屬關係，幾乎是

表兄弟了。我有增進知識的需要，所以自願受日曬熱烤。你沒有這種需要，所以你躲開乘涼去了。」

是的，偷偷地等待一隻昆蟲，而牠卻一直不來，這時間是漫長的。在附近的柏樹林裡，一對雞冠鳥，春情勃發，在彼此追逐著。雄鳥低啞的聲音喊著：「烏普普！烏普普！」古代拉丁人把雞冠鳥稱為「烏普帕」，古代希臘人稱牠為 Eποπος。但是普林尼[2]把u讀成ou，所以正如擬聲的名詞告訴我的，這應當唸成「烏普帕」。美麗的鳥啊！我上過拉丁語的發音課，很少有人比你教得好，你使我在長時間的無聊中得到了消遣。你忠實於你的語言，你今天說「烏普普」，就跟你在亞里斯多德[3]和普林尼時代說的一樣，就跟你的祖先第一次發出這個音時一樣。可是我們的那些語言，那些原始語言，它們已經變成什麼樣了呢？甚至連博學之士也找不到它們的痕跡了。人會變，動物卻不變。最後，我們終於見到了！蟪蠃像黑胡蜂那樣靜悄悄地飛來了。牠消失於前庭彎形的圓柱體中，然後肚子下面帶著一隻嬰兒回到家中。一個小玻璃試管已經放在窩的門口，昆蟲出來的時候就會被逮住。就這樣，牠被逮住了，並立即放到

---

② 普林尼：西元23～79年，古羅馬博物學家，著有《自然史》三十七冊。——譯注
③ 亞里斯多德：西元384～322年，希臘哲學家，在各方面均有成就，其論著也是百科全書似的，涉及各個方面。——譯注

帶硫化碳紙帶的瓶裡。現在我跟我那一直伸著舌頭、搖著尾巴的狗可以走了。這一天沒有浪費，我們明天再來。

然而，我的蜾蠃沒有滿足我的期待。這不是雷沃米爾談到的那種（棘刺蜾蠃），更不是杜福研究的那種（雷沃米爾蜾蠃），而是另一種不同的蜾蠃，叫做腎形蜾蠃，雖然牠也醉心於同樣的技藝。隆德省的這位博物學家被建築、事物、習性的類似騙住了；他以為看到了雷沃米爾的獨棲胡蜂，但事實上他的彎管建造者是不同種的蜂。

腎形蜾蠃

工人認得了，剩下的是要認識作品。窩的大門開在邊坡垂直的壁上。這是一個圓洞，邊上砌著彎管，管口朝下。這個管狀的前庭是用正在建造的通道裡的清除物做的，材料是土粒，不是一層層連續地鋪著，而是留下小小的間隙。這是個鏤花的作品，一件黏土的花邊。管長約一法寸，內徑五公釐。通道接著前庭，直徑相同，斜插進土中約十公分半深。這個主通道分叉成為一些短走廊，每個走廊通向一個獨立的蜂房。每隻幼蟲都有自己的房間，可以通過一條專門的道路來供應食物。我曾見到有十間房間的，也許有的窩裡的房間還要更多。這些房間

在工程和寬度方面都沒有什麼特別的地方，都是一些位於走廊盡頭的簡單窟窿而已。有的呈水平狀，有的稍微傾斜，沒有固定的規則。當一個蜂房裝了應該裝的東西——卵和幼蟲之後，蝶蠃用一個土蓋子把門口封閉好；然後牠在旁邊，在通道側面又挖一個蜂房。最後把所有蜂房的共同道路用土堵住，門口的彎管拆掉了，提供做為內部工程的材料，於是房屋的一切痕跡全都消失了。

邊坡的外層是太陽烘乾的黏土，幾乎像磚頭一樣。我使用折疊小鏟去挖都相當費勁。裡層就沒有這麼硬了。這個脆弱的礦工怎麼能夠在磚頭裡開闢出一條通道來呢？我相信牠使用了雷沃米爾所敘述的辦法。因此我把大師的一段話轉抄在這裡，好讓我的年輕讀者們對蝶蠃的習性有個概念，我的蜂群太小了，無法觀察到牠的一切習性。

這些胡蜂在接近五月底開始活動，有的在整個六月都忙著工作。雖然牠們真正的目的只是在沙中挖一個深幾法寸、直徑略微超過牠們的身體的洞，但人們會以為牠們有另一個目的；因為在挖這個洞時，牠們在外面建造一個空心的管，管的基礎就放在洞口的邊線上；這管先是與洞口的平面垂直上升，然後朝下彎曲。洞挖得越深，管就越長；管是用從洞裡挖出來的沙建成的，做得像粗糙的金銀絲或者呈格狀斜紋。管由一些彎曲

的、抽細的絲構成，這些細絲不會碰到一起。細絲之間的空隙使得這彎管似乎造得很有技巧；可是它只是一種類似支架的東西罷了，借助這支架，母親的作業就可以更快更安全。

雖然我承認這些昆蟲的兩顆牙是很好的工具，可以咬開很硬的東西，可是在我看來，牠們要做的事對牠們來說還是太艱苦了。牠們要挖的沙，有普通的石頭那麼硬；至少沙的外層因為太陽曬的緣故比其他部分更乾，用指甲摳都不大能夠摳得動。不過因為我能夠在牠們開始挖洞的時候來觀察這些工人，我才明白牠們的牙齒用不著接受這麼大的考驗的。

我看到胡蜂先把牠要扒走的沙弄軟。牠的嘴在沙上面灑了一兩滴水，水迅速被沙吸收，沙立即變成一塊軟麵糰，牙齒毫不費勁地把沙耙了下來。第一對的兩條腳立即伸出，把沙捏成約有醋栗籽那麼大的小沙團。胡蜂就是用挖下來的這第一個小沙團作為我們描述過的管子的基礎。牠把灰漿團放在牠剛剛挖沙做成的洞口邊上；牠用牙齒和腳捏灰漿團，把它壓扁，使它比原先更高。然後，胡蜂重新挖沙，做另一個灰漿團。牠很快就挖出了相當多的沙，洞的入口就明顯地看出來了，同時管的基礎也做好了。

但是胡蜂只有把沙弄濕，工程才能進展迅速，所以牠不得

不停下來去重新給自己加水。我不知道牠究竟是簡單地到小溪裡去喝水呢，還是從某種植物或者某種水果吸取更有黏性的水分？我知道得比較清楚的是牠很快就回來了，以新的幹勁開始工作。我看到有一隻用了大約一小時的時間挖了一個有牠身體那麼長的洞，和豎起了一根一樣長的管子。幾小時後，管子有兩法寸長了，但牠還在繼續把管子下面的洞挖深。

我覺得牠的洞挖的深度並不是有規則的，有的洞離洞口有四法寸多深，有的只有二到三法寸；有的洞上的管子比另一個洞的管子長二至三倍。從洞裡掏出來的灰漿並不總是全都用來加長管子。管子的長度是隨意的，只要足夠就行了，在這種情況下，我看到牠只是來到管口，把頭探出來，立即把小沙團扔出來掉到地上了。所以我經常看到在某些洞的腳下有大量的殘磚碎瓦。

在灰漿堆或者說沙堆裡挖洞的目的看來是沒什麼疑問的，顯然是用來裝一個卵和食物；但是這個母親建造灰漿管子的目的是什麼就不是這麼清楚了。繼續觀察牠的工程，我們就會知道，這個管子對牠來說，就像砌牆的泥水匠眼裡排得整整齊齊的礫石堆。牠所挖的洞，並不是全都用來做爲要在裡面出生的幼蟲房間；幼蟲只要一部分就夠了。可是這個洞卻必須挖到一定的深度，以便當陽光照到沙的外層時，幼蟲不會太熱。幼蟲

只能住在洞底。母親知道牠必須留下的空間要有多大，於是牠
把這空間留下來了；但是牠要把剩下的地方全堵住，於是牠把
所需的沙挖出來，全都運到洞的上部，以便最後用來把洞堵起
來。正是為了在牠手邊有灰漿，牠才建造這根管子。一旦牠把
卵產下來並把食物放到幼蟲搆得著的地方後，我們就會看到母
親弄濕管子的末端，一點點地啃，把小沙團銜到洞內，然後再
回來用同樣的方式咬下沙團，直到填滿到洞口。

　　雷沃米爾繼續談到把食物堆放在蜂房裡，這食物，他稱之
為「綠蠕蟲」，而根本不顧這兩個詞令人討厭的諧音④。我的
蜾蠃種類不同，我沒有看到同樣的情況，我就把這段話照搬下
來。我只數了三個蜂房裡獵物的數目。供我觀察的對象太少
了；如果我要想把這個故事一直看到底，那我就得愛惜。在一
個蜂房裡，食物還沒被吃過，有二十四條小蟲；在另外兩個蜂
房裡，食物同樣完好無損，各有二十二隻。雷沃米爾在他的蜾
蠃的食櫥裡只看到八至十隻，而杜福在他幼蟲的食品倉庫裡看
到口糧有十至十二隻。但我的蜾蠃卻有兩打，是牠們的一倍；
這可以用獵物個子小來解釋。據我所知，除了泥蜂每天供應糧
食外，沒有任何狩獵性膜翅目昆蟲吃這麼多。僅僅一隻幼蟲就

④ 綠蠕蟲的法文為：vers〔vɛ:r〕verts〔vɛ:r〕，前後兩個字在法語中的發音一
　樣。——譯注

變形葉象鼻蟲

要吃兩打的小蟲。這比毛刺砂泥蜂只吃一隻毛毛蟲眞有天壤之別；爲了卵在這群小蟲中的安全，需要採取多麼謹愼的預防措施啊！如果我們眞想了解蝶蠃的卵所面臨的危險和擺脫危險的辦法，認眞注意觀察是絕對必要的。

　　而且，首先要看看，這獵物究竟是什麼呢？這是一些有毛衣鉤針那麼粗、長度不等的小蟲，最長的有一公分。頭小小的，漆黑發亮。各個節段上沒有毛毛蟲那樣的腳，不管是眞腳還是假腳都沒有。但是所有的蟲毫無例外都有一對多肉的小乳突做爲爬行的工具。這些小蟲雖然從所有的特徵來看是同一類，但顏色卻有不同，有的淺綠，有的淡黃，有的蟲身上那兩條縱向的寬帶是嫩玫瑰紅色，有的則是程度不同的深綠色。在這兩條帶子之間，在背上有一條淡黃色的花邊。整個身體上布滿黑色的小結節，頂上長著一根纖毛。沒有腳，說明這不是毛毛蟲，不是鱗翅目昆蟲的幼蟲。根據歐端的實驗，雷沃米爾的綠蠕蟲是一種紫苜蓿田裡的常客，即變形葉象鼻蟲的幼蟲。我的小蟲，玫瑰紅的或綠色的，是不是也屬於某種小象鼻蟲呢？很可能。

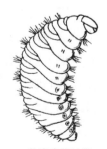

象鼻蟲的幼蟲

　　雷沃米爾說他的蝶蠃的食物是一些活蠕

蟲；他試圖去養一隻，希望看到長出蒼蠅或金龜子來。而杜福則稱這些蟲為活的毛毛蟲。這兩個觀察者都注意到供應的食物能活動這個事實；他們看到有些小蟲還動彈著，說明完全是活著的。

他們看到的，我也看到了。我的小幼蟲動個不停；如果我只是慢慢轉動關著小蟲的玻璃管，小蟲先是蜷成環狀，伸開，然後又蜷起來。如果用針尖去碰，牠們會猛地一下亂動起來，有的還能夠移動位置。我在飼育螈贏卵的過程中，我把蜂房從上到下切成兩半，使它成為一個半溝，然後在這保持水平狀的小溝裡，放上少量的野味。第二天我通常都會發現有的掉了下來，這證明小蟲在活動，移動位置，雖然沒有任何東西打擾牠的休息。

我堅信，這些小蟲已經被螈贏螫傷了，因為螈贏佩著劍，不會僅僅只是擺個樣子。既然擁有武器，牠就要使用。可是這傷是這麼輕，以致雷沃米爾和杜福都沒想到小蟲受傷了。在他們看來，獵物是活的；對我來說，獵物基本上是活的。可見，在這樣的條件下，如果不採取十分謹慎的預防措施，螈贏的卵會遇到多大的危險。這些蠕動著的小蟲在那裡，在同一個蜂房裡有兩打那麼多，跟卵肩並肩地在一起，只要有一點點動作就將危及卵的生存。這個如此嬌嫩的胚胎靠什麼辦法來逃脫碰撞

的危險呢？

正如我所預料的那樣，卵是懸掛在天花板上，一根非常短的絲帶把卵固定在上壁，使牠自由地吊在空中。這個只要稍有振動就在絲線末端抖動不已的卵，以牠的擺動證明了我的理論性的介紹是正確的，看到這一點，我第一次內心高興不已，我經歷的許許多多的煩憂都得到了補償。讀者會看到我還會碰到許多高興的事的。出於愛好，以訓練有素的目光，耐心地在昆蟲世界中進行調查研究，我們總會發現某種奇蹟的。看吧！卵由一根很短而且十分細的絲繫在天花板上擺動著。蜂房有的是水平的，有的是傾斜的。如果是第一種情況，卵就與蜂房的軸線垂直，下端到達離地板兩公釐處；如果是第二種情況，垂直的卵就跟軸線形成或大或小的角。

我曾想利用在家裡方便的條件，來觀察這種吊著的卵的發育過程。但是想這樣觀察阿美德黑胡蜂的卵是不可能的，因為蜂房往往是以岩石為地基，無法搬動，因此必須在現場觀察。蜾蠃的窩沒有這種不便。一個蜂房已經暴露了出來，而且符合我的要求，於是我把蜂房切成半溝狀以便看到裡面將要發生的事情，然後用刀尖沿著蜂房周圍切開，把包含蜂房的一塊圓柱形的土挖出來。食物一隻隻十分小心地取出來，單獨放到一個玻璃管裡。這樣就可以避免由於搬動時必然會發生的振動，引

起小蟲蠕動而發生事故，只有卵在空蕩蕩的蜂房裡搖擺著。把圓柱形的土放到一個大管子裡，下面用棉墊子墊好，然後把戰利品放到一個白鐵盒裡，我以合適的姿勢手捧著鐵盒，以便使卵保持垂直，而不會碰到蜂房的牆壁。

我給昆蟲搬家從來都沒有這麼小心過。動作稍有失誤就會碰斷懸吊絲，因為這絲細得要用放大鏡才能看得見；搖擺幅度過大就會使卵碰到牆壁上砸壞了；必須避免弄得像鐘舌撞著銅鐘那樣。於是我僵硬得像自動木偶一樣，直挺挺地一步一步小心翼翼地走著。要是路上不巧遇到認識的人，必須停下來一會兒，講幾句話，握握手，那就糟了；稍微有點分心就會使我的計畫付諸東流的。布林受不了別的狗的氣，如果牠跟某個對手狹路相逢，牠心存芥蒂，向對手撲去，那就更糟了。那時就得制止打架，以免發生受良好教育的狗容不下鄉下的狗的這種醜聞。牠們的手吵會使我全部的實驗計畫垮台的。一個並不是完全沒有見識的人，他滿腦子全神貫注的事居然有時還要受狗的打架左右，說起來也真可笑了。

謝天謝地，路上沒人，一路上平安無事；我最擔心的那根絲線沒有斷；卵沒有碰壞；一切都井然有序。那一小塊土放到了安全的地方，蜂房處於水平位置。我在卵的旁邊放上三、四隻取出來的小蟲；因為現在蜂房的牆壁只剩下一半而變成半溝

狀，把全部的食物擺在一起就會引起混亂。第三天，我發現卵
孵化了。黃色小幼蟲尾巴懸掛著，頭朝下。牠正在吃牠的第一
隻小蟲，小蟲的皮已經變得鬆軟了。懸吊繩是一根吊著卵的短
絲，加上卵蛻下來的皮，這皮就像一根皺皺的帶子。為了仍然
套在這空帶子中間，新生兒的尾巴先是稍稍收緊，然後膨脹成
為塞子。如果我打擾牠的休息，如果食物動彈了，幼蟲便自己
收縮起來退回，但是牠不是像黑胡蜂的幼蟲那樣回到攀登套裡
去。懸掛繩不是讓幼蟲可以返回的藏身套子，而是幼蟲的錨
鏈，把幼蟲掛在天花板上，並使牠可以通過收縮身子而與食物
堆拉開距離。平靜下來之後，幼蟲伸長身子又回到小蟲上來
了。這些觀察有的是在我家的短頸大口瓶裡，有的是在現場把
含有相當小的幼蟲的蜂房挖出來時進行的，開始時的情況就是
這樣的。

在二十四小時內，第一條小蟲就被吃掉了。這時我似乎覺
得幼蟲在蛻變，至少牠有一下子收縮著沒有活動，然後牠脫離
了繩子。現在牠自由了，跟這一堆小蟲打成一片了，從此牠不
可能跟小蟲脫離開了。救生繩使用的時間沒有很長；牠曾經保
護了卵，保護了孵化；但是幼蟲還很弱，危險還沒有減輕，所
以我們還將發現別的保護手段。

有一個很奇怪的例外，我還沒有見過別的例子，那就是食

物還沒放好，卵就產下來了。我曾見到一些蜂房裡面沒有任何食物，但卵已經在蜂房的天花板上搖擺了。我還看到有的蜂房裡已經有卵，但小蟲只有兩、三條，那只是二十四隻豐盛口糧的第一道菜罷了。這種跟其他狩獵性膜翅目昆蟲完全不同的提前產卵，自有牠的道理，我們下面將會看到，牠有自己的邏輯，令人讚嘆不已。

卵被產在空無一物的蜂房裡，不是隨隨便便固定在牆壁的什麼地方，雖然要掛在哪裡都可以。卵是掛在離蜂房盡頭不遠處，對著入口。雷沃米爾已經注意到新生兒的位置，但他沒有強調這個細節，因為他沒有看到其重要性。他說：「幼蟲生在洞底，也就是說，在蜂房的盡頭。」他沒有提及卵，因為他似乎沒有看到卵。他對於幼蟲的這種位置是非常熟悉的，所以為了嘗試在他親手做的玻璃蜂房裡進行飼養，他把幼蟲放在盡頭，食物放在上面。

蝶蠃的這位著名博物學家用幾個字敘述的小小細節，我為什麼要說個沒完呢？——小細節，呵，不是的。相反的，這正是極其重要的條件。下面我來說說為什麼。卵要產在房間裡，首先，蜂房必須是空的，而糧食的供應要在產卵後進行。現在一隻隻食物，一層層地儲存好了，擺在卵的前面。蜂房裡獵物裝的滿滿的，一直堆到門口，最後在門口貼上了封條。

　　獵取食物要花好幾天時間，這些食物中哪些是最早捕獵到的呢？卵旁邊的那些。哪些是最新的呢？靠近洞口的那些。不過，顯然的，必要時還需要直接的觀察來證明。我要指出，堆放起來的小蟲，力氣會一天天衰弱，這是顯而易見的。只要長時間餓肚子就足以使牠們衰弱了，何況傷勢還會越來越重呢。生在洞底的幼蟲，在嬰兒期，身邊的食物危險比較小，因為這些小蟲堆放的時間最久，所以最虛弱。隨著牠向食物堆裡前進，牠遇到的獵物比較新，也比較有力氣，但這個時候，牠的進攻已經不會有什麼危險了，因為牠的力量大了。

　　這樣先吃餓得最沒有力氣的，後吃壞死程度弱的，前提之下必須要求小蟲不要打亂疊放的次序。事實正是這樣。我的那些研究蝶蠃歷史的先驅們都已經看到給幼蟲吃的小蟲蜷成環節狀。雷沃米爾說：「蜂房裡是一些綠色的環節，數目有八至十二個。每個環節是一條蜷縮著的活小蟲，背部正好靠在洞壁上。這些小蟲這樣一層疊在一層上，而且擠在一起，是不可能亂動的。」

　　我從我的兩打小蟲那裡也看到了類似的事實。牠們蜷成環狀，一個疊著一個，但是排列得有點亂；牠們的背頂著牆壁。我不認為這種彎曲的環是由於受到螫刺的結果，因為被砂泥蜂螫刺的毛毛蟲，從沒有出現過這種情況。我更傾向於認為這是

小蟲在不活動時的自然姿勢，就像赤馬陸自然地蜷成蝸形似的。這種活的手鐲有可能恢復成直線形；這是一張彎起來的弓，牠撐開頂著四周的障礙物。就是由於這樣的蜷縮，每隻幼蟲靠著把背略微頂住牆壁，因而幾乎是一直保持著原來的位置；即使蜂房接近垂直，牠也一直保持這樣的狀態。

另外窩的形狀也是經過計算來適應這樣的儲存方式。在靠近門口可以稱之為食物儲存庫的部分，蜂房是狹窄的圓柱形，只給小蟲最小的空間，把牠擋住，不讓牠滑下來。小蟲就是堆放在那裡，一隻隻緊貼著。在另一端，靠近洞底處，蜂房擴大成蛋形好讓幼蟲不受拘束地躺在那裡。兩個直徑的差別十分明顯。入口處只有四公釐，洞底有六公釐。由於寬度的不同，住所便分成了兩間房間：前部是食品儲存庫，後部是餐廳。黑胡蜂寬敞的圓屋頂無法作這樣的布置；獵物亂七八糟地堆在裡面，最早的跟最新的雜亂混在一起，獵物都沒有蜷縮而只是有點彎曲；攀登套可以彌補這種混亂放置所帶來的麻煩。

我們還注意到食物並不是像壓實的羊肉串那樣，從一端到另一端一直排到幼蟲跟前。在還沒有堆放食物或者剛開始堆放食物的蜂房裡，我看到這種情形：在卵或者剛孵化的幼蟲附近，在我稱之為餐廳的那一部分，空間並沒有完全被占滿；那裡只有幾隻小蟲，三、四隻，跟蟲堆稍微隔開一點，因而給卵

和年輕的幼蟲留下了安全的空間，這就是幼蟲初期餐飲的菜色。剛開始吃的時候是最需要碰運氣的，如果有危險，懸吊繩便為撤退提供保護。再往前，獵物一行行緊緊排著，小蟲堆就這樣一路吃下去。

幼蟲現在力量大了些，牠會不會冒冒失失地鑽到蟲堆裡去呢？噢，不會的。牠有條不紊、從下到上地吃著。幼蟲把呈現在牠面前的活蟲環拉過來，拉到自己跟前，放到牠的餐廳裡，這樣牠吃起來就不會有受其他獵物騷擾的危險了。

我們回過頭來，用簡短的總結作為結束吧。同一間蜂房裡儲備著大量麻痺得很不徹底的獵物，會危及膜翅目昆蟲和牠初生幼兒的安全。牠怎樣來避免危險呢？問題就在這裡，而這問題有好幾種解決辦法。黑胡蜂使用鞘讓幼蟲上升到天花板上去，這是一種辦法；蜾蠃也給我們提供了牠的辦法，一樣巧妙但複雜得多。

必須避免卵和剛孵化的幼蟲與獵物發生危險的接觸，一根懸吊繩解決了這個難題，這也是黑胡蜂採用的方法；這根繩支援著幼蟲縮身離開蟲堆，但是不久，年輕的幼蟲在吃了第一條小蟲後，就自己從繩子上掉下來了。於是，為了牠的安全，牠必須創造一連串的條件。

出於謹慎，年輕的幼蟲必須先進攻最沒有傷害能力的，即餓得最沒有力氣的小蟲，總之就是在巢房中擺在前面的小蟲。另外，出於謹慎，還要求先吃最早放的，後吃最後放的，以便自始至終有新鮮的野味。為此，牠在普遍的規則裡製造了一個奇怪的例外：產卵在前，儲糧在後，卵產在蜂房的盡頭；這樣食物便以時間先後次序呈放在幼蟲面前。這並不夠；小蟲不能經由自己的活動而改變疊放的次序，這是很重要的。這種情況牠已經預見到了：食物庫是一個狹窄的圓柱體，在裡面要想移動位置是困難的。

這樣還不夠，幼蟲應該有足夠的空間，可自由自在地活動。這條件也準備好了，蜂房的後部是一個相當寬敞的餐廳。完了嗎？還沒呢。這個餐廳不應該像住宅的其餘地方那樣擁擠，因此，牠注意讓初期的食物只有少量的野味。

我們談完了嗎？根本沒有。食櫥即使是個狹窄的圓柱體也沒用，如果幼蟲能夠伸直身子，牠還會直直落下來，擾亂躲在後院隱蔽所裡的幼蟲的安寧。對此牠也做了預先的防範：選用的野味是一種自己蜷成手鐲狀的小蟲，而且靠著牠自己撐開頂住，所以在原地動也不動。

就這樣，螺蠃巧妙地解決了一系列的困難，而終於能夠傳

宗接代。我們從牠的行為中所看到的卓絕預見性，已經使我們吃驚不已了；如果我們遲鈍的視覺能夠看到一切，那會是多麼了不起啊！

昆蟲是不是經由一代又一代長期不斷地隨意嘗試，和盲目摸索而逐步獲得這種訣竅的呢？這樣一種秩序會是產生於混沌，這樣一種預見會是產生於偶然，這樣一種智慧會是產生於神經失常者嗎？世界是服從於凝結成細胞的第一個蛋白質原子演化的必然性呢，還是受某種智慧所支配？我越看，越觀察，越感到這種智慧在神秘的事物背後閃閃發光。我知道人們一定會當我是個討厭的因果論者。我才不理睬呢。一個說法在未來是正確的，在現在總是不時興的，事情難道不就是這樣嗎？

第七章

關於石蜂的新研究

　　本來，我是想以書信的形式將這一章和下一章的內容獻給英國博物學家查理・達爾文的，如今他卻與牛頓相鄰而臥，長眠在西敏寺的公墓裡了。我的任務是向他彙報我的幾個實驗，而這幾個實驗正是我們在通信中他建議我做的。這對於我來說是十分愉快的，儘管我所觀察到的事實使我與他的理論有所背離，我仍然深深崇敬他的崇高品格和作為學者的坦蕩襟懷。我正在寫信的時候，突然傳來了令人傷心的噩耗，這個傑出的偉人與世長辭了。他在探索了物種起源的大問題後，與冥間這個神秘的最終問題交手。我只好放棄了書信的形式，因為將書信獻到西敏寺墓地前是不合情理的。我要以個人著述的方式，用自由的筆調，來闡述我必須以比較學術性的口氣，來加以敘述的問題。

　　這位英國學者在閱讀我的第一冊時，書中諸多問題中有一點使他產生了強烈印象，那就是石蜂具有在遠離原來的生活環境後重新找到窩的能力。在返回的旅途中，什麼是牠們的指南針？什麼感官能力指引著牠們？這位深刻的觀察家對我談到，他一直想用鴿子做實驗，但由於忙著別的事一直都顧不到。這個實驗，我可以用我的膜翅目昆蟲來做。雖然用昆蟲代替了鳥，問題仍然是一樣的。下面我把他信中關於要做的實驗那一段摘錄如下：

　　關於您所做的昆蟲感覺到回家之路的精彩敘述，請允許我建議您做一件事，這是我以前打算用鴿子來實驗的。這就是把昆蟲放在紙袋裡，運到跟您最後打算運去的地方相反方向約一百步處，但是在轉身返回之前，把昆蟲放到裝置著轉軸的一個圓盒裡，那麼盒子便會快速地朝不同方向轉動，在這樣一段時間中，昆蟲所有的方向感都被破壞了。我有時曾設想動物會感覺到牠最初被運送的方向。

　　總之，達爾文建議我，就像我在實驗中所做的那樣，把每隻膜翅目昆蟲放在一個紙袋裡，先是把牠們運到跟最後要牠們走的方向相反約一百步的地方。這時，把俘虜放在一個軸旁邊，時而朝這個方向，時而朝另一個方向，迅速旋轉的圓盒子裡。這樣，昆蟲的方向感在一段時間後就被破壞了。可以導致

迷失方向的旋轉結束後，我們往回走，來到準備釋放這些俘虜的地方。

我覺得實驗的方法設計得十分巧妙。在往西走之前，先往東走。在漆黑的紙袋裡——我僅僅是在黑暗中移動牠們的位置，我的囚犯們會感覺到我讓牠們走的方向。如果沒有任何東西打亂這種出發時的印象，動物就會以這種印象來指引牠們返回。這就是爲什麼我的石蜂搬到三、四公里遠的地方還會回到窩裡的原因。但是就在昆蟲對往東走產生相當深刻的印象時，讓昆蟲迅速旋轉，先是朝這個方向，然後朝另一個方向，來回交替進行。由於這樣多次反向旋轉，動物迷失了方向，不知道我已經返回，而仍然保持著出發時的印象。現在我把牠運到西方，但牠還覺得一直在往東走。受這種印象的影響，動物就會迷失方向了。把牠釋放之後，牠將向跟牠的窩相反的方向飛，結果再也找不到家了。

由於周圍的鄉下人反覆對我說的一些事實完全可以堅定我的希望，我更覺得這種結果是很有可能的。法維埃是提供這種消息不可多得的人才，他是第一個鼓勵我這樣做的人。他告訴我，人們要把一隻貓從一個農場搬到另一個很遠的農場去，就把貓放到一個袋子裡，在出發前很快地轉動袋子，這樣就可以不讓貓跑回已經離開的家去了。除了法維埃之外，還有許多人

對我反覆介紹這種做法。據他們說，放在袋子裡旋轉是萬無一失的，迷失方向的貓就回不來了。我把我剛剛獲悉的情況轉述到英國，我向頓城①的這位哲學家敘述農民的經驗是怎樣走在科學研究的前面。達爾文讚嘆不已，我也一樣，我們都幾乎相信成功在望了。

這些交談是在冬天進行的，我完全有時間準備，因為實驗要在來年五月進行。「法維埃！」我有一天對我的助手說，「我需要蟲窩，那是您認得的。您到鄰居家去，要是他同意，就帶著您從泥水匠那裡拿來的新瓦和灰漿，爬到他堆放牧草的倉庫屋頂上；您從屋頂上把蟲窩最多的瓦取下來，然後再按原樣把新瓦鋪好。」

他照辦了。鄰居很樂意換瓦，因為他自己三不五時都得把築巢蜂的窩拆掉，如果他不想看到他的屋頂有一天塌下來。而我則為他提前一年進行這緊急的維修了。當天晚上，我擁有了十二個漂亮的窩，窩是長方形，每個窩都建在一塊瓦的凹面，也就是朝著倉庫內的那一面。我出於好奇，把最大的稱了稱，秤桿上顯示出十六公斤。而那屋頂上都蓋著這樣一團團的東西，一個連著一個，建在七十塊瓦上面。即使把最大的和最小

---

① 達爾文曾經在頓城（Down）居住過。──譯注

的平均計算而只算一半的重量，這種膜翅目昆蟲的建築物總重量也達到了五百六十公斤。且不說法維埃向我保證他在鄰居的倉庫裡面還看到更大的呢。如果您讓築巢蜂找到合適的地方就隨便造窩，讓一代代的建築物一直累積起來，那麼屋頂負荷過

庇里牛斯石蜂

重，遲早會塌下來的。如果您讓窩長久這樣下去，等待雨水把它們浸泡得一塊塊掉下來，那麼碎石就會落到您的頭上，把您的腦袋砸碎。這便是人們所知甚少的一種昆蟲的宏偉建築物②。

　　為了實現我給自己規定的主要目標，這些寶貴的窩還不能滿足需要，不是數量不足，而是品質不能滿足要求。這些窩取自於鄰居的房子，那房子跟我家隔著一小塊麥田和橄欖園。我

② 人們對這種昆蟲的了解是這麼少，以至於我在第一冊中談到牠時，犯了一個嚴重的錯誤。我使用西西里石蜂這個錯誤的名稱，實際上包括兩類石蜂，一類在我們的房屋，尤其是牧草倉庫下面築窩，另一類在灌木樹枝上築窩。
　第一類有好幾個名稱，按先後的順序為：庇里牛斯石蜂、紅腳石蜂、紅對節石蜂。但討厭的是，這樣按先後次序的名稱卻會令人誤會。我不想把一種在庇里牛斯比在我們地區還少見得多的昆蟲冠上庇里牛斯的修飾語，我把牠稱為「棚簷石蜂」。這名稱放在讀者不在意昆蟲學體系的要求，而希望看得明白的書中，是沒有絲毫不合適的。
　第二類，在灌木枝上築窩的，就是紅黃色石蜂。出於同樣的動機，我把牠稱之為「灌木石蜂」。我的這些更正應當感謝通曉膜翅目昆蟲、博聞廣識的波爾多教授佩雷先生。——原注

擔心從這些窩裡出來的昆蟲會受到在牧草倉庫居住多年的祖先遺傳影響。運到外地去的蜂，也許會在根深蒂固的家族習慣指引下回來；會找到先人的牧草倉庫，從而毫無困難地回到牠的窩裡去。既然眼下時興讓遺傳的影響發揮非常大的作用，那就得在我的實驗中把這些影響消除掉。我需要從遠處取得外地的蜂，這樣，出生地點就絲毫不會幫助這些蜂返回被移動過的窩裡來了。

法維埃負責這件事。他在離村莊幾公里的艾格河邊發現了一間廢棄的破房子，很多石蜂在那裡成群聚居。他想用手推車把蓋著蜂房的礫石運回來。我勸他不要這樣做，車子在盡是石子的小路上顛簸，會損壞蜂房裡的東西。最好是用籃子扛在肩上。他找了一個助手出發了。這趟遠征我可以得到四塊有許多窩的瓦。他們倆所能扛的就這麼多了，而且在他們扛回來後，還要請他們喝一杯酒呢，他們都累得精疲力竭了。勒瓦揚跟我們談到他用兩隻公牛拖著板車來運夏雀的窩。我的石蜂可以與南部非洲的鳥比美，把石蜂的窩從艾格河畔搬回來，就算用一對公牛來拉也不會嫌多的。

現在的問題是要把我的瓦放好。我一定要把它們放在眼睛看得到的地方，以便於觀察和避免從前的小麻煩：老是要爬上梯子，長時間站在木橫架上，腳底都站疼了，陽光照射，牆都

曬得滾燙。另外，必須讓我的客人們在我家裡差不多就像在牠們家裡一樣。這樣，如果我想讓牠們喜愛牠們的新居，我必須讓牠們生活得愉快。我正好有適合牠們的東西。

我在花圃的平臺下面開闢了一個門廊，兩側陽光照得到而盡頭背陽。大家各得其所，背陽的地方歸我，有陽光的地方給我的囚犯。每片瓦用一個粗鐵絲鉤掛在壁上，與我的眼睛齊高。我的窩一半在右邊，另一半在左邊。這一切看起來是相當新穎獨特的。第一次看到我的陳列品的人，起先會以為這是一些醃製品，外國的厚肥肉條，我正在趕快把它們曬乾。發現這種想法錯了之後，人們面對我發明的蜂窩，就會讚嘆不已。消息傳遍全村，不少人帶著惡意談論這件事。我被人視為是在養育雜交蜜蜂。誰知道這一切會使我得到什麼呢？

四月還沒完，我的蜂窩就已經呈現出一片忙碌景象了。在鬧哄哄的工作中，蜂群像一小團旋轉著的雲，發出嗡嗡的響聲。門廊是石蜂飛來飛去的通道，它通向一個存放著各種日常用品的房間。家裡的人起初跟我吵，因為我把這個危險的蜂群跟我們放在一起。要去拿東西，必須穿過蜂群，而且要小心被螫著，所以人們不敢到那裡去。我必須斷然指出這危險是不存在的，我的蜂是無害的，只要不抓牠，牠就不會螫人。在一個土巢上，那些泥水匠黑壓壓一片正在工作，我把臉湊上去，幾

乎都要碰到土了，我把手指在蜂群中伸進伸出，把幾隻石蜂放
在手掌上，我站在旋轉著的蜂群中最厚的地方，但我從來沒有
被刺過，我早就知道牠們性格溫和。從前我跟大家一樣害怕，
我不敢走進條蜂或者石蜂的蜂群中；如今我已經不怕了。您不
去找牠的麻煩，牠絕不會想要傷害您。至多只是出於好奇，而
不是由於憤怒，在您面前飛來飛去，老是看著您，牠的全部威
脅只不過是嗡嗡叫罷了。讓牠在您面前飛吧，牠的詢問是沒有
惡意的。

　　說了幾次，家裡所有人都放下心來，大人和小孩在門廊下
若無其事地走來走去。我的石蜂不但不再令人害怕，相反地，
可以散心消遣；看著牠們靈巧的工程取得進展，每個人都覺得
是件樂事。對於陌生人，我卻不想洩露這個秘密。當我正站在
懸掛著的巢前的時候，要是有人因為什麼事情從門廊前走過，
就會有這樣的短短對話：「牠們認得您，才不會螫您，是嗎？」
「當然，牠們認得我。」「那我呢？」「您嗎，那就是另一回事
了。」於是，那個人就老老實實地站得遠遠的，而這正是我所
希望的。到了考慮實驗的時候了。為了辨認牠們，我得為指定
參加旅行的石蜂做記號。把紅色、藍色或者別的顏色的色粉摻
進稀釋的阿拉伯樹膠裡，這就是我用來給旅行者做記號的材
料。由於顏色的不同，我就不會把不同實驗的對象混淆了。

　　我第一次做實驗時，是在釋放石蜂的地方做記號。為此就得用手指一隻隻地抓蟲，因此我老是挨螫刺，一記比一記疼。這時我大拇指的施力就不會始終輕輕的，結果造成旅行者巨大的損害，翅膀的關節被弄斷了，飛得就沒有力氣了。不管對我還是對昆蟲來說，這種方法都應該加以改進。為石蜂做記號，把牠們弄到別的地方，和釋放牠們，應該不要用手抓，碰都不去碰一下。靠著經驗，這樣難辦的事也做到了。下面就是我採用的方法。

　　石蜂在把肚子放進蜂房後，要把身上的粉刷下來，或者在築窩時，對工作是非常專心一志的。這時我們可以用一根麥稈沾上色膠，在牠胸上做記號而不會嚇了牠。昆蟲對於這輕輕的一碰是毫不在意的。牠飛走，又帶著灰漿或者花粉飛回來。我讓牠繼續往返旅行，直至胸部的記號完全乾燥。記號乾得很快，因為陽光強烈，這是牠們的工程所需要的天氣狀況。這時必須把石蜂抓住，關到一個紙盒裡去，不過仍然不要碰著牠。這做起來很容易。蜂正專心於自己的工作，我用一個玻璃小試管罩著牠，牠一飛就鑽到管裡去了，再將牠移放到紙袋裡，然後立即封好紙袋，放進用來運輸石蜂的白鐵盒裡。要釋放時只要打開紙袋就行了。所有的操作就這樣完成了，根本不必提心吊膽地用手指去抓。

接著還要解決別的問題。對於返回的石蜂的計數，我要規定多長的時間範圍呢？我得解釋一下。我用沾了膠的麥稈在胸部輕輕一觸所留下的斑點，並不是永久不褪的，它只是沾在毛上，而且這斑點沒有我用手抓住昆蟲點得牢固。可是石蜂卻經常刷牠的背部，有時當牠從通道裡出來時，還要撢撢身上的塵土；另外牠每次送蜜走進蜂房，從蜂房出來，毛都要不斷地跟蜂房的牆壁發生摩擦。於是一隻原先衣著整齊的石蜂就變得衣衫襤褸了，牠的毛由於辛勤工作而被剃光刮盡，就像工人的工作服爛成碎片似的。

不僅如此。為了過夜或者下雨天，高牆石蜂棲身於牠的圓屋頂中的某個蜂房裡，身子在裡面，頭朝下。棚簷石蜂[3]只要有空的通道，差不多也是這樣。牠躲在這些通道裡，不過頭是在裡面。一旦這些舊住所用過，新蜂房開始建造了，牠就選擇一個新的藏身處。我前面說過，在荒石園，用來做隔牆的是石頭堆，我的石蜂就是在那裡過夜的。許多群石蜂就躲在兩塊疊著而沒有接合好的石頭空隙裡，雜亂地擠在一起，雌的雄的都有，有的一群有幾百對。最常作為宿舍的是狹窄的石頭縫。每隻蜂蜷縮在裡面，盡可能朝前，背靠在縫裡。我看到有的是向後仰著，肚子朝天，就像人睡覺的那種姿勢。如果突然下起

---

③ 棚簷石蜂：亦被稱為倉庫花蜂。——編注

雨，如果天空烏雲密布，如果颱風，牠們就不從藏身所出來。

所有這些情況 ，使我無法指望胸部上的斑點能長時間保存。白天不斷刷身，跟通道牆壁的摩擦，會使斑點迅速消失；夜晚，幾百隻石蜂躲在狹窄的宿舍裡，情況則更糟糕。在兩塊石頭空隙裡過了一夜後，就別指望前一天做的記號會保留著了。因此對回窩石蜂應當立即點數；過了一天那就太遲了。這樣，由於我不可能認出斑點在夜裡消失的石蜂，所以我只記錄當天回來的。

剩下的是要做一個旋轉的裝置。達爾文建議我採用一個靠一根軸和一個手柄轉動的圓盒子。我手邊沒有這樣的東西。採取鄉下人把貓放在袋子裡轉動，使牠迷失方向的辦法，更簡單而且一樣有效。我把昆蟲單獨放在一個個的紙袋裡，放進一個白鐵盒中，為防止旋轉時發生碰撞，紙袋都小心墊塞完成了。最後，用一根細帶繫住盒子，像轉動投石器那樣轉動這些東西。有了這樣的裝置，我想要轉得多快，我想怎麼轉動，以使我的囚犯失去方向感，都是輕而易舉的事。我可以把這個白鐵盒先朝這個方向，然後朝另一個方向交替旋轉；我可以放慢、加快旋轉的速度；我可以隨意讓它畫出 8 字形的打結的曲線，打幾個圓圈；如果我用單腳旋轉，我可以把這種投石器全方位地轉動，從而使旋轉更加複雜些。我就要這麼辦。

　　一八八〇年五月二日，我在十隻石蜂胸部做了白色的記號。當時這些石蜂正在從事不同的工作：有的在探勘土巢，選擇做窩的地方，有的正在築窩，有的在儲備食物。斑點點好後，我像前面說過的那樣把牠們抓住放好。我把牠們先運到跟我打算走的方向相反的半公里處。我選擇了農舍邊的一條小路來從事預備作業；我希望在轉動我的投石器時，四周只有我一個人。小路的盡頭有一個十字架。我在十字架下停了下來。就在那裡，我對我的石蜂做各種各樣的旋轉。可是，當我讓白鐵盒畫出顛倒的圓圈和打結的曲線時，當我用單腳旋轉以便各個方位都能轉到時，一個純樸的女人從那裡經過，她用那樣的眼睛，啊！那樣的眼神……看著我。在十字架下，而且做著這種愚蠢的儀式！人們過去談論過這種事，這是招魂術的動作。前些日子我難道沒有從地下挖出過一個死人！是的，我曾搜索過一個史前的墳地，我從裡面取出了一些可敬的粗脛骨，一個陪葬的碗和馬的幾根肩骨；這些馬曾跟隨主人長途跋涉。我做過這些事，這是大家都知道的；現在又被發現在十字架下從事魔鬼的活動，這個人的名聲真是壞透了。

　　沒關係，而且對我來說，這點勇氣還是有的。旋轉在這個預先沒有料想到的證人面前，按原先的計畫完成了。於是我轉身向塞西尼翁的西邊走去。我走人最少的小路，我從田裡穿過去，以便盡可能不要再遇到人。只不過在我打開紙袋把我的蟲

放走時，還是很可能會被人看見的。半路上，爲了把實驗做得更徹底，我又旋轉白鐵盒，跟第一次做得一樣複雜。我在所選定的釋放地點又做了第三次。

釋放地是在一塊多石的平原盡頭，只有稀稀疏疏的一些綠色的杏樹和栗樹。我大步走著，直線穿過去用了半個小時，因此距離有三公里左右。天氣晴朗，萬里無雲，北風輕輕地吹著。我坐在地上，面朝南方，以便昆蟲可以自由地往窩的方向或者相反的方向飛。我在兩點一刻時把牠們釋放了。紙袋一打開，大部分石蜂圍繞著我，次數不等地轉了好幾圈，然後猛然展翅飛走了。就我所能看到的，是往塞西尼翁的方向飛走了。進行觀察是困難的，昆蟲圍著我的身體轉了兩三圈，似乎在離開之前想辨認一下這個可疑的東西，然後突然一下子飛走了。

第二天，我又進行實驗。把十隻石蜂做了紅色的記號，這樣我就可以把牠們和昨天已經回來的，以及還可能帶著保留下來的白點返回的石蜂區別開來。跟第一次同樣的小心，同樣的旋轉，同樣的地點；只不過我僅僅在出發時和到達時旋轉了白鐵盒，在路上沒有進行。昆蟲是在十一點一刻釋放的。我喜歡上午進行實驗，因爲在上午，膜翅目昆蟲的工作更頻繁些。十一點二十分，安多妮雅發現一隻石蜂已經在窩裡了。假設這一隻是第一個釋放的，那麼整個路程牠需要花五分鐘。可是非常

有可能第一個釋放的是另外的一隻，那麼牠飛行所需要的時間
更少。這是我所可能看到的最快速度了。我是中午回家的，我
在不長的時間內又看到了另外三隻。以後就再也沒有了。十隻
石蜂總共回來了四隻。

　　五月四日，天氣晴朗，無風，炎熱，適合我做實驗。我拿
了五十隻做了藍色記號的石蜂。要走的距離仍然一樣。在把昆
蟲朝著與最終方位相反的方向運輸了幾百步後，進行第一次旋
轉，路上還進行了三次旋轉，在釋放地進行第五次旋轉。如果
這一次牠們沒有失去方向感，這可不是我只旋轉了兩次的過
錯。九點二十分我開始打開紙袋，紙袋就放在一塊石頭上。時
間還早了一點，石蜂釋放後，猶豫了一會，懶洋洋的；但是牠
們在這塊石頭上曬了一下子日光浴後就飛起來了。我坐在地
上，面朝南方。我的左邊是塞西尼翁，右邊是皮奧朗克。牠們
飛得那麼迅速，但我看得見被我釋放的囚犯消失在我的左邊。
有幾隻，不過很少，飛往南方；兩、三隻飛往西方，也就是我
的右邊。我沒說北方，因為北方被我擋住了。總之，大部分往
左邊，即窩的方向飛。放蜂於九點四十分結束。五十個旅行者
中有一個在紙袋裡記號就沒了。我把牠扣除不算，這樣總數是
四十九隻蜂。

　　安多妮雅負責監視返回的情況，據她說，頭一批到達的是

在九點三十五分，也就是在釋放後的五分鐘出現。到中午總共
到達了十一隻；到傍晚四點，共有十七隻。清點在這時結束，
四十九隻中，返回的有十七隻。

　　第四次實驗是在五月十四日。陽光燦爛，有微微的北風。
早上八點鍾，我拿了二十隻做了玫瑰紅記號的石蜂。先朝反方
向走了一段路後進行旋轉，路上旋轉兩次，第四次是在到達時
進行的。所有我能夠看到牠們飛行的，都是朝我的左邊，即朝
塞西尼翁的方向飛。不過我採取了預防措施，好讓牠們在兩個
相反的方向中可以隨便選一個；我的狗在我右邊，我特地把牠
趕走。今天，石蜂沒有圍著我身邊轉，有些直接飛走了，更多
的也許由於路途顛簸和旋轉而有點頭暈，在幾公尺遠處歇歇，
似乎在等待稍微回過神來，然後往左邊飛走了。每一次實驗
時，只要能夠觀察得到，都可以看到這種普遍的回窩熱情。我
在九點三刻回到家。兩隻帶玫瑰紅斑點的已經在窩裡了，其中
一隻口裡銜著灰漿團正在築窩。下午一點，已到達的有七隻，
以後就沒有再見到回來的了。在二十隻中回來的總共七隻。

　　我們就到此爲止吧。實驗反覆進行多次，已經足夠了。但
結論並不像達爾文所希望的那樣，也不像我所希望的那樣，尤
其是比起人們跟我敘述的貓故事來更是如此。根據人們的叮
囑，我先是把昆蟲運到釋放地點的相反方向，這無濟於事。在

我就要往回走時，我以所能想像的複雜辦法旋轉我的投石器，也無濟於事。我反覆旋轉，在出發時、在路上、在到達時，總共旋轉了五次，以爲這樣可以增加難度，但仍然無濟於事；什麼辦法都無濟於事。石蜂回來了，而在當天返回的比例在百分之三十至四十上下。一位如此傑出的大師提出的，而我認爲可以徹底解決問題，所以很樂意接受的想法，我眞難以放棄。可是事實擺在那裡，事實比一切最精明的估計都更有說服力，而問題仍然跟過去一樣不可思議。

過了一年，一八八一年，我重新進行實驗，但按著另一種想法進行。迄今爲止，我都是在平原做實驗的。被我運到別處的石蜂只要克服微不足道的障礙，即作物的籬笆和樹叢，就可以返回牠們的窩。如今我打算除了距離的困難外，再加上路途上要克服的困難。什麼旋轉，什麼倒著走，這一切都已經證明沒有用了，我不來這些，我要在塞西尼翁最密集的樹林中釋放石蜂。這樣的迷宮，我最初還需要指南針才能夠知道自己在什麼地方，石蜂怎麼出得去呢？另外我還要一個助手跟我一起，他的一雙眼睛比我年輕，更適合注視昆蟲最初是怎麼飛的。一上來就往窩的方向飛的情形已經發生過多次，這種情形比飛回窩本身更加吸引著我了。一個學藥劑的學生回他父母家待幾天，他將作爲我的合作者，用眼睛觀察。跟他一起，我覺得很自在，他對於科學並不陌生。

五月十六日，樹林中的遠征。天氣炎熱，孕育著暴風雨。南風大，但不足以阻礙我的那些旅行者。我用四十隻石蜂做實驗。由於距離的關係，為了縮短準備工作，我不在土巢上為牠們做記號，我將在出發地點，在要釋放牠們時做記號。這是老辦法，我被螫了好多下，但我寧願這樣以便節省時間。我花了一個小時走到現場。把曲折的路途扣除掉，距離約有四公里。

　　選擇的地方應能夠讓我看出一開始的飛行方向。我選了一塊林中空地，四周是廣闊茂密的樹林，把地平線從四邊擋住了。南邊，窩的那個方向，綿亙著一排比我所在的地點高一百公尺的丘陵。風不大，但跟對於我的昆蟲要飛回家卻是逆風。我背對著塞西尼翁，這樣石蜂從我的手指中逃脫出來時，為了回到窩裡去，就得從我的左邊和右邊側面逃走；我將石蜂做了記號，然後一個個地把牠們放掉。作業於十點二十分開始。

　　有一半的石蜂顯得相當懶散，稍微飛了一下就落到地上，似乎要恢復一下知覺，然後才飛走。另一半的態度則比較果斷。雖然昆蟲要與微弱的南風奮鬥，但牠們一開始就朝著窩的方向飛去。所有的石蜂在圍著我們兜了幾圈或轉了幾個彎後，全都朝南飛去。在我們能夠密切注視的石蜂中，沒有一個例外。我和我的夥伴都十分清楚地看到了這個事實。我的石蜂朝南飛走，彷彿有羅盤指示風的方向似的。

　　中午，我回到家。窩裡沒有一隻被帶到外地去的石蜂，但是幾分鐘後，我抓到了兩隻。兩點鐘時，數目達到九隻。但是這時烏雲密布，狂風勁吹，暴風雨即將來臨，再也不能指望還會有回來的了。四十隻中總共回來了九隻，占百分之二十二。

　　前面幾次實驗，返回的比例爲百分之三十至四十，這一次的比例小一點。該不該把這個結果歸之於要克服的困難呢？石蜂是不是在森林的迷宮中迷路了呢？謹慎的做法是不做結論，別的一些原因也會減少返回的數目。我在現場給石蜂做記號，用手擺弄過牠們，我因爲被螫疼，手指用力可能大些，所以我不敢斷言牠們從我手中出來時，全都是精力充沛的。另外，天空烏雲漫布，暴風雨即將來臨，在這地區，五月的氣候變化無常，不大可能一整天都是好天氣。上午風和日麗，下午卻可能風雨交加，我對石蜂進行的多次實驗都受到這種天氣變化的影響。在衡量了一切因素後，我傾向於認爲：不管是穿過山嶺或森林，還是穿過平原或麥田，石蜂都可以返回。

　　我還有最後一個辦法使我的膜翅目昆蟲迷失方向。先是把牠們運到遠處，然後拐一個大彎，從另一條路回來，我將在接近村莊約三公里處釋放我的囚犯。這樣我就需要有一輛車。我在樹林中做實驗的合作者，把他的帶篷小推車借給我。我們倆帶著十五隻石蜂，走上往歐宏桔的路直至旱橋附近。在那裡，

右邊是那條筆直的古羅馬大道——多米提亞之路。我們沿著這條大道走，向北朝餘霄山區走去，這是十分精美的土侖階[4]化石的傳統產地。然後我們從皮奧朗克大道朝塞西尼翁返回。我們停在封克萊爾原野的高地上，那兒離村莊兩公里半。讀者在軍事地圖上可以很容易地跟著我們的路線走，他們會看到這個彎拐得足足將近九公里。

與此同時，法維埃從皮奧朗克大道這條直路來到封克萊爾跟我們會合。他帶了十五隻石蜂與我的石蜂作比較。現在我擁有兩組昆蟲。十五隻有玫瑰紅標記的轉了九公里的彎，十五隻做了藍色標記的，從直路，從回窩最短的路前來。天氣炎熱，十分晴朗而且很平靜。爲了讓實驗取得成功，我無法再有比這更好的條件了。中午就釋放了昆蟲。

傍晚五點，我原先以爲在車上兜了一個大圈會迷失方向的帶玫瑰紅點的石蜂，回來了七隻；直線來到封克萊爾的帶藍點石蜂回來了六隻。比例各爲百分之四十六和百分之四十，幾乎是一樣多。而曾兜個圈的昆蟲，回來的數目稍微多一點，顯然是偶然的結果，不必過於重視。轉彎並不會有助於牠們的返

④ 土侖階：晚白堊紀的世界性標準地層和年代劃分單位，法國的土侖階以灰岩爲主。土侖階所含的化石以頭足類的各種菊石以及白堊紀蛤類中的疊瓦蛤爲主。
　　——譯注

回，不過這個彎並沒有難住牠們，這也是無疑的。

　　實驗充分證明，不管是位置移動還是旋轉，要越過丘陵和穿過森林的障礙；不管是順著一條路往前走，往後退，再兜個大圈回來這樣的詭計，都不會使離開平日生活環境的石蜂暈頭轉向，而阻止牠們回到窩裡來。我曾把我最先的否定結果，即旋轉的否定結果告訴了達爾文。他原先預料會成功的，所以對於失敗感到非常驚訝。他的鴿子，如果他有空做實驗，可能跟我的石蜂一樣，也不會因預先進行的旋轉而暈頭轉向。這個問題他要求採用另一種辦法，下面就是他的建議：

　　把昆蟲放在一個感應線圈裡，以打亂牠們似乎可能擁有的磁性敏感度或者抗磁性敏感度。

　　坦白說，把一個動物比做一根磁鐵，讓牠接受電感應，來打亂牠的磁性或抗磁性，在我看來真是個令人難以想像的奇怪想法。企圖用我們的物理學來解釋生命，對此我是不大相信的。不過，基於對著名大師的崇敬，如果有合適的儀器，我會求助於感應線圈。但是在我的村莊裡，沒有任何科學儀器。如果我想要電火花，我不得不用一張紙在膝蓋上摩擦。我的物理室裡有磁鐵，僅此而已。達爾文了解我缺乏儀器後，向我提出了另一種簡單些的方法，他認為這種方法更加可靠。

　　把一根非常細的針磁化；然後切成非常短的、仍然帶磁性的小段，用膠著劑把其中一段貼在要接受實驗的昆蟲胸部。我相信，緊貼著昆蟲神經系統的這樣一點的磁性，會比地磁對神經系統產生更大的影響。

　　這種想法是堅持把動物作爲某種磁棒，由地磁指引動物返回窩裡來。動物是個活羅盤，由於緊靠著一根磁鐵，而不會受到地面的影響，這樣這個活羅盤就無法辨別方向了。把一塊小磁鐵與神經系統平行地固定在胸前，由於它比地磁更接近昆蟲，昆蟲就失去了辨別方向的能力。我寫這幾行字時是把這位學者的鼎鼎大名做爲擋箭牌的，因爲他是這種想法的倡導者。如果這是出自於我這樣的小人物，那麼，這種態度看起來就不怎麼嚴肅了。沒沒無聞的人不會有這樣大膽的理論。

　　實驗似乎很容易，我可以辦得到。那我們就試試吧。我用一根很細的針摩擦磁棒使針成爲磁鐵，我只取用它最細的部分——針尖，有五至六公釐長。這一段完全是個磁鐵，它吸引、排斥另一根掛在一條線上的帶磁性的針。怎樣把它固定在昆蟲的胸上就有點棘手。此時我的助手、藥劑學學生把他藥房裡所有具黏性的東西都貢獻了出來。其中最好的是他用一種極細布料所特別製作的膠布，好處是當我們要在田野裡操作時，可以用點著煙的煙斗把它烘軟。

　　我從膠布上剪下跟昆蟲胸部一樣大的一小方塊，把磁化的針尖插進膠布的幾根線裡。現在只要把膠稍微烘軟，然後立即把膠布貼在石蜂的背上就行了，因為針是按昆蟲的長度截斷的。類似的針尖還準備了一些，並測定了它們的磁極，這樣我就可以隨意地在一些昆蟲身上，把南極指向頭部，而在另一些昆蟲身上，把南極指向尾部。

　　我跟我的助手一起，首先反覆進行操作；在到遠處從事實驗之前，有必要先熟練操作方法。另外我很想看看昆蟲在套上磁性的鞍轡後會有怎樣的表現。我抓了一隻正在蜂房工作的石蜂，將牠做了記號後運到我的書房去。磁化的針尖放在胸部後，把昆蟲放掉。石蜂一被放走，就掉落下來，像發狂似的在房間地板上打滾，牠飛起、又掉落、側身翻、仰身滾、撞到障礙物上、發出響聲、絕望地蹦跳掙扎；最後，牠猛然一飛，從開著的窗戶逃走了。

　　這是怎麼回事？磁鐵似乎以奇怪的方式作用於被實驗者的神經系統！牠的機能是那樣的紊亂！牠的神情是那樣的慌張！昆蟲中了我的巧計，迷失了方向，彷彿驚呆了。我們到窩裡去看看究竟會發生什麼事。等的時間並不長；我的昆蟲回來了，但是身上那個磁化設備沒有了。不過我從胸部的毛上還帶著膠的痕跡，可以認出牠來。牠回到窩裡又開始工作了。

　　我在探究未知的事物時是多疑的，不傾向於不加考慮就做結論表示贊成還是反對，對於剛剛看到的事情，我產生了懷疑。剛才那麼奇怪地使我的石蜂神志混亂的，眞是磁性的影響嗎？當牠在地板上拼死掙扎，蹬腿撲翅時，當牠驚慌失措地逃走時，牠眞的是受貼在牠胸前的磁鐵所支配嗎？我的儀器是不是破壞了地磁對牠的神經系統導向的影響呢？或者牠的發瘋行爲只是戴上了這個不尋常的鞍轡的結果呢？這是必須弄清楚的，而且刻不容緩。

　　我又做了一個儀器，不過，這次上面用一根短麥稈來代替磁鐵。戴著這玩意的昆蟲跟第一次一樣，在地上打滾、轉動、煩躁不安，直到胸上的毛都扯掉，把這個儀器掙脫爲止。麥稈發揮跟磁鐵一樣的作用，這也就是說，前面所發生的那一切並不是由於磁性的緣故。我的儀器在這兩種情況下，都是令牠不舒服的玩意，昆蟲立即想盡一切可能的辦法把它擺脫掉。只要牠胸前還戴著這樣的儀器，不管磁化與否。這時要想看到牠的正常行爲，那就像把一個舊的有柄鍋子繫在狗尾巴上，把狗弄得發狂，卻想研究牠的正常習性一樣。由此可知，磁鐵的實驗是不可行的。即使動物接受實驗，這樣的實驗能說明什麼呢？什麼也不能說明。一塊磁鐵跟一根麥稈一樣，對於回窩沒有任何影響。

第八章

我的貓的故事

　　如果旋轉絲毫不會使昆蟲迷失方向，那麼它對於貓會有什麼影響呢？把貓放在袋裡旋轉以阻止牠回家的辦法，真是可信的嗎？我最初相信這種方法，是因為牠跟著名的大師那充滿希望的想法是那麼符合。現在，我的信念動搖了，昆蟲使我對貓產生了懷疑。如果昆蟲在經過旋轉之後能夠返回，為什麼貓不會返回呢？於是我進行新的研究。

　　首先，貓能夠回到牠在屋頂和穀倉裡所喜愛的住所，讓牠縱情嬉戲的場所，這種說法有多大程度可信呢？人們關於牠的本能，講了些最稀奇古怪的事實，幼稚的博物學書籍中充斥著高度讚揚牠有如朝聖者般了不起的業績。我對這些故事並不怎麼重視，這都是來自於一些沒有批判眼光、容易誇大其辭的觀察者。不是隨便什麼人都能正確無誤地談論動物的。當某個不

是做這行的人對我說起動物：牠是黑色的，我首先就想了解一下，這動物會不會碰巧不是白的；許多時候事實卻正好相反。人們向我讚美貓是旅行的專家。好啊，我們就把牠看成是一個愚蠢的旅行者好了。如果我只有書本和不習慣於進行認眞科學考察的人的證據，那我就會這樣。幸好我了解的幾件事絲毫沒有爲我的悲觀論增添論據。貓作爲目光敏銳的朝聖者的盛名，眞是名副其實的。現在讓我們敘述這些事實吧。

這是發生在亞維農的事。一天，園子的牆上出現了一隻可憐兮兮的貓，身上的毛亂七八糟，肚子凹了進去，背上瘦骨嶙峋，餓得直叫著。我的孩子們當時都還很小，可憐牠餓成這個樣子，便把麵包浸在牛奶裡，放在一根蘆竹上給牠吃。牠接受了，一口接著一口地吃，吃飽後便走掉了，不顧牠那些富有同情心的朋友們，都在「貓咪！貓咪」地喊牠。接著，這個沒飯吃的貓又餓了，牠又在牆上的餐廳出現了。同樣的麵包浸在牛奶裡，同樣的溫柔話語。牠被引誘了，走了下來，我們可以摸到牠的背。天啊！牠多瘦啊！

這是當天的大問題。我們在吃飯時討論這件事。我們要收養這個流浪兒，我們把牠留下來，給牠做個草窩。這眞是一椿大事情！一群冒失鬼討論這隻貓的命運的會議，我至今還歷歷在目，並且永遠也不會從我的眼前消失。我們嘰嘰喳喳的說要

把這隻野貓留下來。不久牠長成了一隻漂亮的雄貓，圓頭大腦，腿上肌肉發達，毛色紅棕，帶有深色斑點，就像隻小美洲豹。由於牠是黃褐色的，所以取名為「小黃」。過了不久再為牠找了一個女伴，牠也是在差不多的情況下收留來的。這便是我的小黃家族的來源，這些貓一直跟著我輾轉搬家，至今就快要二十年了。

第一次搬家是在一八七〇年。之前不久，一個讓大學師生深深懷念的部長，傑出的維克多‧杜雷先生為中學女生設置了一些課程。在當時，人們就在盡可能的條件下開始了今天仍在熱烈討論的大問題。我很樂意為教育事業盡我的棉薄之力。我受委託教物理學和博物學。我充滿信心，不辭勞苦；我很少遇到這麼專心、這麼入神的聽眾。上課的日子簡直就像過節一樣，上植物學的那一天更是如此，附近暖房裡琳琅滿目的東西堆放在桌子上，把桌子都蓋得看不見了。

這太過分了。你們瞧瞧吧，我的罪行是多麼嚴重啊！

我教這些年輕人什麼是空氣和水；怎麼會有雷電霹靂；如何用一根金屬線把心中想的事越洋傳過去；為什麼爐火燒得那麼旺；為什麼我們會呼吸；一個種子怎麼發芽；一朵花如何開放。這些事情在某些人看來全是荒唐透頂的，因為他們鬆弛的

眼皮只要見到亮光就會眨眼。

必須盡快撲滅這盞小燈，必須趕走這個拼命要讓這盞燈一直點著的討厭傢伙。他們暗地跟我的房東們串通起來。我的房東們是老處女，她們把教授新事物看作是十惡不赦的破壞行為。沒有任何書面契約可以保護我。執達員拿著蓋了大印的文件來了。文件裡叫我在四個星期內搬家，否則根據法律，就要把我的家具扔到街上去。我必須急忙找個住所。碰巧我找到的第一個住所是在歐宏桔，就這樣發生了我從亞維農的大逃難。

為貓搬家讓我們費了不少心。我們全都堅持要把貓一起搬走，因為要是我們拋棄這些經常受到我們愛撫的可憐貓咪，牠們會挨餓，而且一定會受到愚蠢的虐待，那我們就是犯下罪行了。小孩和小貓可以一點也不礙事地一起旅行，把小貓放在籃子裡，牠們在路上會安安靜靜的；可是老貓嘛，困難卻不小。我有兩隻老貓，一隻是家族的老祖宗、老族長，另一隻跟牠一樣強壯，是牠的後代。我們將帶走老祖宗，如果牠願意；但要把牠的孫子留下來，當然，要給牠群找一個安定的生活。

我的一個朋友羅里奧爾大夫願意收留被留下的那一隻。天黑的時候，他把貓裝在一個加蓋的籃子裡帶走了。我們剛剛坐到飯桌上吃晚飯，談著我們的貓遇上了好運的時候，便看到從

窗戶跳進來一團滴著水的東西。這個看不出什麼形狀的東西來到我們腳下擦著身子，一邊很高興地發出呼嚕呼嚕的叫聲。

這是那隻貓。第二天，我知道是怎麼回事了。貓送到羅里奧爾先生家後便被關到一個房間裡。牠一看到自己被關在一個不熟悉的房間，便發狂似地跳到家具上，撲向玻璃窗，在壁爐的裝飾品中間亂跳，幾乎要把所有的東西都砸爛了。羅里奧爾太太被這小瘋子嚇壞了，急忙打開窗戶，貓跳到路上，鑽進行人中去了。幾分鐘後，牠找到了牠的家。這可不是件容易的事，牠必須穿過大半個城，走過人來人往、錯綜複雜的街道，逃脫千萬危險，躲過街上的頑童和小狗的威脅；最後，牠必須渡過一條河——索格河，這條河流過亞維農城裡，這可能是最嚴重的障礙。河上有橋，甚至有好多座，可是這隻貓要走最近的路，沒有從橋上走，而是勇敢地跳進河裡，牠渾身濕淋淋的就是證明。我真可憐這隻雄貓，牠是這樣對自己的住所忠貞不二。我們說好，要盡一切可能把牠帶走。可是我們不能為這件事煩心了，因為沒幾天就發現牠死在花園的灌木樹叢下了。這隻英勇的貓成了某個愚蠢惡作劇的犧牲品。牠被毒死了。誰毒死了牠？當然不是我的朋友。

再談談那隻老貓。當我們動身時牠不在家，跑到鄰居的閣樓亂逛去了。車夫還要回去搬一趟東西，我答應如果他下一次

把貓給帶到歐宏桔來，便給他十法郎做為禮物。他最後一次來的時後，果然把貓裝在車座下的箱子裡帶來了。老貓前一天便被關在裡頭，當我把箱子打開時，我幾乎都認不出牠來了。從箱子裡出來的是一隻可怕的動物，亂毛豎立，滿眼血絲，口吐白沫，兩爪亂抓，氣喘噓噓。我以為牠發瘋了，便密切觀察了一下子，才知道是我搞錯了，這是貓對離開故居的恐懼。當牠被抓住時，牠跟車夫是不是發生了嚴重的糾紛呢？牠在路上是不是受了罪呢？這些始終沒弄明白。不過我知道得一清二楚的是，這隻貓似乎完全變了，牠再也沒有友好的叫聲，再也沒有繞膝的承歡；而是閃爍著野性的目光，憂愁中含著陰沈。精心的照顧也無法使牠恢復溫柔。牠帶著煩惱在各個角落待了幾個星期，最後，一天早上，我發現牠死在爐膛的柴灰上了。由於憂傷加上年邁，牠死了。如果牠有力氣，牠會回到亞維農去嗎？我不敢斷言。至少我覺得，一個動物年邁體弱而無法返回故土，結果因思鄉而死，是非常令人在意的。

這位族長無法做的，另一隻貓會做到，當然距離短得多。我們決定再搬家以便一勞永逸地找到我工作所需要的安靜。這將是最後一次了，但願如此。我離開歐宏桔到塞西尼翁。

小黃家族的成員已經更新過了，過去那些貓已經死了，來了新的及年輕的，其中有一隻成年的貓在各個方面都可以跟牠

的祖先媲美。搬家時只有牠會發生困難，其他的小貓都沒有什麼麻煩，可以裝在籃子裡。只有那隻雄貓單獨放在一個籃子裡，否則安寧就會被破壞了。牠們跟全家人一起坐車旅行，一直到達塞西尼翁，都沒有什麼特別的事情。從籃子裡出來後，小貓們參觀了新居，一間間地查看房子，用玫瑰色的鼻子辨認家具。這些的確就是牠們的椅子，牠們的桌子，牠們的靠手椅，但是已經不是原來的地方了。於是牠們發出了輕微的叫聲，投射出探詢的目光。撫摸牠們，給牠們吃點餡餅，牠們所有的害怕心理便都消失了，過了一天，小貓就適應環境了。

那隻雄貓就不是這麼一回事了。我們把牠關在閣樓裡，在那裡牠有廣闊的空間嬉戲，我們陪伴著牠，以減輕牠囚居的無聊；我們給牠雙份的碟子舔食，不時地讓牠跟別的貓接觸，以便讓牠知道牠在家裡不是孤獨的，我們無微不至地照顧牠，希望牠忘掉歐宏桔。牠似乎真的忘記了，你撫摸牠，牠很溫柔，你喊牠，牠跑過來，咕嚕咕嚕地叫著，做出各種媚態。真不錯，一個星期的幽禁和溫柔的照顧使牠排除了一切返回故地的念頭。我們把牠放出來，牠就下樓到廚房去，跟別的貓一樣待在桌子旁邊，阿格拉艾時時刻刻都看著牠，牠在阿格拉艾的監視下到花園去，像什麼事也沒有似的視察四周的情況，然後再回來。勝利了！貓不會走掉了。

　　第二天。「貓咪！貓咪！……」沒有貓咪。我們找啊，喊啊！根本沒有。——啊！答爾丟夫，答爾丟夫[1]！牠把我們都騙了！牠走了，牠到歐宏桔去了。除了我之外，全家的人誰也不敢相信會有這麼大膽的朝聖之舉。我斷定這個逃兵這時候已經在歐宏桔，在大門緊閉的房前叫喚著呢。

　　阿格拉艾和克萊爾到歐宏桔去了。她們找到了貓，牠的確就像我說的那樣；她們把牠放在籃子裡帶回來。牠的肚子和腿上有紅土，可是天氣卻是乾燥的，地上沒有爛泥。可見這隻貓是因為渡過艾格河的急流而渾身濕透，潮濕的毛在走過田野時沾上紅土了。從塞西尼翁到歐宏桔的直線距離有七公里。艾格河上有兩座橋，一座位於上游，一座位於下游，彼此距離相當遠。這隻貓兩座橋都沒走，牠的本能叫牠走最短的直線，於是牠就走這條直線了，牠肚子上沾的紅土就可證明。牠穿過了五月的急流，這個時候河裡的水大得很。牠討厭水，但為了返回喜愛的住所，牠不顧一切地回來了。亞維農的那隻雄貓也是這樣穿過索格河的。

　　這個逃兵又鑽進塞西尼翁的閣樓裡去了。牠在那裡住了半個月，最後我們不要牠了。還不到二十四小時，牠就回到歐宏

① 答爾丟夫：法國十七世紀喜劇家莫里哀的戲劇《偽君子》中的主角。——譯注

桔了。必須拋棄牠，讓牠去過過不幸的生活才行。我舊居的一個鄰居告訴我，有一天他看到這隻貓躲在籬笆後面，嘴裡銜著一隻兔子。牠習慣各種舒適的生活，現在沒有餡餅了，牠就成為偷獵者，在沒有人住的房子附近偷家禽吃。牠一定沒有好結果的，既然變成了偷食者，偷食者的結局當然也就是牠的結局了。

證據是一清二楚的，我親眼看到了兩次。成年的貓會返回老家，儘管路途遙遠和根本不熟悉要經過的地方。我的石蜂有自己的本能，狗也有牠們自己的本能。另外一點需要搞清楚的，那就是放在袋子裡旋轉。這種辦法會使牠們迷失方向嗎？牠們不會迷失方向嗎？我在考慮如何做實驗時，得到了一些更精確的資訊，說明這種實驗是沒有用的，第一個告訴我這個轉動袋子的人，是根據另一個人說的，那另一個人是重複第三個人的說法，第三個人的敘述是來自第四個人的證據……，等等，沒有一個人實踐過，沒有一個人看到過。山村人的傳統就是這樣。所有主張採取這種被說成是萬無一失辦法的人，大部分都沒有試過。可是他們認為這辦法是成功的，因為在他們看來理由很有說服力。他們認為，如果我們綁住眼睛旋轉一陣子，那我們就辨別不出南北西東了。把貓放在黑漆漆的袋子裡旋轉，結果也會是這樣。他們以人來推斷動物，就像有的人以動物來推斷人一樣，如果在此方面真有兩個不同的心理世界，

那麼這兩種辦法都是不正確的。

　　這樣一種信仰要在農民腦海裡生根，就需要不時有新的事實不斷加強它。但是如果是成功的事實，那麼離開故居的貓，肯定是還沒有過放任行為的小貓。但對於這樣的新手，只要有一點牛奶，牠被迫遷徙的愁緒就會煙消雲散。不管有沒有放在袋子裡旋轉，牠都不會回到老窩裡去。不過為了更謹慎一些，我們打算對貓進行旋轉；而這個實踐就會為原來被認為是成功的、但從來沒做過的方法提供證據。為了判斷這方法行不行，要運到外地去的應該是成年的貓，真正的雄貓。

　　關於這一點，我終於得到了我所要的證據。一些深思熟慮，能夠分辨事物且值得信賴的人告訴我，他們曾經試過這種旋轉袋子不讓貓回老家去的辦法。如果試的是成年的貓，沒有一個人成功過。在認真旋轉了之後，把貓運到很遠的地方，貓總是又回來了。我尤其記得，一隻吃池塘裡金魚的貓用這種莊嚴的方法旋轉後，從塞西尼翁運到皮奧朗克，但牠又回來找牠的魚了；把牠帶到山裡扔在樹林深處，牠還是回來了。袋子和旋轉仍然毫無效果，這種沒有宗教信仰的傢伙真該死。我收集了許多類似的例子，全都是在良好的條件下實驗的。這些例子一致證明，旋轉絲毫不能阻撓成年的貓返回老家。老百姓所相信的事情，最初是那樣吸引了我，但這是建立在沒有認真觀察

過事實的農村偏見上。因此不管是對貓還是對石蜂,要解釋牠們怎麼會返回,都必須放棄達爾文的想法。

第九章

紅螞蟻

鴿子運到幾百里遠的地方會返回牠的鴿棚，燕子從牠在非洲的居住地跨海重新回到舊窩定居，在這漫長的旅途中，什麼東西指引牠們的方向呢？是視覺嗎？一位睿智的觀察者，《動物的智力》的作者圖塞內爾[1]——他對被收集在櫥窗裡的動物的了解不如他人，但對自然狀態下的動物認識卻是最大的專家——他認為是視覺和氣象指引著信鴿。他說：

　　法國的這種鳥，根據經驗知道寒冷來自北方，炎熱來自南方，乾燥來自東方，潮濕來自西方。牠有足夠的氣象知識告訴牠方位，指導牠飛行。放在加蓋籃子裡的鴿子從布魯塞爾運到土魯茲[2]，牠們一定不可能用眼睛把走過的路線記下來，可是

---

① 圖塞內爾：1803～1885年，法國政治家。——譯注
② 土魯茲：法國上噶弘恩首府。——譯注

任何人也沒有權力阻止牠根據對大氣中熱的印象，感覺出牠往
南方的路。到了土魯茲放出來後，牠已經知道回到鴿棚要走朝
北的方向。於是牠便一直朝這方向飛，而只在天空平均溫度與
牠居住區域的溫度相同時才停下來。如果牠不能一下子找到牠
的舊居，那是因為牠飛得偏右或偏左了。不管怎樣，牠只要在
東邊或者西邊的方向花幾個小時來尋找，就可以糾正路線的偏
差了。

　　如果位置的移動是南北方向，那麼這個解釋是很誘人的，
但牠不適合在等溫線上做東西方向的移動。

　　另外，這個解釋的缺點是無法類推適用。貓穿過第一次見
到的大街小巷迷宮，從城市的一端跑到另一端回到家裡來，這
就不能歸之於視覺的作用，不能說是氣候變化的影響。同樣
的，不是視覺指導著我的石蜂，尤其是當牠們在密林中釋放出
來時，牠們飛得並不高，離地面才二、三公尺，無法一眼看出
這地方的全貌從而畫出地圖來。牠們幹嘛要了解地形呢？牠們
只猶豫一下子，在實驗者身邊轉了幾個不大的圈後，便朝北飛
走了。儘管樹林遮擋，丘陵高聳綿延，牠們順著離地面不高的
斜坡往上飛，越過了這一切。視覺雖然使牠們避開各種障礙，
但並沒有告訴牠們要朝哪個方向飛。氣象沒有發揮作用，幾公
里的距離，氣候並沒有變化。對熱、冷、乾、濕的經驗並沒有
教會我的石蜂什麼，因為須耗時幾個星期的經驗，對牠沒有什

麼用。即使牠們對方位十分熟悉，但牠們的窩和放飛地點的氣
候是一樣的，牠們對究竟要朝哪個方向飛也是拿不定主意的。
對於所有這些現象，我們不得不提出另一個神秘的東西來解
釋，即牠們具有人類所沒有的一種特別感覺。誰都不會否定達
爾文壓倒任何人的權威，他得出的也是這樣的結論。想了解動
物對地磁是否有感應作用，想查明動物是否受到緊貼在身上的
一根磁針影響，這不是承認動物有一種對磁性的感覺嗎？我們
有這樣的官能嗎？不言而喻，我說的是物理學的磁力，而不是
梅斯梅爾③和卡廖斯特羅④之流的磁力。我們肯定根本沒有類
似的東西。如果水手本身就是羅盤，他還要羅盤幹什麼呢？

　　這位大師認為，我們的身體中根本沒有的，甚至我們無法
想像的一種特別的感官能力，指引著身在異地的鴿子、燕子、
貓、石蜂以及其他許多動物。不管這是否是對磁力的感覺，我
不做定論，但我在不同的程度上對論證這樣的感官能力做出了
貢獻，對此他已經心滿意足了。除了我們所有的感官能力外，
又增加了一種，牠們擁有的東西是多麼了不起，多麼先進啊！
為什麼我們沒有這種感官能力呢？這對於「物競天擇，適者生

③ 梅斯梅爾：1734～1815年，奧地利醫師，提出「動物磁力」說，認為人可以通
　過這種磁力向他人傳遞宇宙力。──譯注
④ 卡廖斯特羅：1743～1795年，義大利江湖大騙子、魔術師和冒險家，在歐洲兜
　售一種「長生不老藥」。──譯注

存」可是個極好且非常有用的武器啊！如果就像人們所斷言的，所有的動物包括人在內，都是從原細胞這唯一的模子中產生出來，並在千萬年中自動演化，天賦最佳的得到發展，天賦最差的日趨消亡。那為什麼這種奇妙的器官只是幾種微不足道的動物的天賦，而在萬物之靈的人類身上卻沒有絲毫痕跡呢？我們的祖先如果任憑一種這麼優異的遺產丟失，真是太蠢了！這是比尾骨的一截骨頭、鬍子的一根毛更值得保留的。

如果這種感官能力沒有遺傳下來，那豈不是缺乏足夠的親屬證據了嗎？我向演化論者請教這個小小的問題，並很想知道對於這個問題，原生質和細胞核能夠說出個什麼所以然來。

這種未知的感官能力是否存在於膜翅目昆蟲身上某個部位，以某個特殊的器官來感知的呢？我們會立即想到觸角。每當我們對於昆蟲的行為不太明白時，我們總是歸之於觸角，我們想當然地認為觸角上會有我們爭論中所需要的東西。可是我有相當充足的理由懷疑觸角具有感覺的能力。當毛刺砂泥蜂尋找昆蟲時，牠真是用觸角像小手指似的不斷拍打著地面。這些彷彿在指引著昆蟲捕獵的探測絲，大概不能夠也用來指引昆蟲旅行的方向。這一點是需要弄明白的，而我已經弄明白了。

我剪掉幾隻石蜂的觸角，盡可能齊根剪掉，把這些石蜂運

到別的地方放掉，但牠們就像其他石蜂一樣，很輕易地回到窩裡來了。我還以類似的方法實驗了我們地區最大的節腹泥蜂（櫟棘節腹泥蜂）。這種捕獵象鼻蟲的蜂也回到牠的地穴了。這樣我們就可以拋棄觸角具有指向感覺的假設。那麼這種感覺存在於什麼地方呢？我不知道。

我知道得一清二楚的，就是沒有了觸角的石蜂，回到了蜂

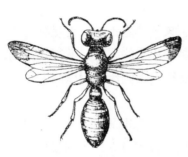

櫟棘節腹泥蜂

房後並沒有恢復工作。牠們固執地在牠們建造的建築物前飛著，在石子上休息，在蜂房的護井欄邊歇腳。牠們在那裡彷彿悲傷地沈思，久久凝望著那沒有完工的建築物。牠們走開又回來，把周圍一切不速之客趕走，可是牠們再也不會重新

把蜜漿或者泥粉運來了。第二天，牠們不再出現了。沒有了工具，工人就無心工作了。當石蜂砌窩時，觸角不斷地拍打著、探測著、探勘著，似乎靠觸角把工作做得精確。觸角是牠們的精密儀器，等於建築工人的圓規、角尺、水平儀、鉛錘。

迄今為止我實驗的只是雌性昆蟲，牠們基於母性的義務，對窩忠實得多。如果把雄峰弄到別的地方，牠們會怎麼樣呢？

我對這些情郎不大信任。牠們有那麼幾天亂哄哄地在蜂房前面
等待雌蜂出來，彼此爭風吃醋要占有情人，然後不管工程正如
火如荼地進行，便跑得無影無蹤了。我心想，回到出生的蜂房
來或者在別的地方安居，對牠們來說有什麼差別呢？只要那個
地方能找到老婆就行了！然而，我錯了，雄蜂也回到窩裡來
了。不錯，由於牠們弱小，我沒有讓牠們作長途旅行，只飛了
一公里左右。然而對於雄蜂來說，這仍然是從陌生的地方進行
的一場遠征，因為我從沒有看到過牠們做長途的跋涉。白天，
牠們參觀蜂房或者觀賞花園裡的花朵；晚上，牠們藏身在舊洞
裡或者荒石園的石堆縫裡。

　　有兩種壁蜂（三叉壁蜂和拉特雷依壁蜂）也到同樣的蜂房
來，牠們在石蜂丟下的洞穴裡建造蜂房。最多的是三叉壁蜂。
要想粗略了解一下這種定向感覺在膜翅目昆蟲身上的普及度，
這是再好不過的機會了；我要利用這個機會。不錯，三叉壁
蜂，不管是雄的還是雌的，都知道返回窩裡。我進行了快捷、
少量、短距離的實驗，而這些實驗
和其他實驗的結果都完全相符，因
而使我完全信服了。總之，加上我
以前做過的實驗，證實了能夠返回
窩的有四種昆蟲：棚簷石蜂、高牆
石蜂、三叉壁蜂和櫟棘節腹泥蜂。

三叉壁蜂

我能否因此可以類推適用、毫無保留地認爲昆蟲有這種從陌生地返回故居的能力呢？我不想這麼說，因爲就我所知，下面有一種相反的結果，非常能夠說明這個問題。

在我的荒石園實驗室裡，豐富的實驗品中，我把著名的紅螞蟻⑤放在首位。這種紅螞蟻就像捕獵奴隸的亞馬遜人⑥，她們不善於哺育兒女，不會尋找食物，即使食物就在身邊也不會拿，必須有傭人侍候她們吃飯，爲她們照料家務。紅螞蟻會去偷別人的小孩來侍候自己的家族。牠們搶劫不同種類的螞蟻鄰居，把別人的蛹運到自己窩裡；不久後，蛹蛻皮了，就成了爲家中認眞工作的傭人。

當炎熱的六、七月來到時，我經常看到這些亞馬遜人下午從牠們的兵營裡出來進行遠征。蟻隊有五、六公尺長。如果路上沒有什麼東西值得注意，牠們就一直保持著隊形。但一旦發現有螞蟻窩的跡象，領頭的前排螞蟻便停下來，散成亂哄哄、團團轉的一堆，其他螞蟻大步趕上，聚得越來越多。一些偵查兵派了出去，在證實是錯了的時候，隊伍又前進了。這夥強盜穿過園中小徑，消失於草地裡，在稍遠地方又出現了，然後鑽

---

⑤ 紅螞蟻：又名紅武士蟻。——編注
⑥ 亞馬遜人：傳說中南美的民族，由驍勇善戰的女性組成。——譯注

進枯葉堆，又大搖大擺地出來，一直在盲目地尋找著。終於找到了一個黑螞蟻的窩，紅螞蟻性急地鑽入黑螞蟻蛹的宿舍，然後很快帶著戰利品上來了。這時在地下城市的門口，黑螞蟻保衛牠們的財產，紅螞蟻拚死搶奪，彼此混戰，觸目驚心。雙方力量懸殊，結果毫無疑問，勝利屬於紅螞蟻。牠們全都帶著掠奪物，用大顎咬住一隻襁褓中的蛹，急急忙忙打道回府。對於不了解奴隸制習俗的讀者來說，這種亞馬遜人的故事可能相當有趣。很遺憾，我不想再談下去了，因為這故事跟我們要談的昆蟲回窩的主題偏離太遠了。

搶劫蟻蛹的這夥強盜要運輸的距離遠近，取決於附近有沒有黑螞蟻。有時只要走十幾步路，有時要走五十步、一百步甚至更遠。我只看到過一次紅螞蟻遠征到花園以外的地方。這些亞馬遜人爬上花園四公尺高的圍牆，翻過牆，一直走到遠處的麥田裡。至於要走什麼路，對於這支前進的縱隊來說是無所謂的。不毛的土地、濃密的草坪、枯葉堆、亂石堆、砌石建築、草叢，牠們都可以穿過。對於道路的性質，牠們並沒有什麼特殊的好惡。

可是回來的路卻是確定不變的，那就是出發時所走的那條路，不管原來那條路是多麼彎彎曲曲，要經過什麼地方，乃至於最難走的地方。由於捕獵的或然性，紅螞蟻往往要走十分複

雜的路線；如今牠們帶著戰利品從原路回窩來了。原先牠們走過哪些地方，現在就從那裡走。對牠們來說，這是絕對必須的，即使這樣一來牠們要加倍辛勞、危險萬分，牠們也不會改變這條路線。

　　假設牠們穿過的是厚厚的枯葉堆，這條路對於牠們來說，簡直是滿布深淵，牠們隨時都會失足掉下去。而要從凹處爬上來，爬到搖搖晃晃的枯枝橋上，最後走出小路的迷宮，許多紅螞蟻都會累得精疲力竭。可是這有什麼關係，回來時，雖然負重增加，牠們一定還是要穿過這迷宮的。如果要想減輕疲勞，牠們該怎麼辦？牠們得稍微偏離一點，因為那裡有一條好路，十分平坦，而且離原路幾乎不到一步。可是牠們根本沒有看到這條僅僅偏離一點的路。

　　有一天我發現牠們出去搶劫，在池塘護欄內側排著隊走著。我在前一天把池塘裡的兩棲動物換上了金魚。北風強勁，從側面向蟻隊猛吹，把整整幾行士兵都吹到水裡去了。金魚急忙游來，張開深如巷道的大嘴把落水者吞了下去。雄關險阻，道路艱難，蟻隊還沒有越過天塹就死了許多。我心想，牠們回來時一定會走另一條路，繞過致命的懸崖。但事情卻不是這樣。銜著蟻蛹的隊伍仍然走這條危險的路，金魚得到了雙份從天上掉下來的嗎哪⑦：螞蟻和牠的獵物。蟻隊不願換一條路

線，而寧願再一次被大量消滅。

　　這些亞馬遜人去的時候走哪條路，回來時也非要走這條路不可。這種做法必定是因為遠途長征，左兜右轉，很少走同樣的路，所以很難找到家的緣故。紅螞蟻如果不想迷路，根本不可能隨便挑一條路走，牠必須走牠認得的，而且剛剛走過的那條路回家去。成串爬行的松毛蟲從窩裡出來，爬到另一根樹枝上，去尋找更合牠們口味的樹葉時，在走過的路上織了絲線，毛毛蟲正是順著這條拉在路上的絲線才能返回窩的。這就是在遠足時會有迷路危險的昆蟲所能夠使用的最基本辦法：一條絲線把牠們帶回家。比起松毛蟲和牠們幼稚的路來，我們對於靠特殊感官定向的石蜂和其他昆蟲的了解，就差得更遠了。[8]

　　紅螞蟻這種亞馬遜人雖然也屬於膜翅目類，但牠們回家的辦法卻很有限，這從牠們必須從剛剛走過的路回來便可證明。牠們是不是在某種程度上模仿松毛蟲的辦法呢？當然牠們在路上不會留下引路的絲，因為牠們身上並沒有從事這種工作的工具。那牠們會不會在路上散發某種氣味，比方說，某種甲酸味，從而可以經由嗅覺來為自己領路呢？人們往往會同意這種

⑦ 嗎哪：猶太教《聖經》裡所謂的以色列民族，在離開埃及前往迦南的四十年旅途中，蒙上帝行聖跡時賜下的天糧。——譯注
⑧ 松毛蟲文見《法布爾昆蟲記全集6——昆蟲的著色》第二十章。——編注

看法。

據說螞蟻是由嗅覺來認路的，而這嗅覺似乎就存在於動個不停的觸角上。我對這種看法並不十分急於表示贊同。首先，我不相信嗅覺會在觸角上，理由前面已經說過了。另外，我希望經由實驗來證明，紅螞蟻並不是靠嗅覺來指引方向的。

花上整整幾個下午偵察我的亞馬遜人出窩，而且往往徒勞無功，在我看來是太耗時了。我找了個助手，她不像我那麼忙，這就是我的小孫女露絲。這個調皮鬼對於我說到關於螞蟻的事很感興趣。她看見過黑螞蟻和紅螞蟻的大戰，對於搶劫襁褓的小孩一事，一直默默沈思。露絲滿腦子充滿崇高的職責，對於自己小小年紀就為科學這位貴夫人效勞十分自豪，於是她在天氣好的時候便跑遍花園，她的任務是監視紅螞蟻，仔細辨認牠們一直走到被劫蟻窩的路。她的熱情已經受過考驗，我可以放心。一天，我正在寫每天的筆記，書房門口響起了聲音：

「砰！砰！是我，露絲。快來！紅螞蟻進了黑螞蟻的家。快來！」
「你看清楚牠們走的路嗎？」
「是的，我做了記號。」
「怎麼？做了記號。怎麼做的？」

「像小拇指⑨那樣，我把白色的小石子撒在路上。」

　　我跑去了。事情就像我那六歲的合作者剛才告訴我的那樣。露絲事先準備了小石子，看到蟻隊從兵營裡出來，便一步步緊跟著，在螞蟻走過的路上每隔一段距離，就撒下一點石子。亞馬遜人搶劫後開始從用小石子標出來的那條路線回來了。回窩的距離有一百多公尺。這樣我便有時間進行事先利用空閒所策劃的實驗了。

　　我拿起一把大掃帚，把螞蟻的路線全都掃乾淨，掃的寬度有 1 公尺左右，把路面的粉狀材料全掃掉，換上別的材料。如果原先的材料有什麼味道，現在換掉了，這就會使螞蟻暈頭轉向。我把這條路的出口處，分成彼此相距幾步路的四個部分。

　　現在蟻隊來到了第一個切割開的地方。螞蟻顯然十分猶豫。有的往後退，然後回來，再後退；有的在切開部分的正面徘徊不前；有的從側面散開，好像要繞過這塊陌生的地方。蟻隊的先遣部隊先是聚集在一起，結成有幾公分的蟻團，接著散開來，寬度有三、四公尺。但後續部隊在這障礙物前越聚越

⑨ 小拇指：法國詩人暨童話作家佩羅（1628～1703年）的童話《小拇指》中的主角。——譯注。

多，彼此堆在一起，亂哄哄的，不知所措。最後有幾隻螞蟻冒
險走上掃過的那條路，其他的也跟著來了。與此同時，少數螞
蟻則繞個彎，也走上了原先那條路。在其他切開的地方，螞蟻
也是同樣的猶豫不決，不過牠們終究或者直接地或者從側面繞
著，都走到了原路上。儘管我設置了圈套，螞蟻還是從原先用
小石子標的路線回到窩裡去了。

實驗似乎說明嗅覺在發揮作用。凡是道路切開的地方，四
次都表現出同樣的猶豫。螞蟻仍然從原路回來，這也可能是掃
帚掃得不徹底，一些有味的粉末仍然留在原地的緣故。繞過掃
乾淨的地方走的螞蟻可能受到掃到一旁的殘餘物的指引。因
此，在表示贊成或者反對嗅覺的作用之前，必須在更好的條件
下再進行實驗，去掉一切有味的材料。

幾天後，我認真地制定了計畫。露絲又進行觀察，很快就
向我報告螞蟻出洞了。這是我早就料到的，因為亞馬遜人在六
月悶熱的下午，特別是在暴風雨即將來臨時，很少不出發遠征
的。石子還是撒在螞蟻走過的路上，撒在我選定的、最利於實
現我的計畫的地方。一條用來給園子澆水的布管子，接在池塘
的一個接水口上，閥門打開了；螞蟻的路被洶湧的急流沖斷
了，這水流有一大步那麼寬，長得沒有盡頭。用大量的水沖洗
了將近十五分鐘。然後，當螞蟻搶劫歸來，走近這裡時，我放

慢水的流速，減低水層的厚度，以免昆蟲過分費力。如果亞馬遜人絕對必須走原路，這就是牠們所要越過的障礙。

螞蟻猶豫了很長時間，後面的完全有時間跟隊伍的排頭兵聚集在一起。可是牠們利用露出水面的卵石走進了急流；然後，腳下的基礎沒有了，流水把那些最勇敢的捲走了，牠們沒有丟掉獵獲的東西，隨波逐流，擱淺在突出的地方，又到了河岸邊，重新開始尋找可以涉水渡過的地方。地上有幾根麥稈被水沖散開來，這就是螞蟻要走上的搖搖晃晃的橋。一些橄欖樹的枯葉，成為帶著輜重的乘客的木筏。最勇敢者部分靠自己跋涉，部分靠著好運氣，沒有用過河工具而上了對岸。我看到有的被水流帶到離此岸或者彼岸兩三步遠的地方，彷彿非常著急究竟要怎麼辦才好。在潰散部隊的一片混亂中，在遭到沒頂之災的危險中，沒有一隻螞蟻丟掉牠的戰利品，牠們寧死也要守住戰利品。總之，牠們湊合著渡過了急流，而且是從規定的路線渡過的。

急流在這之前不久把地洗乾淨了，而且在渡河過程中一直有新水流過去，我覺得經過這場急流的實驗，路上的氣味問題可以排除在外了。如果路線上有甲酸味，我們的嗅覺感覺不出這氣味，至少在我所說的條件下感覺不出來。現在我們用另一種強烈得多，而且我們可以嗅出來的氣味來代替，看看會有什

麼情況發生。

　　我在第三個出口處警戒著，在要走的道路上，用幾把薄荷把地面擦了擦，這薄荷是我剛剛從花圃裡採下來的。在路的稍遠處，我用薄荷的葉子蓋上。螞蟻回來時穿過這些地方，對於擦過薄荷的區域，並沒有顯露擔心的樣子，只在蓋著葉子的區域猶豫了一下，然後就走過去了。

　　經過這兩次實驗，即急流洗滌路面的實驗和薄荷改變氣味的實驗之後，我認為再也不可以提出是嗅覺指引螞蟻沿著出發時走的路回窩的了。其他一些測試會徹底讓我們明白的。

　　現在，我對地面不做任何改變，而是用幾張大大的紙張，一些報紙橫攤在路中央，用幾塊小石頭壓住。這個地毯徹底改變了道路的外貌，而絲毫沒有去掉可能有氣味的東西，可是螞蟻在這地毯前比面對我的其他一切詭計，甚至面對激流，都更加猶豫得多。牠們試了多次，從各方面偵察，一再嘗試前進和後退，最後才會冒險走進這個不認識的區域。牠們終於穿過了鋪著這塊紙的地區，隊伍又恢復行進了。

　　再稍遠處等待著亞馬遜人的是另一個圈套。我用一層薄薄的黃沙把路切斷，而這塊地則是淺灰色的。只是這種顏色的改

變，就會使螞蟻不知所措好一陣子。牠們在這裡就像在紙區前一樣猶豫起來，不過時間並不長。最後，這個障礙就跟別的障礙一樣被越過了。

　　我的沙帶和我的紙帶並沒有使路線上的氣味消失掉，既然螞蟻在這些沙帶和紙帶前都同樣的猶豫不決，都同樣的止步不前，顯然並不是嗅覺而是視覺使牠們能夠找到回家的路，因為我不管用什麼辦法來改變路的外貌——用掃把掃地、水流沖地、薄荷葉蓋住地面、紙的地毯把地遮住、用跟地的顏色不同的沙截斷道路——回家的隊伍總是停下來，遲疑不決，企圖了解究竟發生了什麼變化。是的，是視覺，不過這視力非常短淺，只要移動幾個卵石就改變了牠們的視野。由於這視力非常狹隘，因此只要一條紙帶、一層薄荷葉、一層沙、揮動一下掃把，甚至更微小的改動，就會使得景色全非。於是想盡快帶著戰利品回家的這支連隊，焦慮不安地在這不認識的區域前面停了下來。牠們之所以終於通過了這些可疑的區域，那是因為在反覆嘗試穿過這些改變了的區域中，有幾隻螞蟻終於認出前面有些地方是牠們熟悉的；而其他的螞蟻相信這些視力好的，便跟隨牠們走過去了。

　　如果這些亞馬遜人不是同時具有對地點的精確記憶，那麼光靠這視力是不夠的。一隻螞蟻的記憶力！究竟這記憶力會是

什麼樣的呢？它跟我們的記憶力有什麼相似呢？對於這些問題，我無法回答。但是我只要用幾句話就可以說明，昆蟲對於牠到過一次的地方會非常準確地記住，而且記得很牢。這是我多次目睹的現象。有時會發生這樣的情形，被搶劫的螞蟻向這些亞馬遜人提供的戰利品太多，這支遠征軍搬不完，或者視察過的地方有非常多黑螞蟻。於是，有時在第二天，有時在兩、三天後，進行第二次遠征。這一次，隊伍不再沿途搜尋了，而是直接奔向有許多蛹的螞蟻窩，而且就走曾經走過的同一條路。我曾經沿著亞馬遜人兩天前走過的那條路用小石子來設置路標，我驚奇地看到這些遠征的亞馬遜人就走同一條路，走過一個石子又一個石子。我對自己說，根據作為路標的石子，牠們要從這裡走，要從那裡過。果然，牠們沿著我的石橋墩，從這裡走，從那裡過，沒有什麼大的偏差。

這是過了好幾天的事了，難道能夠認為散布在路途上的氣味還一直存在嗎？誰都不敢這麼說。所以正是視覺指引著這些亞馬遜人。除了視覺外，還加上對地點的記憶力。而這種記憶力強到能夠把印象保留到第二天，甚至更久。這種記憶力是極其忠實的，因為它指引著隊伍穿過各式各樣的高低不平的地面，走著跟前一天相同的路。

如果不認得這個地方，亞馬遜人怎麼辦呢？除了對地形的

記憶外（在此記憶力是無濟於事的，因為我假設這地區還沒有探測過），螞蟻有沒有石蜂那種在小範圍內的指向能力呢？牠能不能返回牠的窩，或者跟正在行進的部隊會合呢？

這支搶劫軍團並沒有搜尋過花園的各個部分，牠們特別喜歡探測的是北邊，無疑地那裡搶劫的收穫最豐富。所以這些亞馬遜人通常是把牠們的隊伍帶到兵營的北邊去；在南邊，我很少看到牠們。因此牠們對花園的這一部分即使不是完全不認得，至少不如那一部分那麼熟悉。交代了這一點後，我們看看在陌生地方，螞蟻是怎麼行動的。

我站在螞蟻窩的附近，當部隊捕獵奴隸歸來時，我把一片枯葉放在一隻螞蟻跟前，讓牠爬上葉子。我沒有去碰牠，只是把牠運到離連隊兩、三步遠的地方，不過是在南邊的方向。這就足以使牠離開熟悉的環境，使牠徹底暈頭轉向了。我看到這個亞馬遜人被放到地上後，隨意閒逛著，當然囉，大顎總是銜著戰利品。我看到牠匆匆忙忙跟牠的同伴們走遠了，但牠還以為是去跟牠們會合呢！我看到牠往回走，又走遠，東走走，西試試，朝許多方向摸索，但就是無法走對路。這個堅牙利齒、好戰的黑奴販子就在離牠的隊伍兩步路遠的地方迷失方向了。我還記得有幾隻這樣的迷路者，找了半個小時還不能走上原路，而是越離越遠，但牙齒始終咬著蛹。牠們的結果會怎樣？

牠們要拿戰利品來做什麼？我可沒耐心對這些愚蠢的強盜跟到底了。

　　這種膜翅目昆蟲肯定根本沒有其他膜翅目昆蟲所擁有的指向感覺。牠只是能夠記住到過的地方而已，再也沒有別的能力了。只要偏離兩、三步路就足以使牠迷路，無法跟牠的家人團聚；而石蜂卻不會因為要穿過幾公里不認得的區域而被難倒。這種奇妙的感官只由幾種動物所特有，而人卻沒有，我前面曾經對此感到驚訝。兩個比較項差別這麼大，這不免會引起爭論的。現在這種差別不存在了，進行比較的是兩種非常接近的昆蟲，兩種膜翅目昆蟲。如果牠們是從一個模子裡出來的，那為什麼一種膜翅目昆蟲有某種官能，而另一種卻沒有呢？多了一個感官能力，這比起器官上的某個小問題來，可是非常主要的特點啊！我等著演化論者為我說出一個站得住腳的理由來。

　　我前面已經看到，這種對地點的記憶力保持的時間很長，而且記得很牢，那麼這種記憶力究竟好到什麼程度，而能夠把印象銘記在心呢？亞馬遜人需要走過多次，或者只要一次遠征，便能夠知道那地方的地理狀況呢？走過的路線和參觀過的地方是不是一下子就刻在記憶中呢？紅螞蟻並沒有準備進行可能給出答案的測試，實驗者無法確定遠征軍走的這條路是否是第一次走的；而且他也無法讓這個軍團走某一條別的路。當亞

馬遜人出門去搶劫螞蟻窩的時候，牠們是隨心所欲地走著，而牠們要朝哪裡走，我們卻無法干預。那麼讓我們看看別的膜翅目昆蟲又是怎麼樣行事的吧。

　　我選擇的是蛛蜂，蛛蜂的習性將在另一章詳細介紹。牠們捕獵蜘蛛。牠是先捉住獵物把牠麻痺了，給未來的幼蟲做食糧，然後才挖住所。蛛蜂如果帶著沈重的獵物去尋找適合築窩的地方，那是極其累贅的，所以便把蜘蛛放在草叢或者灌木叢這樣高的地方，防備不勞而獲的動物，尤其是螞蟻，因

普通蛛蜂

為牠們可能在合法的占有者不在時，把這寶貴的獵物毀壞了。把戰利品放在高處後，蛛蜂去尋找一處適合挖地穴的地方。在挖掘期間，牠不時去看看牠的蜘蛛，輕輕地咬咬拍拍牠的獵物，彷彿是慶幸自己得到了這個豐盛的食物；然後牠回到牠的地穴去，再朝前挖。如果有什麼事令牠不安，牠就不只是去看看，而是把蜘蛛放到離工地近些的地方，不過總是放在植物叢上面。牠就是這麼做的，我可以插手，來了解一下蛛蜂的記憶力可以達到什麼樣的程度。

　　當這個膜翅目昆蟲在地穴裡工作時，我把牠的獵物拿走，放在離原先存放處半公尺遠的空曠處。不久，蛛蜂離開牠的洞去看看牠的獵物，牠直接朝存放處奔去。牠走的方向這麼有把握，牠對於那地方記得那麼牢，可能是由於牠以前一再訪問過那地方。我不知道以前究竟是什麼情況。這第一次遠征不算吧，那麼再來幾次實驗就可能更有說服力了。眼前，蛛蜂毫無困難地就找到了存放獵物的草叢。牠在草叢上走來走去，仔細探索，多次回到存放蜘蛛的地方。最後牠相信獵物已經不在那裡了，便用觸角拍打地面，慢慢地在四周搜尋。牠望見蜘蛛就在那空曠的地方。蛛蜂十分驚奇，牠朝前走，然後突然猛然一驚，往後一退。這是活的嗎？這是死的嗎？這真是我的獵物嗎？牠似乎在這樣尋思著。才不是呢！

　　猶豫的時間不長，獵人咬住蜘蛛，倒退著拉牠，把牠再一次放在離第一次存放處兩、三步遠的植物叢上，總是放在高處。接著牠又回到地穴去，在那裡挖了一段時間。我再一次移動蜘蛛的位置，把牠放在略微離得遠些的光禿地上。這種情況很適合用於評價蛛蜂的記憶力。已經有兩個草叢做為獵物的臨時存放處了。第一個草叢，昆蟲是十分準確地回到那裡去的，可能是因為這塊地方牠來過多次，所以有比較深入的研究，而這一切我並沒有見到。但對於第二個草叢，牠在記憶中必定只有浮淺的印象，牠並沒有經過研究便選定這個地方的，牠在那

裡停留的時間只夠把牠的蜘蛛掛在草叢高處；這地方牠是第一次看到，而且是路過時匆匆忙忙看到的。這樣迅速地瞥一眼，牠會準確地記住嗎？另外，在昆蟲的記憶力中，兩個地方現在可能會搞亂，第一個存放處會跟第二個攪混。那麼，蛛蜂會到哪裡去呢？

我們很快就會知道的。牠現在離開地穴再一次去查看蜘蛛。牠直接朝第二個草叢跑去，在那裡找了很久，找不到牠的獵物。牠清楚地知道獵物最後是放在那裡的。牠堅持在那裡尋找，一次也沒打算回到第一個存放處去。對牠來說，第一個草叢已經不算數了，牠在意的只有第二個草叢。然後，牠又開始在四周尋找了。

牠在那塊光禿禿的地方找到了牠的獵物，是我把這獵物放在那裡的。膜翅目昆蟲迅速把蜘蛛放在第三個草叢上，於是測試又開始了。這一次，蛛蜂毫不猶豫地朝第三個草叢奔去，絲毫沒有跟前面兩個地方混淆。對於那兩處，牠根本不屑一顧，因為牠的記憶力十分可靠。我以同樣的方式繼續進行了兩次實驗，昆蟲總是回到最後一次存放處，而不理其他的地方。這個小玩意的記憶力真令我讚嘆不已。一個跟別處沒有任何不同的地方，牠只要匆匆忙忙看到一次，就能夠清清楚楚地回憶起來，且不說牠還要操心著牠的礦工工作，積極地在地下工作

呢。我們的記憶力能夠始終都有牠這麼好嗎？這是很值得懷疑的。如果我們認為紅螞蟻也有同樣的記憶力，那麼，牠從同一條路返回窩裡的長途旅行，就絲毫沒有什麼不可解釋的了。

　　像這樣的測試為我提供了其他一些值得注意的成果。前面說過，當蛛蜂經過持續不懈的探索，相信蜘蛛已經不在原先那個草叢上時，牠便在四周尋找，結果很順利地找到了，因為我留心地親自把獵物放在空曠的地方。現在我們給牠增加一點難度。我用手指頭在土裡按了一個印，我把蜘蛛放在這小小的凹地裡，再用一片薄薄的葉子把牠蓋好。這隻尋找遺失獵物的膜翅目昆蟲居然穿過這片葉子，牠從那裡走過去，又走過來，但就是沒有懷疑蜘蛛就在下面，牠走到遠處繼續徒勞無功的尋找。可見指引牠的不是嗅覺而是視覺。而在這期間，牠的觸角一直不斷地拍打著土地。那麼這個器官可能有什麼作用呢？我不知道，我只能斷定它不是嗅覺器官。透過砂泥蜂尋找灰毛蟲，我已經得出了同樣的斷言；如今我的證據已經過實驗，這在我看來是決定性的。我還要補充指出，蛛蜂的視力很差，所以牠常在離牠的蜘蛛兩法寸地方經過，卻沒有發現那隻蜘蛛。

第十章

淺談昆蟲心理學

　　「頌揚過去的人」[1]是沒有理由的，世界在前進。是的，不過有時卻倒退著走。在我年輕的時候，人們在四分蘇的書裡教導我們，人是有理性的動物。今天，人們在學術著作中向我們論證，人的理智只不過是一個梯子上的一個梯階，而這梯子的底部則架在最低等的動物性上面。有理智最高的，有理智最低的，中間還有各個層級，但是在任何地方都沒有突然的斷裂。理智在細胞的蛋白質中是從零開始，然後不斷提高到像牛頓這樣傑出的腦袋。我們如此自豪的卓絕官能是動物的一種特有的財富，不管什麼，小至有生命的原子，大到像醜人的類人猿，都有理性的部分。

---

[1] 拉丁詩人賀拉斯《詩學》中一句詩的結尾，該詩談到某些老人常有的毛病：今不如昔。——譯注

　　我總認為，這種平均主義的理論是把沒有的事說得像那麼一回事。在我看來，這就好像是為了開闢平原而把山峰（人）齊地削平，再把山谷（動物）填高一樣。對於這種把萬物拉平的說法，我希望能有一些證據。由於在書裡找不到證據，或者只找到靠不住的、很有爭議的證據，我為了取得物證，便親自進行觀察，我去尋找，我進行實驗。

　　為了說話有把握，所說的不能超出自己清楚了解的範圍。我開始對於昆蟲有馬馬虎虎的了解了，因為四十年來我一直在跟昆蟲打交道。讓我們詢問昆蟲吧，不是隨便什麼昆蟲，而是天賦最好的膜翅目昆蟲。我讓反駁我的人去問大部分的昆蟲好了。最有才能的動物在哪裡？似乎自然在創造動物的時候。樂於使最小的擁有最多的技藝。鳥這個最好的建築師，牠的作品能夠比得上蜂的建築物嗎？蜂窩是多麼高超的幾何學傑作啊！就是人類也會把牠視為競爭者的。我們建造城市，這種膜翅目昆蟲也建造小城；我們有僕人，牠也有僕人；我們餵養家畜，牠也養牠的製糖動物；我們圈養牲畜，牠圈養牠的乳牛——蚜蟲[2]；我們放棄了蓄奴，但牠卻繼續販賣黑人。

　　好吧！這種優秀的昆蟲，這種得天獨厚者，牠會思考嗎？

[2] 見《法布爾昆蟲記 8──昆蟲的幾何學》第十三章。──編注

讀者，請別笑，這是很嚴肅的，很值得我們深思的問題。留意
動物的行為，這就是對我們苦苦思索的事進行提問。我們是什
麼？我們從哪裡來的？也就是說，膜翅目昆蟲那小小的腦袋究
竟是怎麼回事？牠的腦袋裡有跟我們相似的能力嗎？牠有思想
嗎？如果我們能夠解決這一點，這是多麼有意思啊！如果我們
能夠把這寫出來，這是心理學多重要的章節啊！可是，我們剛
進行研究，就會出現難以理解的奧秘，這是無疑的。我們既然
連自己都無法了解，想要探索別人的智慧，可以辦得到嗎？假
如我們能夠拾到一星半點的真理，我們就會心滿意足了。

理智是什麼？哲學給我們一些學術性的定義。我們還是謙
虛些，只談談最簡單的動物。理智把因果相聯繫，使行為符合
偶然性，從而指導行為的能力。在這種限定的範圍內，動物能
夠思考嗎？會把「為什麼」跟「因為」聯繫起來，從而決定自
己的行為嗎？面對一個意外，牠會改變自己的行為準則嗎？

在這個問題上，歷史並沒有什麼資料可以指導我們；而散
見於文獻中的資料，很少能夠經得起嚴格的檢查。我所了解的
一份最值得注意的資料是由伊拉斯莫‧達爾文[3]在《動物生理

③ 伊拉斯莫‧達爾文：1731～1802年，英國醫師及詩人，其孫即提出演化論的查
理‧達爾文。——編注

學》中提供的。他談的是隻胡蜂，牠剛剛捉住和殺死一隻大蒼蠅。天上刮著風，由於獵物太大，獵人飛起來很吃力，便停在地上切斷獵物的肚子、頭，然後切下翅膀，只帶著胸部飛走了，這樣風的阻力就沒有那麼大。如果只憑這樣的素材，我完全相信這裡的確有理智的痕跡。胡蜂似乎抓住了因果關係：果，就是飛行時受到的阻力；因，就是獵物與空氣接觸的面積。結論是非常富於邏輯的：必須減少面積，去掉肚子、頭，尤其是翅膀，這樣阻力就會小了[4]。

但是這種連貫的思想，儘管它很簡單，真的是昆蟲的智力所產生的嗎？我深信事情不是這樣的，而我的證據是無可反駁

---

[4] 如果我有可能，我很想劃掉我在第一冊中有點刺眼的幾行字，但是「字留白紙上」※，在此我只能在這個注解裡修正我所犯的錯誤。由於我信賴拉科代爾在《昆蟲學導論》中所敘述的伊拉斯莫‧達爾文的觀察，我相信這個故事的主角是一隻飛蝗泥蜂。我眼前沒有別的書，我能有別的辦法嗎？我能懷疑一個這麼德高望重的昆蟲學家會搞錯，把胡蜂當作飛蝗泥蜂嗎？對於這些資料，我十分困惑。飛蝗泥蜂捉住蒼蠅，這是不可能的，而我把這歸咎於博物學家。這位英國學者究竟看到的是什麼啊！
　　根據邏輯，我斷定這是隻胡蜂，而我所見到的是十分正確的。事實上，查理‧達爾文後來告訴我，他的祖父在他的《動物生理學》中曾經說「一隻胡蜂」。雖然這個修正說明我的洞察力，但我仍不免痛苦，因為我曾經對觀察者的英明表示懷疑，這種懷疑是不正確的，是翻譯者對原文的不忠實，導致我產生了這樣的懷疑。但願這個注解把我因輕信而做出的斷言置於適當的地位。我大膽地跟我認為是錯誤的看法做鬥爭，但是上帝絕不會讓我跟支援這些看法的人做鬥爭的。──原注
※ 這句話出自著名的拉丁諺語「話出隨風散，字留白紙上」，意為不要留下授人以柄的證據；反之，此諺語又有「空口無憑，立字為據」的意思。──譯注

的。在第一冊中，我曾經由實驗，論證了伊拉斯莫・達爾文的胡蜂只是服從於牠所慣有的智力，那就是把抓住的獵物切成碎塊，而只留下最有營養的部分——胸部。不管是風和日麗還是狂風呼嘯的天氣，不管是在厚牆重瓦的隱廬裡還是在露天場所，我都看到這種膜翅目昆蟲對乾癟的和美味的東西進行篩選，我看到牠把腳、翅膀、頭、肚子扔掉，只留下胸部做成肉醬給幼蟲吃。那麼，當颶風時，這種看來是出於理性的切割行為究竟能夠說明什麼呢？什麼也不能說明，因爲牠在風和日麗的天氣也會這樣切割的。伊拉斯莫・達爾文過於匆忙做出了結論，這個結論是他腦子裡看法的產物，而不是事物真實的邏輯結果。如果他事先了解胡蜂的習慣，那他就不會把一個與動物理智這個大問題毫無關係的事實，做爲嚴肅的論據了。

我又談到這個例子是爲了指出，一個人如果只局限於偶然觀察到的事實，即使這些觀察進行得十分細心，他會遇到多麼大的困難。不應該指望一次偶然的幸運，因爲那也許是唯一的例子。應當反覆觀察，把觀察的結果相互核對，必須對事實進行質疑，尋究後續的事實，打亂事實間的連貫性。這時，只有在這時，才可以提出，而且還是十分有保留地提出某些可信的看法。我在任何地方都找不到在這樣的條件下收集到的資料；所以，儘管我十分想，卻不可能用別人提出的證據，來支撐我親自察看到的微不足道的事實。

我的石蜂，我前面說過牠們的窩就掛在門廊的牆壁上，比其他所有的膜翅目昆蟲都更適合做一系列的實驗。牠們就在那裡，在我家裡，整天時時刻刻都在我眼前，我願意觀察多久就觀察多久。我可以隨意密切注視牠們行為的一切細節，不管測試延續多長時間，都可以進行到底。而且牠們數目眾多，我可以多次實驗，直至取得無懈可擊的物證。因此石蜂還將向我提供這一章的材料。

在開始前，先就這個工程說幾句話。棚簷石蜂先使用那些土塊做的舊通道，牠們寬厚地把一部分通道拋棄給兩種壁蜂，即牠們免費的房客：三叉壁蜂和拉特雷依壁蜂。這些舊通道省了這兩種壁蜂的事，是很受歡迎的。可是裡面沒有很多空餘的地方，因為壁蜂比石蜂早熟，已經成了大部分地方的主人。所以不久後石蜂就要建造新蜂房，蜂房就砌在土塊的表面上，這樣蜂房逐年加厚。這種蜂房建築不是一次建成的，塗上灰漿和儲存蜂蜜多次反覆交替進行。砌造工程先是像個小燕窩，像半個小碗，圍牆在做為支座的牆壁上逐步砌起來。我們不妨把它設想為一個分成兩半的、焊接在巢表面上的橡栗殼果，這便是做得相當好的容器，可以開始把蜜送來了。

石蜂先停運灰漿而忙著採蜜。送了幾趟糧食後又開始砌造，這樣新的砌層把小碗的邊加高了，從而可以裝上更多的糧

食。接著工種又變了，泥水匠變成了採蜜員。過了一會兒，採蜜員又變成泥水匠，這種工作輪換進行了多次，直至蜂房達到規定的高度，並擁有數量足夠幼蟲吃的蜜爲止。在乾旱的小路上採集水泥和把水泥摻和好，到花叢中讓嗉囊裝滿蜂蜜和讓肚子沾滿花粉，在每個蜂房的建造過程中，這樣的路途往返，次數不等。

產卵的時候終於到了。我們看到石蜂帶著一團灰漿來到了。牠對蜂房看了一眼，檢查一下一切是否就緒。牠把肚子伸進蜂房產下了卵。產婦立即把住所封住；牠用牠的水泥團封閉洞口，牠的材料準備得那麼齊全，第一次封洞就把蓋子完全造好了。現在只需要用新的砌層來加厚加固就行了，這個工作不急，過一會再進行。看來急迫的事就是神聖的產卵之後立即把蜂房封閉住，以免在母親不在時有別人不懷好意地來造訪。石蜂肯定有嚴重的理由才這麼匆忙地把門封住的。如果牠在產卵後才去水泥場尋找封門的東西，而讓房門敞開著，會發生什麼事呢？也許會有盜賊用自己的卵來代替石蜂的卵。我們下面會看到，關於這樣的盜賊可不是無根據的猜想。所以如果嘴裡不銜著立即建造洞蓋所需的泥灰團，泥水匠是不會去產卵的。卵寶寶是一刻也不能暴露在貪婪的偷莊稼賊面前的。

對於這些情況我還要補充一些說明，以便於理解下面的事

情。只要是在正常的情況下，昆蟲的行為總是十分合理地計算好，以便達到某種目的。比如說，狩獵性膜翅目昆蟲為了向幼蟲提供保持著新鮮的獵物，並讓幼蟲十分安全地享用，而將獵物麻痺，還有比這種辦法更合乎邏輯的嗎？這是十分合理的，我們再也找不到比這更妙的了。可是昆蟲並不是出於理智而行事的。如果牠能夠對牠的外科手術說出道理來，那牠就會是我們的老師了。誰都不會認為動物對於牠們巧妙的活體解剖會有了解，哪怕只有一絲半點。因此昆蟲只要不超出給牠規定好的範圍，就可以做出最明智的行為，但我們卻不能認為其中有絲毫理智的成分。

　　在異常的情況下會怎樣呢？如果我們不想產生嚴重的誤會，那就要把兩種情況明確分開來。第一種情形是，事故發生在昆蟲目前正在進行的工作過程中。在這種條件下，昆蟲就會對事故加以補救，以類似的形式把牠原先進行的工作繼續下去；總之，牠仍然處於牠當前的心理狀態。第二種情形是，事故與前面的工作有關，與昆蟲在正常條件下不再從事的工作有關。為了彌補這樣的事故，昆蟲必須回到牠原先的心理狀態，必須重新做牠剛才做過的事，然後才去做別的事。昆蟲能夠這樣做嗎？牠會把當前的事放下來而返回過去嗎？牠會想到要再去做一件比牠現在做的更緊迫得多的工作嗎？如果能夠這樣，那才是有一點理智的證據呢。這就是要靠實驗來決定的。

下面是屬於第一種情形下的幾件事。

一隻石蜂剛剛砌好蜂房蓋子的第一層。牠去尋找另一團灰漿來加固蓋子。我趁牠不在，用一根針穿過蓋子，戳了一個有洞口一半大的缺口。昆蟲回來後，就把這個缺口完全補好了。牠原先就是要砌造蓋子的，牠修補這個蓋子，也就是繼續做牠的工作。

第二種情形是砌造工程正進行到頭幾層。蜂房還只是一個不深的小碗，裡面沒有絲毫的糧食。我在碗底戳了一個大洞，昆蟲急忙把窟窿堵好。牠正在造屋，牠稍微轉個身子壓幾下，接著就繼續牠的工作了。修補是與牠眼前的工作相聯繫的。

第三隻石蜂已經產了卵，並封好了蜂房。當牠再去找水泥來把門更牢固地封住時，我就在緊靠著蓋子的地方挖了一個大大的缺口，缺口開得很高，蜜不會流出來。昆蟲帶著灰漿來了，這灰漿不是用來做這件事的，但牠看到罐子有缺口，就把缺口補得好好的。這真是一件了不起的行為，我是不常見到識別力這麼強的情形。不過如果做全面的考慮，我們可不要濫加讚揚。昆蟲正在封門。牠在回來時看到一條裂縫，認為是接縫接得不好，而牠原先沒有注意到；於是牠把縫接好，這就完成了牠目前的工作。

　　這三個例子是我從大量多少有些相似的事例中提取出來的。從這三個例子可以得出這樣的結論：昆蟲會應付偶然的事件，只要這事件不超出這個母親正在進行的工作範圍。我們能夠斷言這是理智嗎？怎麼能呢？昆蟲一直保持著同樣的心理狀態，牠繼續牠的行為，牠做牠已經開了頭的事，對手頭這項工作中做得不夠好的地方，加以修改完善。

　　如果我們前面根據昆蟲修好的缺口，而認為這是出於理智而做出來的，那麼下面的事實就會徹底改變我們的評價。第一種情形：蜜的主人正在採集食物。一些蜂房跟第二個實驗中的一樣，也就是說，小碗不深但已經存放了蜜。我在碗底戳了洞，蜜從洞口滴下流掉了。另一種情形：蜜的主人正在砌造。蜂房已經大概造好，裡面的糧食已經存放了許多。我同樣在底部戳洞讓蜜逐漸流下來。

　　根據前面說的，讀者也許會認為昆蟲會立即進行修補，非常緊急地修補，因為這是跟牠的幼蟲性命攸關的事。您可千萬別這麼想。往返奔波反覆進行著，一時是運蜜，一時是運灰漿，沒有一隻石蜂去管那個災難性的缺口。採蜜的繼續採蜜，建造新樓層的繼續建造下一個樓層，彷彿什麼奇怪的事都沒有發生似的。最後，如果戳了洞的蜂房已經蓋得相當高，並存放了足夠的食物，昆蟲就把一個卵產下來，給蜂房上了一扇門，

然後就去爲新的蜂房打基礎，而並沒有對蜜的洩漏採取補救措施。兩三天後，這些蜂房裡的蜜全都流完了，在巢的表面上留下長長的一道蜜痕。

這是由於智力不夠，昆蟲才讓蜜流掉的嗎？難道不會是因爲無能爲力的緣故？很可能泥水匠準備的灰漿不能凝固在被蜜完全糊住的邊緣。也許蜜使得水泥無法跟洞黏結在一起，昆蟲無能爲力，只好放任其損壞，不加修補了。在做出任何結論之前，我們先了解一下究竟是怎麼回事吧。我用鑷子把一隻石蜂的灰漿團拿掉，把它貼在流著蜜的洞口上。我的修補取得了成功，雖然我不能沾沾自喜，自認可以跟泥水匠的技巧比美。對於一個用手工的工作來說，這已經很不錯了。我用抹刀塗上的灰漿跟開膛破肚的牆壁黏在一起，像通常那樣堅硬起來，蜜不再流了。我做得蠻不錯的。如果這是由擁有精密工具的昆蟲做的，那會是什麼樣子啊？因此，如果說石蜂不這麼做，並不是因爲牠無能爲力，而是因爲牠不願意。

人們會提出反對意見。蜜流失是因爲蜂房被戳了個洞，爲了阻止蜜的流失，就必須把洞堵住。要進行這樣連貫性的思考，豈不是對昆蟲的智力要求太高？這麼多的邏輯思維也許超出了牠那可憐的小腦袋。而且洞看不見，它被流著的蜜蓋住了，所以無法知道蜜流洩的原因。而要把蜜的流失上溯到這個

原因，即容器的缺口，對於昆蟲來說，這樣的推理太高深了。

在一個沒有儲糧的、處於簡陋狀態的蜂房底部戳了一個寬三、四公釐的洞。沒多久，洞口就被泥水匠堵住了。像這樣的修補我們已經見過了。修補好了後，昆蟲著手儲糧。我在同一個地方又戳了個洞。當石蜂把牠第一次帶回來的花粉刷到蜂房裡時，花粉從洞口漏了下來，流到地上。這樣的事故牠必定看出來了。當石蜂把頭伸進碗底，看牠剛剛儲存的東西怎麼樣了時，牠用觸角探入人造的洞，拍打、探測著，牠一定看到了。

我看到探測者的兩根細絲在洞外顫動著。昆蟲發現了缺口，這是無可懷疑的。牠走開了。牠這次遠征是否像牠剛剛做的那樣，把灰漿帶回來修補破罐子呢？

根本不是。牠帶著糧食回來了，牠吐出蜜，刷下花粉，牠攪拌材料。蜜漿黏黏的很稠，可以堵住缺口而不會流下來。我用一條紙卷把堵住的東西扒開，洞又露出來了，從兩邊都可以看到對面那一頭。每次運來新糧食，需要清掃的時候，我都這樣清掃一番。我有時是在石蜂不在時，有時是當著牠的面，在牠從事攪拌工作時打掃洞口。這種從底部對倉庫進行肆無忌憚地搶劫行為，以及蜂房底部的缺口一直敞開著的情形，牠當然不會看不到。儘管這樣，我在連續三個鐘頭裡都看到了這樣的

場面：石蜂非常積極地做牠眼前的工作，而忽略了給這個達娜依得斯姊妹的酒桶⑤放上一個塞子。牠固執地要把戳了洞的容器裝滿，儘管糧食剛剛放下就不見了。牠交替進行著一會兒是泥水匠，一會兒是採蜜工的工作，牠添上新層，把蜂房的四邊加高，牠送來糧食，但我繼續把它弄走，好讓缺口一直明顯地露著。我眼看著牠來了三十二次，時而運灰漿，時而運糧食，但就沒有一次想到要堵住罐底的漏孔。

傍晚五點，工作停止了，第二天又繼續進行。這一次我不再打掃這個人造的洞口，讓蜜漿自己一點點地流掉。最後卵產下來了，門封好了，而石蜂對於這個災難性的缺口沒有採取任何措施。加個塞子是很容易的事情，一團灰漿就夠了。另外當這個小碗裡面還什麼也沒裝的時候，為什麼牠不立即把我剛剛戳的洞塞住呢？牠原先會進行修補，為什麼現在不再進行了呢？這充分說明石蜂不可能稍微退回到以前做過的行為。在出現第一個缺口時，碗是空的，而昆蟲正在建造頭幾層。我製造的事故與昆蟲當時正在進行的那部分工作有關。這是建築中的一個缺點，這缺點在新造的樓層中很自然會出現的，因為新層還來不及乾硬起來。泥水匠改正這個缺點，並沒有超出牠當前

⑤ 達娜依得斯姊妹：係稱呼希臘神話中達那斯國王的50個女兒，他們之中的49人聽從父命，犯下殺夫之罪，被罰用無底的桶取水，比喻永無終止的工作。──編注

的工作範圍。

　　但是，一旦開始儲備糧食，原先建造小碗的工作已經結束，這時不管出現什麼問題，昆蟲都不再去管了。採蜜工繼續採蜜，雖然花粉從洞口流到地上去了。把缺口塞住，那就要改變工種，但現在昆蟲無法改變。現在是輪到運蜜而不是運灰漿，規則是不能變動的。等過一陣子採蜜工作暫停，砌造工程又開始了，建築物需要再加高一層。石蜂又成爲泥水匠，重新摻和水泥了，牠會去管底部的洩漏嗎？才不呢！牠現在忙的是建造新樓層，如果這些樓層有什麼損壞，就會立刻修補好。但是對於底部的問題，在整個建築物中是很久以前的事了，所以這位女工不會去修補它，即使那裡有嚴重的危險。

　　不但如此，目前的樓層和以後的樓層的命運也是如此。這些樓層只要是正在建造的，就會受到昆蟲的嚴密監督，可是一旦建好，就會被忘掉，任憑其坍塌。下面是一個生動的例子。在一個高度已經足夠的蜂房上，我在蜜漿的中間部分開了一個幾乎跟自然的洞口一般大的窗戶。石蜂搬運了一陣子灰漿，然後產卵了。通過那寬敞的窗戶，我看到昆蟲把卵產在蜜漿上，然後做蓋子，十分細心地把蓋子修得好好的，但卻讓那缺口一直敞開著。牠把蓋子上有任何一個原子大的孔都認眞地堵住，卻讓任何東西都能進入的大洞敞開著。牠多次回到這個缺口

上，把頭伸進去檢查，用觸角進行探測，咬著缺口的邊緣。僅此而已。破的蜂房仍然是破蜂房，沒有再加抹一抹刀的灰漿。受破壞的部分是太久前的事了，石蜂不會想管它的。

我想這已足以說明，昆蟲面對偶然事件，在心理上是無能為力的。這種無能為力已經在反覆的測試中得到證實，這樣的反覆是一切完善的實驗所必不可少的條件；我的筆記裡有許多類似的例子，在此就不贅述了。

反覆測試還不夠，還必須以不同的方式來測試。現在我們從另一個角度來檢查一下昆蟲的智力如何。我們把一個異物放到蜂房裡面。泥水匠石蜂跟其他所有的膜翅目昆蟲一樣，是非常愛清潔的主婦。在牠的蜜罐裡不允許有任何髒東西，牠的果醬上必須一塵不染。可是由於容器是敞開著的，這寶貴的蜜漿會發生意外。上面蜂房的女工一不小心便會把一點灰漿掉到下面的蜂房裡來；就連屋主自己，在擴大蜜罐的時候也會有把一小塊水泥掉到食物上的危險。一隻小蒼蠅被芳香的氣味所吸引，會被蜜黏住；在相鄰蜂房中工作的女主人之間，由於你礙著我、我絆著你而發生的吵鬧打架，會把灰塵撒落到蜜漿上。這些髒東西都要消滅掉，而且立即消滅掉，以免以後粗粒掉到幼蟲纖弱的嘴裡去。因此石蜂應當知道把一切異物從蜂房裡清除。而的確牠們很會處理這樣的事情。

　　我在蜂蜜的表面上放了五、六根一公釐長的麥稈屑。昆蟲回來時看到放著的東西很驚訝。在牠的倉庫裡，從來也沒有堆過這麼多的垃圾。石蜂把麥稈屑一根根地銜走，直到最後一根，而且牠每次都把它扔得遠遠的。這比清掃一下場地所費的勁，大了不知道多少倍。我看到牠從旁邊有十公尺高的梧桐樹上飛過去，把銜著的小不點扔掉，牠害怕如果讓麥稈屑掉到巢下面的地上，就會把這塊地方塞滿了，所以必須運到很遠的地方去。

　　我把石蜂在我眼前產下來的一隻卵，放在旁邊一個蜂房的蜜漿上。石蜂把卵扒出來扔到遠處，就像剛才扔麥稈屑一樣。這說明了兩個很有意思的事情。首先，石蜂為了卵的未來殫精竭慮，但現在這個寶貴的卵既是別人的，就是沒有價值而又累贅討厭的東西。自己的卵是無價之寶，鄰居的卵一錢不值，要把它作為垃圾扔到垃圾場去。對於自己的家庭是那樣的熱情，而對於同族的其他成員，則是那樣殘忍的漠不關心，各人只顧自己。其次，我尋思某些寄生蟲究竟是採取什麼手段，讓自己的幼蟲利用石蜂堆放著的糧食，但我對這個的問題卻無法找到答案。如果寄生蟲打算把牠們的卵產在打開著的蜂房的蜜漿上，石蜂看到一定會把這些卵扔掉的。如果寄生蟲打算在屋主產卵後把自己的卵產在裡面，牠們可辦不到，因為卵一產下來，屋主就把門堵死了。這真是有趣的問題，且留待未來的研

究者去解決吧。

最後，我把一根兩、三公分長的麥稈插入蜜漿，麥稈大大超過了蜂房的長度。昆蟲費了極大的勁從邊上拉，或者靠著翅膀的幫助從上面拉。牠帶著黏著蜜的麥稈一下子飛走了，越過梧桐樹，把它扔到遠遠的地方去了。

這時候，事情複雜了。我說過，在產卵時石蜂帶著一團灰漿來，這灰漿要立即用來建造住所的房門。昆蟲前腳支在護井欄上，把肚子伸進蜂房，牙齒則咬著準備好的灰漿。卵產下來後，牠出來後，轉身便去封門。我把牠撥開一點，隨即像上面那樣把我的麥稈插上去，這麥稈超出大約一公分。昆蟲怎麼辦？牠是那麼認真地不讓住所有一粒灰塵，牠是不是要把這根樑拔掉呢？因為這麥稈會妨礙幼蟲的生長，因而必定會毀了幼蟲。牠是能夠做到的，我們剛才看到牠把這樣的小柵條拔出來扔到遠處。

牠辦得到但牠卻不做。牠把蜂房封閉起來，製造蓋子，把麥稈裏在灰漿裡面。牠又跑了好多趟去採集加固蓋子所需的水泥。這個泥水匠細心地塗灰漿，但就是根本不管這根麥稈。就這樣，我接連看到了八個封好的蜂房，蜂房蓋上有一根桅杆，那就是突出來的麥稈頭。這是說明牠智力愚鈍的多好證據啊！

這個結果值得注意。在我插入小椽時，昆蟲的大顎上有東西，牠銜著用來封門的灰漿團。挖掘的工具沒空，所以無法挖掘。我料想石蜂會在拋掉灰漿時，去拔掉這個礙事的麥稈。多一鏟或少一鏟灰漿，並不是了不起的事。我已經看到爲了採集一團灰漿，我的石蜂在路途上往返要花三、四分鐘。採花粉的時間更長，十至十五分鐘。把灰漿團扔在那裡，用騰出空來的大顎來咬麥稈，把麥稈拔掉，然後再去忙水泥的備材，總共也只不過多花五分鐘的時間而已。可是昆蟲卻做出了不同的決定。牠不願，牠不能拋棄牠的灰漿團，牠要使用這灰漿團。幼蟲會因爲這樣不合時宜地塗抹灰漿而死掉的。沒關係，現在是封門的時候，於是把門封起來了。一旦大顎空閒下來，就會受誘惑而去拔椽的，那麼蓋子就會掉下來跌碎。石蜂可不想這麼做；牠繼續把水泥運來，認眞地把蓋子造好。

人們也許還會這麼想：在扔掉第一團灰漿去拔麥稈後，石蜂不得不去尋找新的灰漿，這樣牠就要丟下卵不管，這種孤注一擲，母親是下不了決心的。那麼爲什麼牠不把灰漿團放在蜂房的護井欄上呢？空出來的大顎可以去拔橫樑，然後立即再拿起灰漿團。這樣就可以兩全其美了。可是牠不這麼辦，昆蟲有灰漿，而且不管怎樣，牠都要把灰漿用在規定要做的工作上。

如果某個人在膜翅目昆蟲這種智力上，看出了一點理性的

萌芽，那他的眼睛真的比我敏銳。我在其中只看到了：對已經開始的行為，頑固地非要繼續下去不可。齒輪機械已經齧合，那麼其餘的齒輪都要跟著動起來。大顎咬著了灰漿團，只要這團灰漿沒有用上，昆蟲就不會想到，也不願意把大顎張開。更荒謬的是，封門工作既然已經開始，就要用新採來的灰漿，十分認真地把它完成！對於此後根本無用的門是那麼精心照料，但對於會影響幼蟲生存的橫樑，卻一點也不在意。有人說這是指引昆蟲微弱的理性之光，但這微弱之光跟黑暗差不了多少，是一點價值也沒有的！

另一個事實，而且是更令人驚訝的事實，將會徹底說服可能還有懷疑的人。堆積在蜂房裡的蜂蜜口糧，顯然是根據未來幼蟲的需要而儲備的。不多也不少。石蜂怎麼知道儲存的數量已經夠了呢？蜂房的容積幾乎都一樣大，但是並沒有裝滿蜜，只是裝了三分之二左右。因此，留下了一個很大的空間，而糧食儲存情況必須在蜜漿達到相當的高度時就做出判斷的。蜂房裡黑黝黝一片，看不出蜜的厚度。如果我想量一量罐裡裝了多少東西，我就得用一個探測器。我測出蜂房的平均厚度為十公釐。石蜂沒有這種工具，但牠有視力，牠根據空的部分就可以知道裝好的那部分有多少。這就要有點像幾何學家那樣精確的眼力，可以從一個長度看出其中的三分之一來。如果昆蟲是靠阿基里德的科學來指引自己，那麼牠就實在了不起了。這是表

明牠具有微弱理性的多麼有說服力的證據啊！一隻石蜂有幾何學家的眼力，能夠把一條線一分為三！這是值得認眞研究的。

五個蜂房已經儲備了糧食，不過沒有裝滿，我用鑷子夾著棉花球，把裡面的蜜掏空。石蜂不時運來新的食物，我不時又把蜜刮掉，有時我把容器挖乾，有時我讓它留下薄薄的一層。雖然被我搶劫的石蜂曾見到我正在把牠們的罐子掏空，但我沒有看到牠們有什麼明顯的猶豫神情，牠們繼續工作。有時，棉花絲還黏在牆壁上，牠們就小心地把它拿掉，然後猛然一飛，按慣常做的那樣，把這東西扔到遠處。最後，有時早一點，有時晚一點，卵產了下來，蓋子放上了。

我把五個封好門的蜂房撬開。其中一個，卵產在三公釐厚的蜜上面。有兩個，蜜厚一公釐。另外兩個，卵就產在完全乾巴巴的蜂房壁上，或者說，產在只是有塗層的壁上，這是黏著蜜的棉花，為牆壁抹了層生漆的結果。

實驗的結果很明顯：昆蟲並不是根據蜜層的高度來判斷蜜的數量；牠並不是像幾何學家那樣來推理的，牠根本不進行什麼推理。只要牠內心一種秘密的推動力促使牠去採蜜，直至把糧食完全儲備好，牠就這麼一直做下去。而當這種推動力得到滿足時，牠就停止存糧，而不管由於偶然的事故，使得其結果

沒有任何價值。沒有任何心理的感官能力會在生活的幫助下提醒牠已經存夠了，或者存得太少了。本能的稟性是牠唯一的嚮導，在正常條件下，這個嚮導是可靠的，可是在採用人為方法進行實驗時，牠就被弄得暈頭轉向了。如果說，昆蟲有那麼一絲半點的理智之光，讓牠把卵產在所需食物的三分之一、十分之一上面，那為什麼牠把卵產在空空如也的蜂房裡呢？為什麼牠這個做母親的精神錯亂到難以想象，任憑嬰兒沒有食物呢？我要介紹的講完了，請讀者做決定吧。

這種本能的稟性在另一方面也表現得淋漓盡致，那就是它不賦予昆蟲行動的自由，因而甚至不讓牠避免犯錯誤。您願意說石蜂有什麼判斷力，就給牠這樣的判斷力好了。如果牠有這種天賦的能力，牠能預先衡量出牠的幼蟲所需要的口糧嗎？根本不能。這份口糧，石蜂並不知道。沒有任何東西教過這個家庭的母親，可是，牠第一次嘗試，就會把蜜罐裝到所需要的程度。誠然，當牠幼年時，牠曾經得到同樣的口糧；但是牠那時是在黑黝黝的蜂房裡，何況幼蟲還是瞎子呢！因此眼睛並沒有告訴牠食物有多少。剩下的只能說是胃記住了食物的數量，因為是胃把這些食物消化掉的。但是，這消化是一年前的事，而自從這遙遠的時期以來，嬰兒已經長大成人，牠形狀變了，住所變了，生活方式變了。原先是隻小幼蟲，現在是隻石蜂了。現在的昆蟲還記得童年時代的飯量嗎？我們記不得在母親的懷

裡吸了幾口奶，牠不也是這樣的嗎？因此石蜂根本不能根據記憶，根據榜樣，或者根據取得的經驗，得知牠的幼蟲所需食物的數量。那麼究竟是什麼東西指導牠這麼精確地衡量牠的蜜漿呢？判斷和視覺會使這位母親十分困惑的，因為有可能給得太多或者給得不夠。想讓母親不發生錯誤，那就要有一種特殊的稟性，一種無意識的推動力，一種本能，就是這種內心的聲音指點牠進行測量的。

第十一章

黑腹舞蛛

　　蜘蛛的名聲不好，在我們大多數人看來，這種動物是可恨的壞傢伙，大家都急忙要把牠踩死。但相對於這種簡單的判決，觀察者則以蜘蛛藝高手巧，善於織網，巧於捕獵，悲慘的愛情以及其他很有意思的習性特點來反駁。是的，除了科學方面的一切考慮，蜘蛛仍然很值得研究。不過，人們說牠有毒，這就是牠的罪行，這就是牠引起我們討厭的首要原因。有毒嗎？如果所謂有毒指的是牠身上有兩個大顎，抓住小的獵物能迅速置以死地，那麼這說法不錯。可是傷害一個人和殺死一隻小飛蟲，兩者之間畢竟是差別很大的事。不管牠是怎樣迅雷不及掩耳地一記就把被致命的網纏住的昆蟲螫死，蜘蛛的毒液對於我們來說是沒有什麼危險的，牠還沒有一隻家蚊螫得疼。至少對於我們地區大多數的蜘蛛來說，這一點是可以肯定的。

紅帶蜘蛛

　　不過有一些蜘蛛卻是可怕的；其中首先就是科西嘉農民十分害怕的紅帶蜘蛛。我曾見過牠在田梗上安營紮寨，編製羅網，大膽地撲向塊頭比牠還大的昆蟲。我曾經欣賞過牠那帶胭脂紅點的黑絨衣服；我特別是聽到過人們談起牠時所說的令人不安的話。在阿嘉丘[1]和博尼法丘奧郊區，人們都說被牠咬了是很危險的，甚至是致命的。鄉下人這樣斷言，而醫生卻不敢否定。皮佐地區收割者談起喪門神珠腹蛛都膽戰心驚，這種昆蟲是杜福第一個在卡塔洛涅山上發現的。據他們說，被這種蜘蛛咬了會有嚴重的後果。義大利人把舞蛛說得很可怕，人被牠螫了一下就會渾身痙攣，亂舞亂跳。他們保證說，要治好舞蛛病——被這種義大利蜘蛛螫過所產生的病，就要求助於音樂，這是唯一有效的藥。我記下了一些最能治病的專門曲子，有醫用舞譜和醫用音樂。而我們，難道不也有或許是卡拉布利亞農民治療學遺留下來的節奏強烈、蹦蹦跳跳的塔蘭特拉舞[2]嗎？

---

① 阿嘉丘：法國科西嘉的首府。——譯注
② 卡拉布利亞：義大利南部地區名。塔蘭特拉舞：是義大利南方一種速度極快的民間舞蹈。——譯注

　　對於這些怪事，是要認真對待還是一笑置之呢？我所見甚少，不敢斷言。不能說身體衰弱而且感受性十分強的人，在受到舞蛛的螫刺後，不會產生精神的混亂，而音樂則使這種混亂狀態減輕；不能說由於非常劇烈的舞蹈，大量地流汗不會減輕病情，從而減少身體的不適。我並不是一笑置之，我思考著，而且當卡拉布利亞農民跟我談到他那裡的舞蛛，當皮佐的收穫者談他那裡的喪門神珠腹蛛，當科西嘉農夫談他那裡的紅帶蜘蛛時，我做了更進一步的了解。這些蜘蛛以及其他幾種蜘蛛的可怕名聲，很可能是名實相符，或至少部分符合事實的。

　　關於這個問題，我那個地區最大的蜘蛛——黑腹舞蛛[3]，現在將向我們提供值得深思的材料。我根本不要談醫學問題，我首先關心的是本能問題。但是，由於有毒鉤牙在捕獵者的戰爭手段中扮演著首要角色，我也附帶談談這些鉤牙的作用。舞蛛的習俗，牠如何埋伏，牠的詭計，他殺死獵物的方法，這些就是我的主題。在此，我借杜福的一段敘述做為開場白，以前我在閱讀杜福的敘述時，得到了愉快的享受，並且在不小的程度上促使我與昆蟲建立了聯繫。隆德的這位學者跟我們談到普通舞蛛，談到他在西班牙觀察到的卡拉布利亞的普通舞蛛：

---

[3] 即拿魯波狼蛛，《法布爾昆蟲記全集 8 ——昆蟲的幾何學》第二十三章、《法布爾昆蟲記全集 9——圓網蜘蛛的電報線》第一到第三章，有詳細介紹。——編注

舞蛛喜歡住在沒有作物、乾燥向陽的開闊地上。牠通常是成年時，住在地下的溝槽裡，住在牠自己挖的狹窄而骯髒的洞穴裡。這些洞穴呈圓柱形，直徑通常有一法寸，挖在地下一法尺深處，但不是垂直的。這證明了這種狹長坑道的居民既是巧妙的捕獵者，又是能幹的工程師。對牠來說，牠不僅要建造一個深深的內堡，以免遭敵人的追捕，而且還要在那裡設立觀察所，以便偵察獵物的到來，並猛然向獵物撲去。舞蛛一切都預見到了，牠的地下溝槽的方向先是垂直的，但是在五六法寸深處折成一個鈍角，形成一個橫的曲肘，然後又是垂直的。舞蛛就是在這個管裡像警惕的哨兵似的，目不轉睛地注視著住房的門口。就是在那裡，我在捕捉牠時，看到牠那金剛鑽似的閃閃發光的亮眼睛，像黑暗中的貓眼。

舞蛛洞穴的洞口上通常有一根牠自己用各種材料建造的管子。這是一個真正的建築物，超出地面一法寸，直徑有時達兩法寸，比洞穴本身還要寬。這樣的結構似乎是巧妙的蜘蛛精心計算的結果，這樣當牠必須出去捕捉獵物時，手腳可以施展得開。這根管子主要用一點黏土把乾木頭屑黏在一起組成，木屑是這樣巧妙地一根疊著一根，結果成為直柱式的支架，內部是一個空心的圓柱。這個管狀建築物，由於在管壁上有特別的保護層，從而使得這個前緣稜堡十分牢固。保護層是鋪在內壁上的一種織物，它用舞蛛的絲織成，一直延伸到整個洞穴的內

部。我們不難想像這個如此巧妙砌造出來的保護層是多麼的有用，既可以防止坍方、變形，又可以維護清潔，還便於舞蛛用腳從牠的碉堡中攀爬出來。

我看到的洞穴並不是都有這種稜堡。我經常遇到一些舞蛛，洞上面一點痕跡都沒有，這或者是下雨把稜堡摧毀了，或者是因為舞蛛並不都能夠找到建築的材料。最後，也許是因為，只有個別舞蛛在身體和智力發展到完善時期，處於顛峰狀態時，才有這種建築才能。

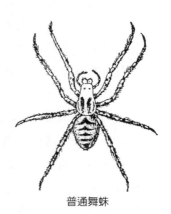

普通舞蛛

肯定無疑的是，我多次有機會看到這些管子，舞蛛洞穴的這些前緣建築；我覺得這些建築有某些石蠶蛾的鞘那樣大小。蜘蛛建造這些管子有幾個目的：使住宅不被水淹，可以預防某些異物被風吹下來把住宅堵住，以及把這管子做為一種陷阱，給牠要捕獵的蒼蠅和其他昆蟲提供一個突出物做歇腳地。誰會想到這種機智而大膽的獵人所使用的各種詭計呢？

現在講一講舞蛛相當有趣的捕獵行為。五、六月是捕獵的最好季節。我第一次發現這種蜘蛛的狹小住宅，並且瞥見蜘蛛

就停在住宅的二樓上，也就是前面說過的拐彎處，因此確定裡面有居民。我以爲要把牠抓住，就要以武力向牠進攻，拼命去追捕牠。我花了整整好幾個小時，用長一法尺寬兩法寸的刀子把溝槽打開，可是沒有見到舞蛛。我在別的一些洞穴重新進行這個作業，還是沒有成功。我必須有一把鋤頭才能達到目的，可是我離有人家的地方太遠了。我不得不改變我的進攻計畫，採用別的計謀才行。正像人們所說的，需要產生辦法。

我的辦法是拿一根上面有小穗的麥稈輕輕地在洞口上磨擦、晃動，裝作誘餌。我很快就發現這引起了舞蛛的注意和期待。牠受到這個誘餌的引誘，謹慎地走向小穗。我適時地把小穗往洞外拉了一點，不讓蜘蛛有時間思考；於是蜘蛛往往縱身一躍，跳出了洞穴，我急忙把洞口封住。這時舞蛛由於離開了自己的窩而驚惶失措，在我的進逼下顯得非常笨拙，走投無路，被迫進入我準備的紙袋，我立即把紙袋封住了。

有時舞蛛懷疑這是圈套，或者也許不太餓，態度很謹慎，一動不動地待在離家門不遠處，大概認爲不跨出家門是適當的。牠這樣的克制使我不耐煩了。在這種情況下，我使用了這樣的戰術：在看清楚小徑的走向和舞蛛的位置後，我用力把刀刃斜插進洞穴，使舞蛛後部翹起來，同時攔住洞穴，切斷牠的退路。這種辦法十拿九穩，特別是土裡石頭不多時更有效。在

這種緊急情況下，舞蛛害怕了，牠或者離開洞穴逃走，或者始終緊貼著刀刃。這時我猛然動一下，讓舞蛛翻了一個筋斗，把土和舞蛛都扔到遠處，然後把舞蛛捉住。使用這種捕獵辦法，我有時一個小時便捉到了十五隻舞蛛。

有時舞蛛識破了我設置的圈套，當我把小穗伸進牠窩裡轉動時，我驚奇地看到牠帶著像是蔑視的神情玩弄著小穗，用腳踢走，而根本不想回到洞底去。

巴格利維④的報告談到，普伊的農民也在舞蛛洞口，用燕麥稈模仿一種昆蟲的嗡嗡叫聲來捕獵舞蛛。他說：

「我們那裡的農民要逮舞蛛時，便走近舞蛛的洞穴，用細細的燕麥稈發出蜂的嗡嗡叫聲。兇惡的蜘蛛以為聽到蒼蠅或者昆蟲的叫喚，便從洞裡跳出來，可是牠自己卻被設下圈套的農民抓住了。」

舞蛛乍看起來這麼可怕，尤其是當人們想到如果被牠刺著是那麼危險。牠表面上十分野蠻，其實是非常容易馴養的，我

---

④ 巴格利維：1668～1707年，義大利醫生，薩萊諾大學哲學博士和醫學博士，精於觀察疾病，是一位很好的醫師。——譯注

曾就此做了幾次實驗。

一八一二年五月七日，我住在西班牙瓦倫西亞時，抓到了一隻完整且身材相當漂亮的雄舞蛛，把牠關在一個玻璃瓶裡，用紙封住。我在紙中央開了一個帶護板的口，瓶底貼了一個紙袋做為牠平常的住所。我把瓶子放在臥室的桌上，好隨時都能看到牠。牠很快適應了囚居生活，最後完全熟悉了，我用手抓住蒼蠅餵牠時，牠敢從我的手上把活蒼蠅抓走。牠用大顎的彎鉤給獵物致命的一擊，可是牠不像大多數蜘蛛那樣滿足於吸獵物的頭，而是把獵物整個弄碎，再用觸肢把肉一塊塊送進嘴裡。然後牠扔掉搗碎的外皮，掃到離住所很遠的地方。

牠飯後很少會忘記梳洗的，牠用前腳來刷觸肢和大顎，內外都刷乾淨；然後牠又擺起莊重的樣子動也不動。晚上和夜間是牠散步的時候。我經常聽到牠抓紙袋的聲音。這些習慣證實了我曾提出的看法：蜘蛛跟貓一樣，有能力看出白天和黑夜。

六月二十八日，我的舞蛛脫皮了，這最後一次的蛻皮，無論是在牠的感覺方式、外殼顏色，或是牠的身體大小上，都沒有產生變化。七月十四日，我不得不離開瓦倫西亞，直到二十三日才回來。在這段時間裡，舞蛛挨餓了；可是我回來後卻發現牠的健康情況良好。八月二十日，我再度離開九天，而我的

囚犯在缺糧的情況下生活，身體依舊無恙。十月一日，我再度棄舞蛛於缺乏備糧中。十月二十一日，由於我預計前往瓦倫西亞的二十個地點停留，於是我派遣一名僕人替我把牠帶來。然而我卻很遺憾地得知，短頸廣口瓶裡找不到牠了，因為我忽略了牠缺糧的下場。

最後我簡短描述一下，這些動物間用奇怪戰鬥來結束我對舞蛛的觀察。一天我捕捉狩獵戰果輝煌的舞蛛，我選了兩隻孔武有力的雄性舞蛛，放到一個大瓶子裡，我想看看一場殊死戰鬥。牠們繞著決鬥場走了好幾圈企圖逃走，然後，就像聽到發出了信號似的，很快擺出了戰鬥的架勢。我看到牠們先是驚訝地彼此拉開距離，支起後腳莊嚴地直立著，彼此都把胸部的盾牌擺在對方面前。牠們這樣面對面地互相觀察了兩分鐘，彼此必定是在用目光進行挑釁，不過這一點我沒有看出來。然後，我看到牠們同時撲向對方，腿腳交纏，頑強搏鬥，企圖用大顎的彎鉤來刺敵手。或許是疲勞了，或許是達成了協定，戰鬥中止了，停戰了一會。格鬥士彼此走開一些，又擺出威脅的姿態。這種情況令我想起在貓的決鬥中也有類似的停戰。但是兩隻蜘蛛的戰鬥很快又開始了，而且更加激烈。最初旗鼓相當的兩隻舞蛛，有一隻終於被打倒了，頭部受到致命的一擊。牠成為勝利者的獵物，勝利者把牠撕碎吞到肚裡去了。在這場決鬥後，我讓這隻勝利的舞蛛又活了好幾個星期。

拿魯波狼蛛（腹面）

這位隆德學者向我們敘述了普通舞蛛的習俗，在我生活的地區沒有這種蜘蛛，不過有可與之媲美的拿魯波狼蛛，拿魯波狼蛛的身材只有普通舞蛛的一半大，在朝下那一面，尤其是在肚子上，長著黑絨，腹部有棕色人字形條紋，腳上有灰色和白色的體節。牠喜歡住在乾旱多石、被太陽炙烤且生長著百里香的地方。在我的荒石園裡，這種狼蛛的窩有二十幾個。我每次從這些窩旁走過時，很少不朝窩底瞧一眼的，在那窩底有四隻大眼睛（隱居者的四個望遠鏡）像鑽石似的在閃閃發光。另外四隻眼睛則小得多，在深處看不見。

如果我想要更大的收穫，我只要到離家幾百步附近的高原上去，那裡從前是綠蔭蔽日的森林，如今卻是一片荒涼，沒有生機，只見蝗蟲覓食，白鶺在石頭間飛來飛去。人們利慾熏心，把這塊地方摧毀了。葡萄酒收益大，人們就毀林種葡萄樹；於是發生了葡萄根瘤蟲害，樹根爛了，以往綠色的高原成了不毛之地，在亂石間長著幾簇茁壯的禾本科植物。這個佩特臘阿拉伯是狼蛛的樂園；在一個鐘頭裡，我就在一小塊地方就發現了一百個窩。這些洞穴是深約一法尺的井，先是垂直的，然後彎成曲肘，平均直徑為一法寸。在洞口邊上豎立著井欄，

用麥稈、各種小顆粒，甚至榛果那麼大的石子造成。這一切用
絲固定著。蜘蛛經常只是把旁邊草地上的乾葉扒過來，用紡絲
器的絲把葉子捆住，而沒有使葉子和植物分離；牠也經常更喜
歡用小石子砌造的工程，而不要木建築。護井欄的性質取決於
建築工地狹窄範圍內狼蛛手邊有什麼材料。沒有什麼好挑選
的，只要靠得近，一切材料都可以。

　　根據建築材料的不同，建造防禦性圍牆所花的時間大不相
同，高度也不一樣，有的圍牆是一法寸高的牆角塔，有的只是
一個簡簡單單的凸邊。所有護井欄各部分都用絲牢牢連在一
起，護井欄跟地道一樣寬，是地道的延長。地下莊園和前緣稜
堡的直徑沒有差別；在洞口沒有像義大利舞蛛那樣。爲便於把
腿伸出，而在牆角塔上留出可自由通過的平臺。一口井上面直
接搭個護井欄，這就是黑腹舞蛛的建築物。

　　如果是同質的泥地，要建什麼樣子都沒有什麼障礙，那麼
舞蛛的住宅就是個圓柱形的管子；但是如果房子建在多石的地
方，那麼房屋的形狀要根據挖掘的要求而有所不同。在後一種
情況下，窩往往是一個粗糙的洞穴，彎彎曲曲，洞壁上有石塊
突出來，這是因爲挖掘時從石頭旁邊繞了過去的緣故。莊園不
管是規則的還是不規則的，洞壁總是用絲的塗層，塗抹到一定
的深處，這塗層可防止坍塌和在快速出去時便於攀登。

　　巴格利維以蹩腳的拉丁文告訴我們他抓普通舞蛛的辦法。他的「設下圈套的農民」在窩的入口處搖晃小穗，並模仿蜜蜂的嗡嗡叫聲來吸引舞蛛的注意，舞蛛撲出洞來，以為抓住了一隻獵物。我也採用這種辦法，但並沒有成功。不錯，蜘蛛離開了牠隱蔽的地堡，往垂直的管子走上幾步，看看究竟是什麼東西在牠門口叫。但這狡猾的昆蟲很快就識破了詭計，牠停在半路上不動了；然後，稍有動靜，牠又下到曲肘裡看不見了。

　　我覺得杜福的辦法如果在我所處的條件下可行，情況會更好些。當舞蛛被小穗所吸引，停在上一層樓的時候，迅速把刀橫穿過窩，插進土裡以切斷牠的退路。如果土壤適合這麼做，這種戰術一定會成功的。不幸的是，我的情況不是這樣；在我這裡，要這麼做就像把刀刃插進泥灰岩一樣。

　　必須採取別的一些詭計。我採用下面這兩種辦法，取得了成功。在此我把這兩種辦法介紹給未來將捕捉舞蛛的人。我把一根麥稈盡可能深長地伸進窩裡，麥稈穗粒飽滿，蜘蛛可以整個咬住。我晃動我的誘餌，轉來轉去。飽滿的穗粒輕輕碰到蜘蛛，蜘蛛想自衛便張口去咬。我手指上感到有點反應，這是舞蛛中了計，用彎鉤抓住麥稈頭而產生的動彈。我小心翼翼慢慢地把麥稈往外拉，舞蛛則用腿頂住洞壁往下拉。一上一下，一上一下，當蜘蛛來到垂直通道時，我盡量躲起來，要是牠看到

我，牠就會扔掉誘餌又下去的。我就這樣一點一點地把牠一直拉到洞口。這是困難的時刻。如果我繼續這麼輕輕地拉，蜘蛛覺得自己被拖出了窩，就會立即返回牠的家。用這樣的方法把多疑的昆蟲拉到外面來是不可能的。於是當舞蛛到了跟地齊高的時候，我猛然一拉。舞蛛被雅納克的這一記[5]嚇得來不及鬆開嘴，牠鉤在小穗上，被扔到離窩幾寸遠的地方。這樣抓住牠就沒什麼困難了。蜘蛛離開了窩，驚恐萬狀，像是嚇呆了，幾乎連逃走都不會了。把牠趕到紙袋裡去只是舉手之勞的事了。

要想把咬著做為誘餌的小穗的舞蛛拉倒洞口上來，需要有相當的耐性。下面介紹更快捷的方法。我準備了一些活的熊蜂，把一隻熊蜂放到一個大小可以塞住洞口的小細頸瓶裡面，然後將裝著誘餌的儀器翻過來卡在洞口上。這隻健壯的膜翅目昆蟲在牠的玻璃牢房裡先是飛啊叫啊，然後看到一個跟牠的家相似的窩便毫不猶豫地鑽了進去。牠倒楣了，牠下去時，蜘蛛走了上來。彼此在垂直通道裡相遇。耳朵邊響起了喪歌，這是熊蜂對於蜘蛛的接待發出抗議的鳴叫。喪歌唱了一會，然後，突然什麼聲音都沒有了。這時把小瓶拿走，把一個長柄鑷子伸

⑤ 雅納克是法國中世紀一名紳士，在一場決鬥中他即將被打敗，但他突然在對手膝蓋彎處猛地打擊了關鍵的一記而獲勝，於是「雅納克的一記」成為成語，指「巧妙而關鍵的手段」。──譯注

入井裡。我把熊蜂拉出來，但牠一動不動，已經死了，吻管下垂著。剛才發生了多麼可怕的悲劇啊！蜘蛛跟著熊蜂上來了，因為牠不願放棄如此豐富的戰利品。獵物和獵人都被拉到洞口來了。蜘蛛滿心狐疑，有時又回去了；但是只要把熊蜂攔在門檻邊，甚至離門檻幾寸遠處，就會看到蜘蛛又出現了。牠走出牠的堡壘，大膽地來重新咬住牠的獵物。這正是時候，用手指或者一塊石頭把窩蓋住，於是，正像巴格利維所說的：「牠卻被設下圈套的農民抓住了。」而我還要補充說：「在熊蜂的幫助下。」

這些捕獵辦法的目的並不就是為了得到舞蛛，我根本不想在小瓶子裡飼養舞蛛。我想的是另一個問題。我心想，這是個熱烈的獵人，牠只靠自己的這一行來謀生。牠不為牠的後代儲備糧食，牠吃自己抓來的獵物。這不是一個麻醉師，因為麻醉師巧妙地給牠的獵物留下一線生命，並使牠整整好幾個星期保持新鮮。這是個殺手，牠把野味立即裝進肚裡去了。這種殺手不採取活體解剖法──有條不紊地消滅對手的運動能力，而不消滅其生命，而是盡可能快地讓對手徹底死亡，以免攻擊者受到被攻擊者的倒戈一擊。

另外，牠的野味應該是粗壯的，而粗壯的並不總是十分溫和。給這個埋伏在牆角塔裡的舞蛛吃的，應當是一種可以與牠

力量相匹配的獵物。不時會有長著有力上顎的肥胖蝗蟲、性情暴躁的胡蜂、蜜蜂、熊蜂和其他帶著有毒匕首的昆蟲中了埋伏。決鬥在武器方面幾乎是勢均力敵的。舞蛛舞著有毒的彎鉤，胡蜂揮動有毒的螫針。這兩個強盜誰會占上風呢？雙方殊死肉搏。舞蛛沒有任何第二種防禦手段，沒有繩圈來捆綁獵物，沒有捕獸器來捕捉獵物。圓網蛛的捕獵跟狼蛛不同，當看到蟲子被牠那垂直的大網纏住時，牠跑過去，向牠的俘虜拋去一把繩子——絲帶，使得對方無法進行任何抵抗。牠出於謹慎，用有毒的彎鉤給這個牢牢捆綁著的獵物刺了一下後，便退了回去，等待垂死者的撲騰平靜下來。這時，獵人才回到獵物這裡來。在這樣的條件下，沒有任何嚴重的危險。對於舞蛛來說，牠的行為更是要碰運氣。由於牠只有勇氣和彎鉤，牠必須撲向危險的獵物，靈巧地控制住對方，以自己快速殺手的才幹，可以說是迅雷不及掩耳地把對方擊倒。

迅雷不及掩耳地擊倒對方，這個用詞真是恰當，我從致命的洞穴裡拉出來的熊蜂充分說明了這一點。當我稱之為喪歌的尖聲鳴叫一結束，我急忙把鑷子伸進去，已經沒用了；我拉出來的都是死蟲，吻管下垂，兩腳鬆軟，只有還顫動幾下的腳表明這是一具剛剛嚥氣的屍體。熊蜂是在一瞬間死去的。每一次我從這可怕的屠宰場裡把一隻新的犧牲品拉出來時，對於牠驟然便動也不動了，總是驚訝不已。

　　這兩個對手的力氣幾乎是同樣大，我是在最大的熊蜂（長頰熊蜂和土熊蜂）中挑選我的熊蜂鬥士的。武器差不多一樣厲害，這種膜翅目昆蟲的螫針可與蜘蛛的彎鉤一試高低。在我看

來，被前者螫刺比被後者咬著更可怕。但為什麼舞蛛總是占上風，而且在一場非常短暫的戰鬥後總是安然無恙呢？肯定牠有巧妙的戰術。牠的毒液再厲害，我也不會相信牠光靠在獵物身上隨便什麼部位注入毒液，就能夠這麼快地解決戰鬥啊。名聲嚇人的響尾蛇也不會這麼快

土熊蜂

地殺死對手的。牠需要幾個小時，但舞蛛卻甚至連一秒鐘都用不著。可見蜘蛛擊中的部位比牠兇殘的毒液更具有生命攸關的重要性。

　　這個部位在哪裡呢？用熊蜂做實驗是無法看出來的。牠們進入洞穴，我們看不見謀殺是怎樣進行的。另外，放大鏡在屍

體上也找不到任何傷口，因為造成傷口的武器太小了。必須逼近觀察這兩個肉搏的對手。我好幾次試圖把一隻舞蛛和一隻熊蜂一起放在小瓶子裡。可是這兩隻昆蟲互相逃避，牠們對於自己被囚禁都感到不安。

長頰熊蜂

我把牠們關在一起二十四小時，可是誰也沒有發動進攻。牠們更關心的是囚牢，而不是進攻，牠們等待著時機，彷彿若無其事似的。實驗一直沒有成功。我用蜜蜂和胡蜂來實驗雖然成功了，可是謀殺是在夜間進行的，我什麼也沒看到。我在第二天發現這兩隻膜翅目昆蟲已經在舞蛛的嘴裡成為碎塊了。如果是一隻弱的獵物，這一口美食，蜘蛛要把牠留在夜裡安靜地享用；如果是能夠反抗的獵物，那就不要在囚居的情況下去進攻牠。囚犯對自己處境的擔憂，使牠的狩獵熱情冷卻了。

寬底瓶決鬥場可以讓每個競技者退到一旁，對手不犯牠，牠也不犯對手。現在我們把競技場縮小，把圍牆縮短，把熊蜂和舞蛛放在一個試管裡，試管的底部只夠放一隻昆蟲。一場激烈混戰爆發了，但並沒有什麼嚴重的後果。如果熊蜂在下面，牠就仰躺著，用腿把舞蛛頂開直到沒有力氣為止。我沒有看到牠拔出匕首。而蜘蛛則用牠的那些長腿頂住四邊的圍牆，掛在光滑的表面上，盡量遠離牠的對手。牠在那裡等待著結局，而這種情況很快就會被好動的熊蜂打亂。如果熊蜂在上面，舞蛛收攏牠的腿來保護自己，而把敵人擋在一定距離外。總之，除了兩個冠軍彼此接觸在一起時會發生激烈混戰外，沒有發生任何值得注意的事情。在寬底瓶的競技場沒有你死我活的決鬥，在試管狹窄的競技場上也沒有。一旦離開了家，蜘蛛膽戰心驚，頑固地拒絕任何戰鬥，而熊蜂就是再傻也不敢發起進攻。

於是我放棄了在書房裡的實驗。

舞蛛在自己牢固的城堡裡勇氣十足，所以必須到現場，把決鬥送到舞蛛家裡去。只是熊蜂進到窩裡，決鬥的結果就看不到了，因此必須用另一個不是非要進入洞穴不可的對手來代替。這地區有一種長得最大最粗壯的膜翅目昆蟲，此時在花園裡，在一串紅的花上有許多，那就是紫色木蜂，身著黑絨外衣，紫紅翅膀如輕紗一般，身材比熊蜂大，約有一法寸長。牠的螫針兇狠，被刺一下皮膚就會腫起來，而且痛的時間很久。我對此記得很清楚，因為我付出過慘痛的代價。如果我能讓舞蛛同意跟牠戰鬥，這真是一個勢均力敵的對手。我找了一些瓶子體積不大但瓶頸相當寬，可以像用熊蜂做誘餌捕捉舞蛛那樣把窩塞住，我把木蜂放進這些瓶子裡，一瓶一隻。

我要送上的獵物是會懾服對手的，於是我選了最粗壯、最勇敢、餓得最厲害的舞蛛。我把帶著小穗的麥稈伸進了窩裡。如果舞蛛立即跑來，如果牠身材粗壯，如果牠大膽地上來直到洞口，那麼牠才被選上參加比武，否則就淘汰牠。用一隻木蜂做誘餌的瓶子翻轉過來，卡在一隻被選上的舞蛛的門口。膜翅目昆蟲在鐘罩裡大聲發出嗡嗡叫聲；獵人從洞穴裡上來了；牠來到自己的門檻上，不過是在門裡。牠瞧著，等著，我也等著。一刻鐘一刻鐘，半小時半小時過去了，什麼也沒發生。蜘

蛛又回到自己家裡去了，很可能牠認爲出擊太危險了。我到第二個洞、第三個、第四個洞去，都沒有成功，獵人不願走出牠的巢穴。

　　我利用十分謹愼選好的隱蔽所和這個季節炎熱的天氣，耐心地等待著。我的好運終於來到了。一隻舞蛛突然從洞裡跳了出來，大概是由於長時間沒有東西吃而忍不住了。在瓶子裡演出的悲劇眨眼功夫就宣告終結：粗壯的木蜂死了。兇手是在什麼部位打擊牠的呢？很容易就看出來了。舞蛛沒有放掉對手，牠的彎鉤插在頸後部脖子的基部。殺手正像我猜想的那樣的確真有技巧；牠瞄準生命的中心進攻，把帶毒的彎鉤戳入昆蟲的腦神經節。總之牠咬的是傷勢會驟然致死的那個唯一的部位。兇手的這種知識真令我佩服。我的皮膚被太陽烤焦了，但我得到了補償。

木蜂

　　一次不是常態。我剛才看到的，是偶然的行爲嗎？這一記是預先考慮好的嗎？我向別的狼蛛請教。儘管我十分耐心地等待，許多舞蛛，大多的舞蛛都頑固地拒絕從牠們的窩裡跳出來向木蜂進攻。這個野味是龐然大物，牠們是不敢去碰的。飢餓

會使狼從樹林裡出來，難道不會使舞蛛從洞裡出來嗎？果然有兩隻舞蛛也許比其他的更餓，終於向木蜂撲了過去，並在我眼前重複了那典型的謀殺案例。仍然是咬住頸部，專門咬頸部，獵物立即死了。我親眼看到在同樣的條件下進行了三次兇殺，這便是我兩次從早上八點到中午十二點進行的實驗的結果。

我已經看得很清楚了。快速的殺手剛才就像前面那個麻醉師那樣，告訴了我牠這個行為的情況；牠告訴我牠徹底掌握了潘帕斯[6]人殺牛的技術。舞蛛是一個徹頭徹尾的「刺頸師」。現在我還得用室內的實驗來證實露天實驗的結果。於是我給這些響尾蛇布置了一個動物園，來看看牠們毒液的毒性和彎鉤刺在身體不同部位的效果。我用讀者已了解的辦法捉來囚犯，把牠們分別放在十二個寬底瓶和試管裡。看到舞蛛就會害怕得大叫一聲的人，看見我的書房裡到處是這些可怕的舞蛛，一定會覺得待在那裡是不大安全的。

如果說舞蛛不理會，或者不如說不敢進攻放在寬底瓶裡跟牠在一起的對手，要是把這對手放在牠的彎鉤下面，那麼牠是會毫不猶豫地去咬的。我用鑷子夾著蜘蛛的胸部，我把要讓牠刺的昆蟲放在牠的嘴邊。如果舞蛛不是因為經過多次實驗已經

⑥ 潘帕斯：阿根廷中部和南部高原。──譯注

疲勞，牠就會立即打開彎鉤刺到對手身上去。我先是在木蜂身上實驗螫刺的效果。頸部一被刺中，木蜂立即死掉了。這種猝死，我在舞蛛窩門口已經看到了。如果木蜂被刺在腹部後，再放到寬底瓶中讓牠活動自由，昆蟲起先似乎沒什麼嚴重問題。牠飛著，牠亂跑，牠嗡嗡叫；但是半小時後立即死去了。如果彎鉤擊中的部位是背部或者側面，昆蟲則動也不動，只是腿踢蹬著，肚子抽動著，表明還有生命存在。這樣一直繼續到第二天，然後，一切都停止了，木蜂成了一具屍體了。

這種實驗的意義值得注意。刺在腦部區域，強壯有力的膜翅目昆蟲馬上死掉了；因此蜘蛛用不著害怕一場穩操勝券的鬥爭會有什麼危險。刺在其他部位，刺在腹部，昆蟲還可以使用牠的螫針，牠的大顎，牠的腳；而狼蛛如果被螫到就要倒楣了。我曾看到有些狼蛛咬的部位很接近螫針，結果自己的嘴巴也被螫了，過了二十四小時，牠就死掉了。因此，對於這種危險的野味，必須採取傷害腦神經中樞，立即將其擊斃的辦法；否則獵人自己的性命也會賠了上去，這種情況太常見了。

第二類接受手術者是直翅目昆蟲：一指長的綠色蟈蟈兒、肥頭大腦的白面螽斯、短翅螽斯。如果頸部被咬了，也會產生同樣的結果：猝然死亡。其他部位，尤其是腹部被螫時，實驗品可以忍受得住相當長的時間。我曾見到一隻腹部被咬的短翅

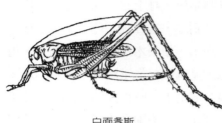

白面螽斯

螽斯在做為牢房的籠子裡還堅持了十五個小時，一直牢牢地趴在光滑而垂直的罩壁上。最後牠掉下來死了。體質纖弱的膜翅目昆蟲在半個小時內死了，而強壯的草食性昆蟲則可以堅持整整一天。除了這些由於身體敏感性程度不等而產生的差異之外，我們可以總結出兩點：選出來的一隻最大的昆蟲，如果頸部被舞蛛咬到了，立即就會死去；別的地方被咬了，牠也會死去，不過要過一段時間之後。所需時間的長短，根據不同的昆蟲而有相當大的差別。

實驗者在舞蛛的洞口送上豐富但危險的野味時，舞蛛為什麼會長時間猶豫，令實驗者心中急不可耐，原因已經十分清楚了。絕大多數舞蛛拒絕撲向木蜂，這是因為像這樣的野味的確不是無緣無故令人害怕的。如果狩獵者隨便亂咬什麼地方，這是關係到牠自己的性命的事，只有傷害頸部才可以達到致命的程度；必須抓住對手的這個弱點，而不是別的什麼地方。如果不是一記就把對手殺死，那就會激怒對手，使牠變得更加危險的。舞蛛知道這一點，因此牠躲在自己的門檻上，而且如果需要，迅速後退，窺伺著有利的時機。牠等待那肥大的膜翅目昆

蟲正面呈現在牠面前，這時牠可以輕易地抓住對手的頸部。如果出現了這個必勝的條件，牠便猛然一跳，動起手術來；相反地，如果獵物動來動去，牠感到厭煩了，便回到窩裡去。毫無疑問，這便是我為什麼需要兩次花了四個小時的時間，才能看到三個屠殺案例的原因。

　　我過去受到膜翅目昆蟲麻醉師的教導，曾企圖親自在昆蟲的胸部注入一小滴氨水來麻醉象鼻蟲、吉丁蟲、金龜子這些昆蟲，牠們的神經系統集中在一起，便於進行這種生理學作業。學生的操作符合老師的教導，我曾經麻醉過一隻吉丁蟲和一隻象鼻蟲，幾乎跟節腹泥蜂幹得一樣好。今天我為什麼不也模仿舞蛛這個職業殺手呢？我用一根細鋼針把很少量的一滴氨水注進木蜂或者蝈蝈兒腦袋的底部，昆蟲除了痙攣亂動外沒有別的動作，牠立即死掉了。腦神經節受到刺激性液體的傷害，功能停止，於是死亡來到了。但是這種死亡並不是猝死，痙攣還繼續了一段時間。如果在立即死亡方面的實驗結果還不夠理想，原因在哪裡呢？來自於所使用的液體，氨水在致死方面根本沒有狼蛛的毒液那麼有效。狼蛛的毒液是相當可怕的，我們下面就會看到。

　　我讓狼蛛咬一隻羽毛豐滿到可以離窩的麻雀。一滴血流下來，被咬的那個點四周起了紅暈，接著成了紫色。麻雀幾乎立

即提不起腿了，那隻腿下垂著，趾爪彎曲，牠只能用另一隻腿來跳。不過這個被動手術者似乎對牠的病痛並不甚操心，牠的胃口很好。我的女兒們把蒼蠅、沾了蜜的麵包、杏子肉餵牠吃。牠的身體會復原的，牠會恢復力氣的，這隻因我們對科學的好奇而受害的麻雀將會重新獲得自由的。這是我們大家的願望，是我們計劃實驗的事。十二小時後，治癒的希望增加了；傷殘者很樂意接受食物，如果太遲給牠餵食，牠還會要呢。可是那條腿始終拖著。我以為這是暫時的麻醉，很快就會消失的。第三天，小鳥拒絕進食了。牠什麼也不想吃，羽毛蓬鬆著，牠在賭氣，時而一動也不動，時而突然跳起。我的女兒們在掌心上呵氣來給牠取暖。痙攣變得越來越頻繁了。最後牠微微張開嘴，表明一切結束了，小鳥死了。

晚飯時，我們之間空氣有點冷淡。我從家裡人的目光中看出大家在無聲地責備我的實驗，我感覺得出一種隱隱約約的氣氛籠罩在我的周圍，大家譴責我行為殘忍。這隻可憐的麻雀的結局使全家的人難受。我自己在良心上也有點自責，我覺得為了取得這麼微不足道的成績，所付的代價太大了。那些為了一點小事，就把一些狗拿來開膛破肚，卻連眉頭也不皺一下的人，他們的心真不是肉做的。

不過，我還有勇氣重新開始，而這一次是用一隻鼴鼠做實

驗。當牠正在糟蹋一畦萵苣時被逮住了。我擔心如果必須把牠關幾天，我的囚犯飢腸轆轆會令人有這樣的疑問：牠會死掉，但這可能不是因為被刺傷，而是因為飢餓的緣故，因為我無法頻繁地提供大量合適的食物。如果這樣，我就會把也許只是餓死當作是毒液的威力。於是我首先得看看我有沒有可能飼養關著的鼴鼠。牠被關在一個大的容器裡出不去，吃的食物是各種昆蟲，金龜子、蠅蠅兒，特別是蟬，牠津津有味地咀嚼著。用這些食物餵養了二十四小時後，我深信鼴鼠接受這樣的食品，是可以十分耐心地適應囚居生活的。

我讓舞蛛咬牠的嘴角。又放到籠子裡後，鼴鼠老是用牠寬大的腳來擦臉。似乎牠的臉在灼疼、發癢。從此牠吃得越來越少了；第二天晚上，牠甚至根本不吃了。在被螫刺後大約三十六小時，鼴鼠在夜裡死了，而這並不是沒有東西吃的緣故，因為在容器裡還有半打活的蟬和幾隻金龜子。

因此不但是昆蟲，就連某些動物，如果被黑腹舞蛛咬著了也是可怕的；牠可以毒死麻雀，毒死鼴鼠。牠還可以毒死什麼動物呢？我不知道，我的研究沒有進一步擴大範圍。不過根據我所看到的這些情況，我覺得人如果被這種蜘蛛刺著了，那也不是微不足道的事故。我要向醫學說的話就是這些。

　　對於昆蟲哲學，我要說的是另外的事；我要指出，殺手們的這種深奧的技術，可以與麻醉師的技術媲美。我把殺手寫成複數，因為舞蛛可能會讓其他許多蜘蛛，尤其是不用網捕獵的蜘蛛分享牠的謀殺技術。靠吃獵物維生的昆蟲殺手們，螫刺獵物的腦神經節使牠們一下子就死掉；想為幼蟲保存新鮮食物的麻醉師昆蟲則螫刺獵物別的神經節，使牠們不能動彈。這兩種昆蟲都螫刺神經節，不過牠們根據所要達到的目的，而選擇不同的部位。如果要獵物死亡，而且一下子就死掉，從而對獵人沒有危險，便刺頸部。如果只是簡單的麻醉，就不刺頸部而刺在下面的節段，根據犧牲品身體的秘密，有的只刺一個節段，有的刺三個節段，有的刺所有的節段。

　　麻醉師自己，至少其中某些昆蟲，完全了解腦神經節具有攸關生命的重要性。我們曾經看到，為了產生暫時的昏迷，毛刺砂泥蜂咬毛毛蟲的腦袋，隆格多克飛蝗泥蜂咬短翅螽斯的腦袋。[7]但是牠們只是壓壓腦袋而已，而且十分小心。牠們不把螫針刺入這個具有首要意義的生命中樞，沒有一個麻醉師打算這麼做，因為這麼做得到的是幼蟲不要吃的一具屍體。但蜘蛛卻把牠的兩把匕首插在這裡，而且只插在這裡；如果插到別的地方，那只是使獵物受傷而已，反而會因此激怒獵物而引起反

---

⑦ 見《法布爾昆蟲記全集1──高明的殺手》第十、第十五章。──編注

抗的。牠需要的是現殺現吃的獵物，因此牠粗暴地把彎鉤插到
其他昆蟲十分小心地不去碰的這個部位裡面去。

　　如果這些巧妙的謀殺者，不管是殺手還是麻醉師，牠們的
本能不是動物與生俱來的天生的稟賦，而是後天的習慣，我絞
盡腦汁也弄不明白這種習慣是如何養成的。隨便您想給這些事
實加注上怎樣遮雲蔽日的理論，這些事實顯然已經證明屬於先
天預定的範疇，這是您永遠也無法掩蓋住的。

第十二章

蛛蜂

　　砂泥蜂的毛毛蟲，泥蜂的蚜和節腹泥蜂的象鼻蟲、蝗蟲、蟋蟀，飛蝗泥蜂的短翅螽斯，所有這些溫和的野味，都是我們屠宰場裡愚蠢的綿羊。牠們傻傻地任憑麻醉師把自己麻醉，不做激烈的反抗，大顎微張，腿腳動彈抗議，臀部扭動，僅此而已。牠們沒有可與兇手的螫針作鬥爭的武器。我很想看看侵犯者跟一個像牠一樣狡猾、善於埋伏、也有毒針的龐然大物的對手搏鬥的情景。對於揮舞匕首的強盜，我希望看到另一個也善於舞刀弄劍的強盜與牠對抗。有可能發生這樣的決鬥嗎？有的，很有可能，而且甚至於是非常普遍的事情。一方是無往不勝的冠軍蛛蜂；另一方則是屢戰屢勝的冠軍蜘蛛。

　　只要稍微玩過昆蟲的人，誰不知道蛛蜂①呢？誰沒有看到過蜘蛛在舊牆腳邊，在很少有人走過的小路邊的斜坡腳下，在

收穫後的麥田裡，在乾草叢中到處織網；蛛蜂時而把顫動的翅膀收到背上，忙忙碌碌地隨意跑到這裡，跑到那裡；時而飛行距離或長或短地變換地點呢？這些正在尋覓獵物的獵人很可能會改變角色，而自己成為正在窺伺牠的獵人的獵物。

蛛蜂只用蜘蛛來餵養牠的幼蟲，而蜘蛛則吃一切落入牠們的羅網中跟牠們身材差不多大的昆蟲。蛛蜂有螫針，而蜘蛛則有兩把有毒的彎鉤，彼此往往勢均力敵；而且蜘蛛力量占優勢的情況並不少見。蛛蜂有牠的作戰計謀，有牠經過深思熟慮的巧妙的打擊手段；蜘蛛有牠的詭計和危險的圈套。蛛蜂動作非常敏捷，而蜘蛛則可以依靠牠那狡詐的網。一個有螫針，善於刺到合適的部位以造成麻醉；另一個有彎鉤，可以刺在頸部導致立即死亡。一方是麻醉師，另一方是殺手。兩者誰將淪為對方的獵物呢？

如果只看兩個對手相對的力量、武器的威力、毒液的毒性以及各種行動手段，蜘蛛往往是占有優勢的。既然蛛蜂在這場表面看來對牠來說相當危險的鬥爭中總是勝利，那牠一定擁有某種特殊的手段，我很想了解一下這個手段的秘密。

---

① 蛛蜂：或稱蠡甲蜂。——編注

在我們這地區，最粗壯有力，而且最英勇的捕獵蜘蛛的獵人是環節蛛蜂，牠穿著黃色和黑色的服裝，腳細長，翅膀末端黑色，其餘為黃色，彷彿被煙燻過似的，就像煙燻鯡魚。牠的身材約有黃邊胡蜂那麼大，這是少見的。我在一年中看到三四次，當盛夏到來，開始耕種休耕田而塵土飛揚時，牠大步地走來走去，我總不免在這高傲的昆蟲前駐足不前。牠那放肆的神情，牠那粗魯的步態，牠那好鬥的舉止，使我很久以來都猜想，牠一定是採取不可告人的手段，才能捕抓住某種兇惡的、很難捕捉的昆蟲做為獵物的。而這被我正巧遇到了。這種獵物，我經過等待和觀察見到了；我看到獵人的嘴裡正銜著獵

物。這獵物就是黑腹舞蛛；就是用自己的武器一記就消滅了一隻木蜂、一隻熊蜂的可怕的舞蛛；就是殺死一隻麻雀、一隻鼴鼠的舞蛛；就是我們如果被牠咬著或許也有危險的那種可怖的昆蟲。是的，這就是高傲的蛛蜂給牠的幼蟲吃的食物。

環節蛛蜂

這種場面是狩獵性膜翅目昆蟲讓我看到的最驚心動魄的情景之一，我只見過一次，就發生在我鄉間村舍的附近，在著名的荒石園裡。我還見到勇敢的偷獵者，拖著肯定在不遠處剛剛抓到的獵物的腿，到牆腳下去。在牆角有一個洞，那是在幾塊石頭間不經意形成的空隙。這個膜翅目昆

蟲將洞穴察看一番，不過這可不是第一次；牠原先已經偵查
過，這地方是合牠意的。獵物原先是放在我不知道的什麼地
方，動也不動地等待著，而獵人到了那裡又抓起獵物，以便把
獵物儲存起來。正是在這時，我見到了牠。蛛蜂對洞穴看了最
後一眼，從洞裡清除出幾片掉下來的灰漿，這些就是牠的準備
工作了。舞蛛仰著，腳被拖著拉進洞裡，我讓牠這麼做。不久
後，蛛蜂又出現了，漫不經心地把牠剛才清出來的那些灰漿塊
推到門前，然後飛走了。事情結束了。卵已經產了下來，蛛蜂
馬馬虎虎地把洞封住。這樣我就可以好好檢查這洞穴和裡面存
放的東西了。

　　蛛蜂沒有進行任何挖掘工作。這真正是個隨意找到的洞，
凹凸不平得很厲害，這是泥水匠留下來的，而不是蛛蜂漫不經
心地挖出來的作品。圍牆也很簡單。幾塊灰漿屑堆在門前，這
與其說是門，不如說是個柵欄。蛛蜂可以說是暴烈的獵人，和
可憐的建築師。殺害舞蛛的兇手不知道給牠的幼蟲挖一個住
所，不知道掃掃門口的灰塵把門口堵住。在牆腳隨便找到一個
洞，只要足夠寬敞就行了；用一小堆灰渣做門就夠了，再沒有
比這更快捷方便的了。

　　我把獵物從壁凹裡取出來，卵就貼在舞蛛身上，接近肚
子。我在把獵物拉出來時笨手笨腳地把卵碰掉了。完了，卵不

會發育了；我無法看到幼蟲是怎樣發育的。舞蛛動也不動，柔軟得好像活的一樣，一點也沒有傷口的痕跡。事實上牠還有生命，只是不會動罷了。隔了相當長時間，跗節的末端有一點顫動，僅此而已。我跟這種假屍體早就打過交道，我的腦子裡浮現出這樣的情景：蜘蛛胸部被刺中了，由於蜘蛛神經器官集中在一起，無疑只要刺中一下就夠了。我把這隻犧牲品放在一個盒子裡，從八月二日到九月二十日，也就是說整整七個星期，牠一直保持著新鮮，保持著有生命的柔韌性。我們對於這種奇蹟是很熟悉的，無須贅述。

我沒有看到最重要的情況。我想看到的，我今天還想看的，那就是蛛蜂怎樣跟舞蛛搏鬥的情況。交戰一方要靠詭計來戰勝另一方可怕的武器，這是多麼驚心動魄的決鬥啊！蛛蜂是不是深入到舞蛛的巢穴裡面，去把躲在那裡的舞蛛抓住呢？如果是這樣，鹵莽是會要了牠的命的。在熊蜂當下猝死的地方，大膽的訪問者一進去也會死掉的。舞蛛難道不會正面等在那裡，只等著咬牠的頸部，讓牠立即死去的嗎？不，蛛蜂沒有進入蜘蛛的家，這是顯然的事。那麼牠是在蜘蛛的堡壘外面捕獵嗎？可是舞蛛是深居簡出的；我沒有看到牠夏天在外面遊逛。而到了深秋季節看不見蛛蜂時，牠出來流浪了；牠成了吉普賽女郎，把牠那人口眾多的家庭背在背上，在光天化日下四處晃蕩。除了做母親的這種散步之外，牠似乎從沒有離開過牠的莊

園，因此我覺得蛛蜂是沒什麼機會在戶外遇到牠的。您看，問題複雜化了：獵人不能冒著猝死的危險進入蜘蛛窩裡，而由於蜘蛛深居簡出的習俗，在戶外又不可能遇到牠。這其中肯定有個謎，揭穿這個謎底將會是滿有意思的。我們設法來猜這個謎吧，我們先觀察其他捕捉蜘蛛的獵人；經過比較，我們就可以做出結論了。

我曾多次密切注視各種蛛蜂外出狩獵的情形，我從沒見過蜘蛛在家時，牠們闖進牠的窩。多疑的蛛蜂總是離得遠遠的，不管這窩是插在某個牆洞裡的漏斗網，是撐在麥田上的頂棚，是模仿阿拉伯帳篷那樣的帳篷，是由幾片彼此靠得很近的樹葉構成的匣子，還是一張平網。在這些住宅裡，業主一住進去就要給自己準備一間潛伏室的。如果住宅沒有主人，那就是另一回事了。膜翅目昆蟲在其他昆蟲被纏住的這些蛛網、這些湖泊、這些繩索堆裡，從容不迫、神氣活現地漫步著，絲網彷彿無物。牠探測著這些沒有蜘蛛的網幹什麼呢？牠從這裡監視著旁邊那些網的動靜，蜘蛛就在那裡埋伏著。可見，當蜘蛛在自己家裡，守在牠的捕獸器裡時，蛛蜂是再怎麼樣也不願意直接朝蜘蛛奔去的。牠這麼做有千百條理由。如果說舞蛛知道把匕首刺在頸部使對手立即死去，別的蜘蛛也不會不知道。因此鹵莽的傢伙如果走進跟牠勢均力敵的蜘蛛的門檻，那牠就活該倒楣了。

　　我收集了關於這種捕獵蜘蛛的昆蟲謹慎措施的許多例子，但我只講下面這件事就足以佐證了。一隻蜘蛛用絲把組成金雀花葉子的三片小葉聚攏在一起，給自己建造了一個綠葉的搖籃，一個兩端敞開的水平匣子。一隻正在覓食的蛛蜂突然來到，牠覺得這獵物很合牠口味，頭便在住宅的門口探望。蜘蛛立即退到另一端。獵人繞過住宅來到第二個門口，蜘蛛又往後退到第一個門那頭。蛛蜂也回到那裡，但總是從外面走。牠才剛到，蜘蛛就拔腿往對門跑去了。蜘蛛在捲筒裡面，蛛蜂在外面，從這一頭到另一頭，你來我往，就這樣跑了整整一刻鐘的時間。

　　看來這獵物是很有價值的，因為膜翅目昆蟲儘管企圖總是不能得逞，卻長時間堅持要幹下去。可是終究必須放棄這種使獵人不知如何是好的、沒完沒了的來回穿梭。蛛蜂走開了，於是蜘蛛警報解除了，便耐心地等待著冒冒失失的小蒼蠅陷入羅網。要想逮住這個令牠垂涎欲滴的獵物，蛛蜂該怎麼辦呢？牠必須鑽進這個綠葉捲成的圓筒，到蜘蛛的家去，直接到蜘蛛家裡去捕捉，而不是待在外頭，從這個門走到另一個門。牠是這樣的敏捷，這樣的靈巧，在我看來，牠要進攻是萬無一失的，因為蜘蛛走動起來樣子笨拙，有點像螃蟹似的往一邊斜。我認為進行攻擊是容易的事，而蛛蜂則認為非常危險。今天我同意牠的看法了；如果牠鑽進樹葉捲成的圓筒裡去，主人就會戳牠

的頸部，結果獵人就成了獵物了。

　　歲月年復一年地過去，而蜘蛛的麻醉師總不肯吐露牠的秘密。我機運不佳，沒有空閒，爲生活煩憂。在我居住歐宏桔的最後一年，終於出現了一線光明。我的花園的圍牆是一堵舊牆，年久失修，烏黑破爛，在牆上的石頭縫裡住著一群蜘蛛，尤其是「惡毒的黑傢伙」。這是黑蜘蛛或者窖蛛的俗稱。牠渾身透黑，只有大顎是漂亮的金屬綠色。牠那兩把有毒的七首似乎是在青銅上精雕細刻出來的作品。在整扇被遺棄的牆上，任何一處安靜的角落，任何一個指頭大的洞，都有黑蜘蛛在裡面定居。牠的網是一個喇叭口很大的漏斗，喇叭口至少有一個牆角那麼寬，攤開在牆面上，一些輻射的絲把網固定在牆上。在這個錐形紗網後面是一根深入到牆洞裡的管子，管子的盡頭是蜘蛛的飯廳，蜘蛛躲在裡面從容不迫地吃著抓來的獵物。

黑蜘蛛

　　蜘蛛的兩條後腿伸到管子裡面撐住，六隻腳在洞口張開，以便更容易地感覺到四周的動靜以及獵物到來的信號。黑蜘蛛在漏斗的頸口動也不動地，等待著一隻昆蟲陷入到陷阱中。大蒼蠅、鼠尾蛆冒冒失失地把翅膀輕輕

地擦到蛛網的絲上，結果成了牠的家常便飯。一發覺被纏住的
雙翅目昆蟲在亂撲騰，蜘蛛便跑過去甚至跳過去。在跳過去的
時候，從紡絲器裡拉出來一根絲把牠抓住，而絲線的另一頭則
固定在絲管上。這樣牠就不會在一躍時落到垂直的平面上去。
鼠尾蛆的頭部的後面被咬了一下立即就死了，然後蜘蛛把牠運
到自己的窩裡去。

　　採用這樣的方法和這樣的捕獵器，埋伏在絲洞底部，借助
環狀的絲網，身後繫著一條安全帶，使得獵人可以縱身一躍而
不會掉下去，黑蜘蛛便可以捕到進攻性像鼠尾蛆那麼強的獵物
了。據說牠見到胡蜂也不會膽怯。雖然我沒有試過，不過我很
樂意相信，因為我對於蜘蛛的大膽早已有所了解。

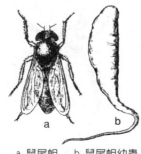

a.鼠尾蛆　　b.鼠尾蛆幼蟲

　　這種大膽得助於毒液的效力。
只要見過黑蜘蛛捉住某種大塊頭的
蒼蠅，就會相信牠的彎鉤戳到昆蟲
頭部所產生的立即致命的效果。被
纏在絲漏斗中的鼠尾蛆的死亡，進
入舞蛛洞穴的熊蜂的暴卒，杜熱[2]的
研究使我們了解了牠的毒液在人身

[2] 杜熱：1826～1910年，墨裔法籍博物學家。——編注

上的效果。聽聽這位勇敢的實驗者是怎麼說的吧。他說：

　　惡毒的黑傢伙或大窖蛛以毒性猛烈著稱，被選來做主要的實驗。牠從大顎到紡絲器有九法分③長。我用手指抓住牠的背部，把牠的腿折疊收攏在一起（必須這樣逮活蜘蛛才不會被戳著，而且既能夠抓住，又不會把牠弄得斷胳膊少腿的），放在各種東西上面。在我的衣服上，牠一點也沒有表現出要傷害我的意圖。但是我剛剛把牠放在前臂裸露的皮膚上，牠那粗壯有力的金屬綠色大顎就咬住了皮膚，把牠的彎鉤深深戳了進去。雖然我已經鬆開手指放掉牠，但牠仍然吊在我的皮膚上；然後牠鬆開大顎，掉了下來，逃走了。牠在我的胳膊上留下兩處彼此距離兩法分的小傷口，傷口發紅但幾乎沒有流血，四周有點淤斑，就像被一根粗大頭針戳了一下似的。

　　在被咬的時候，感覺強烈，完全可以用疼痛這個詞形容，而且痛感持續五、六分鐘，不過接著沒有開始那麼疼了。我可以打這樣的比方，就像是被稱為「燒灼的」蕁麻戳了一下似的疼。在這兩個傷口四周幾乎立即出現泛白色的邊緣，而在白邊周圍，半徑約一法寸的面積內出現了丹毒般的紅斑，以及十分輕微的腫脹。過了一個半小時，一切都消失了，只是像小傷口

---

③ 法分：法國古長度單位，約合2.25公釐。——譯注

那樣，螯刺的痕跡一直存在好幾天。當時是九月，天氣有點涼爽。如果在熱一點的季節，這些症狀可能會更強烈些。

黑蜘蛛的毒液效果並不嚴重，不過顯然很有力。就像被什麼東西戳了一下，引起劇疼和帶有丹毒紅斑的腫脹。雖然杜熱的實驗使我們對自己感到放心，窖蛛的毒汁對於昆蟲仍然是可怕的，這或者是因為犧牲品的體積小，或者是因為這種毒汁在與我們不同的身體上具有特殊的效果。有一種蛛蜂在力氣和大小方面遠不及黑蜘蛛，可牠卻敢跟黑蜘蛛作戰，而且能夠戰勝這個令人望而生畏的獵物。這便是尖頭蛛蜂，牠幾乎不比蜜蜂長，但纖細得多。牠渾身上下一樣黑；翅膀顏色深些，末端是透明的。讓我們注意看看牠到住著黑蜘蛛的舊牆進行遠征的情況吧，讓我們在炎熱的七月裡整整幾個下午都觀察牠吧！而且我們還得有耐心；因為捕捉獵物是充滿危險的行動，膜翅目昆蟲要花很長時間才能完成。

蜘蛛的捕獵者仔細地搜索牆壁；牠跑啊，跳啊，飛啊。牠來回走動，走過去又走過來。觸角顫動，翅膀收攏在背上，不斷互相拍打著。看啦，牠來到黑蜘蛛的漏斗附近了。就在這時，原先一直看不見的蜘蛛出現在管子的入口處，牠伸開六隻腳準備迎戰獵人。看到這可怕的敵人出現，牠不但沒有逃走，相反虎視眈眈地盯著正在虎視眈眈地搜尋著牠的對手。面對這

睥睨一切的神態，蛛蜂後退了。牠觀察著，繞著牠覬覦的獵物轉了一下子，然後走開了，不敢動手。蛛蜂走了，黑蜘蛛倒退著返回自己的家裡。蛛蜂第二次走到一個住著蜘蛛的漏斗附近。戒備著的蜘蛛立即出現在門檻上，身子一半探出管子，作好防禦，或許也是進攻的準備。蛛蜂走開了，於是黑蜘蛛又回到牠的管裡去。警報又響起來，蛛蜂又來了。蜘蛛又表現出咄咄逼人態勢。過了一會兒，牠的鄰居做得更出色；當獵人在漏斗附近轉時，牠突然從管子裡跳出來，身後的紡絲器上繫著一根安全帶，這樣萬一失足也不會掉下來；牠縱身撲到在洞口二十公分處的蛛蜂跟前。膜翅目昆蟲似乎被嚇住了，立即拔腿溜走，而黑蜘蛛同樣迅速地往後一退返回了自己的家。

必須承認，這是一種奇怪的獵物。牠不躲藏卻急於公開露面，牠不逃走卻撲到獵人跟前。如果觀察就到此為止，我們能夠說兩者中哪個是獵人，哪個是獵物呢？難道我們不會可憐那隻鹵莽的蛛蜂嗎？要是牠的腳被蜘蛛網的一根絲纏住，那牠就完蛋了，對手就會撲上去把匕首插進牠的頸子。那麼牠究竟採取什麼辦法來對付一直保持著警惕、做好防禦準備，而且勇於大膽襲擊的黑蜘蛛呢？我如果對讀者說我對這個問題很感興趣，我整整幾個星期都在這愁慘的牆前凝視著，讀者會不會覺得奇怪呢？

　　我好多次都看到蛛蜂向蜘蛛的腳撲去，用大顎咬牠的一隻腳。使勁要把牠從管子裡拖出來。這是猛然一縱，出其不意的偷襲，時間非常短，蜘蛛根本無法躲避的。幸虧蜘蛛那兩隻腳緊緊釘在房子上，牠驚得一跳就脫身了。蛛蜂被這麼一震急忙鬆開了嘴，要是蛛蜂仍然咬住不放，那牠自己就要不妙了。這次進攻沒有奏效，膜翅目昆蟲就到別的漏斗網去重新開始，牠甚至在等到對方的驚慌平靜些時，再到剛才那個漏斗那裡去。牠還是跳著飛著，在漏斗入口處晃蕩，而黑蜘蛛就在那伸開前腳監視著牠。牠窺伺著有利的時機；牠跳起來，抓住一隻腳，把蜘蛛往外拉，並跳到一旁。最常見的情況是蜘蛛頂住了；不過有時蜘蛛被從管子裡拉出了幾法寸，但是牠立即又回去了，無疑這是得力於安全帶沒有斷掉的緣故。

　　蛛蜂的意圖是顯而易見的；牠要把蜘蛛從碉堡裡趕出來，把牠扔得遠遠的。堅持到底就是勝利。這一次行了，膜翅目昆蟲這一縱非常有力，而且算得很準，把黑蜘蛛拉出來了，牠立即讓蜘蛛躺到地上。蜘蛛因為摔到地上嚇得暈頭轉向，而且一旦走出了埋伏地就喪失了鬥志，不再是剛才那個勇敢的鬥士了。牠把腳收攏起來，蜷縮在土縫裡。獵人立即來到那裡，給被趕出窩的蜘蛛動手術了。我幾乎還沒來得及走近看這齣戲，蜘蛛胸部被螫了一下，已經癱瘓了。

　　總之，這便是蛛蜂不擇手段的奸詐手法。如果牠到黑蜘蛛的家裡去進攻，牠就有死亡的危險；蛛蜂完全明白，所以牠決不幹這種鹵莽的事。但是牠也知道，蜘蛛蹲在自己漏斗網中心時的確英勇無比，可是一旦從窩裡被攆出來，就變得膽小怯懦。所以，蛛蜂的全部作戰策略就在於把蜘蛛從窩裡趕出來。做到這一點，剩下的就是小事一樁了。

　　捕捉舞蛛的獵人應該也是這麼行事的。我腦子裡出現了這樣的情景：在牠的同行尖頭蛛蜂的啓發下，環節蛛蜂陰險地在舞蛛的城堡四周轉悠。舞蛛從地道盡頭跑出來，以爲一隻獵物走近了；牠登上垂直的管子，把前腳伸出準備跳出來。可是跳起來的是環節蛛蜂，牠抓住一隻腳，把舞蛛拉出來扔到洞外。這麼一來，舞蛛就成了一隻怯懦的獵物，任憑別人用匕首戳牠，而沒有想到使用自己帶毒的彎鉤。詭計戰勝了力量；當我想抓舞蛛時，我把一根小穗伸進窩裡，輕輕地把舞蛛拉到門口，然後猛然一甩把牠扔到洞外。比起我的詭計來，蛛蜂的詭計一點也不遜色啊！不管是昆蟲學家還是蛛蜂，最主要的是要使舞蛛離開牠的碉堡，然後抓住牠就不困難了。只要被趕出窩的昆蟲深深受到驚嚇就行了。

　　從我敘述的事實中，有兩點相反的情況給了我強烈的印象：蛛蜂的狡詐和蜘蛛的愚蠢。膜翅目昆蟲先把獵物拉出窩，

然後在毫無危險的條件下加以麻醉，這種明智的本能是逐步獲
得的，因為這對於牠的後代非常有利。我很樂意接受這樣的說
法，如果有哪個人願意向我解釋一下，天賦的智力不弱於蛛蜂
的黑蜘蛛，既然自己這麼久以來一直是受害者，為什麼還不知
道挫敗蛛蜂的詭計呢？黑蜘蛛要怎麼辦才能逃脫要把牠滅絕的
敵人呢？什麼都不必做，牠只要回到管子裡去就行了，而不要
每當敵人從附近走過時都到門口站崗放哨。我承認，就牠而
言，牠是非常勇敢的；但是這也太冒險了。牠把腳伸到洞外既
為了防禦，也用於進攻，但蛛蜂會向牠的一隻腳撲去，這麼一
來，被攻者會由於自己的大膽而送掉性命的。這種姿勢用於等
待獵物是好的，但是蛛蜂不是獵物，牠是敵人，而且是最可怕
的敵人之一。蜘蛛不會不知道這一點。可是牠看到蛛蜂時，牠
不是勇敢地堅守陣地，而是愚蠢地跑到門檻上去，牠為什麼不
退到對手不會來攻擊的碉堡的盡頭去呢？一代代累積的經驗應
該教會牠這種戰術的，這種戰術雖然很簡單，但對於種族的繁
榮卻具有無法比擬的好處。如果蛛蜂完善了牠的進攻方法，為
什麼黑蜘蛛不也完善牠的防禦方法呢？難道是千萬年的時間使
一方產生有利的變化，卻沒有使另一方變化嗎？關於這一點，
我再也弄不明白究竟是怎麼回事。我十分天真地對自己說：
「既然必須有蜘蛛給蛛蜂吃，所以在任何時代，蛛蜂都是那樣
為實現詭計而能夠耐心等待。而在任何時代，蜘蛛也都表現出
那樣愚蠢的勇敢。」有人會說，這種想法是幼稚的，不大符合

當今那些流行理論的卓絕目標。這裡既沒有客觀又沒有主觀，
既沒有適應又沒有分化，既沒有隔代遺傳又沒有變異。行嗎？
就算是這樣吧，但至少我懂得這是什麼道理。

　　還是回到尖頭蛛蜂的習性上來吧。我沒打算取得什麼有意
義的成果，我把膜翅目昆蟲和窖蛛放在一個大瓶子裡，在囚居
的狀態下，掠奪者和獵物各自的才能似乎都休眠了。蜘蛛和牠
的敵人，你逃我，我避你，都一樣膽小。我輕輕地撥牠們，讓
牠們碰到一起。有時窖蛛抓住蛛蜂，而蛛蜂拼命縮成一團，根
本沒有想到使用牠的螫針。窖蛛用腳搓揉蛛蜂，甚至把牠夾在
自己的鉗子中，可是顯得只是勉強這麼做。有一次我看到牠仰
臥著，把蛛蜂往上頂，盡量離自己遠一點，一邊用前腳揉搓蛛
蜂，用大顎咬。蛛蜂或許是因為自己動作敏捷，或許是害怕蜘
蛛，迅速地從那可怕的彎鉤下面鑽出來，走遠一點，但似乎並
不太擔心牠剛才受到的打擊。牠平靜地刷刷翅膀，拉拉觸角把
牠弄捲，用前蹠節把觸角壓在地上。我抖動窖蛛，牠在我的刺
激下又進攻了十二次，可是蛛蜂總能逃脫那有毒的彎鉤而沒有
任何感覺，彷彿怎樣也傷害不了牠似的。

　　蛛蜂真的是傷害不了的嗎？完全不是那麼回事，我們很快
就能夠看出來了。如果說牠安然無恙地逃脫了，那是因為蜘蛛
沒有使用牠的彎鉤。這有點像是暫時的停戰，一種禁止進行致

命打擊的默契；或者不如說，由於身居囚室，士氣低落，這兩個對手不再有舞刀弄槍的好鬥情緒了。心境寧靜的蛛蜂當著窖蛛的面繼續大膽地蜷著觸角，使我對這個囚犯的命運放下心來了；爲了更安全起見，我丟了一個紙團給牠，讓牠在夜裡好躲在紙團的角落裡。牠在紙團裡安下身來，躲開了蜘蛛。第二天，我發現牠死了。在夜裡，具有夜生活習慣的蜘蛛恢復了勇氣，把牠的敵人戳死了。我早就猜想到了，角色會對換的！昨天的劊子手今天成爲犧牲品了。

我用一隻蜜蜂來代替蛛蜂。兩者單獨相處的時間並不長。兩個小時後，蜜蜂被蜘蛛咬死了。一隻鼠尾蛆也是同樣的命運。不過這兩具屍體，窖蛛連碰都沒有碰一下，牠也沒有碰蛛蜂的屍體。似乎這位囚犯從事謀殺的目的只是要擺脫一個不安分的鄰居而已。也許當牠有胃口的時候，這些犧牲品會派上用場？屍體沒有派上用場，這是我的過錯。我在瓶子裡放了一隻中等身材的熊蜂。一天後，蜘蛛死了，因爲牠的可怕的牢友動手了。

關於這些決鬥就講到這裡好了，這種在玻璃牢房裡的決鬥不是正規的，我們前面曾把蛛蜂和被麻醉的窖蛛丟在牆腳沒有談下去，現在讓我們用蛛蜂的故事來把這種決鬥補充完整吧。蛛蜂把牠的獵物丟在牆腳，又回到牆上去。牠巡視蜘蛛的一個

個漏斗網，牠在上面走起來，就像走在石頭上一樣的輕鬆自如；牠視察絲管，把觸角這種探測器伸進絲管裡去；牠毫不猶豫地鑽了進去。牠現在為什麼有這樣的勇氣進入窖蛛的巢穴呢？剛才牠極其謹慎，而如今牠似乎不擔心有什麼危險了。這是因為已經沒有危險了。膜翅目昆蟲參觀沒有居民的住宅。當牠鑽進絲管裡時，牠很清楚那裡一個人也沒有，窖蛛如果在，早就出現在門檻上了。旁邊的絲在晃動，而主人沒有出來，這便是絲管沒有人的確定無疑的證明，於是蛛蜂十分安全地進去了。我囑咐未來的觀察者不要把這種尋找當做狩獵的行動。我已經說過，現在再重複指出：只要蜘蛛在絲的埋伏圈裡，蛛蜂是絕不會進去的。

在已經參觀過的漏斗網中，牠覺得有一個比其他的更合牠的意；牠在將近一個小時的尋找過程中多次回到這裡來。在這期間，牠還跑到躺在地上的蜘蛛那裡去。牠檢查檢查蜘蛛，輕輕拉到離牆近一點的地方，然後離開蜘蛛去辨認一下絲管，這個牠最喜愛的東西。最後牠又回到窖蛛這裡來，抓住蜘蛛肚子的末端。獵物是那麼重，牠好不容易才能夠在水平的地上搬動。牆離牠有兩法寸遠，牠費了好大的勁才到達那裡；可是一旦到了，工作很快就完成了。據說大地之子安泰俄斯[④]在與海克利斯[⑤]角力時，腳一接觸土地就恢復了力氣；牆之子蛛蜂每當牠立足在這個砌體上似乎力量就增長十倍了。

　　看吧！蛛蜂的確高高舉起牠的獵物，牠搖晃著龐大的獵物後退著走。由於石頭表面的凹凸不平，牠時而在垂直的平面，時而在傾斜的平面攀登著。牠必須背朝下走才能越過縫隙，而這時獵物在空間中搖晃著。什麼也不能阻止牠前進，牠一直在攀登，不擇路徑，也看不見目標，因為牠是後退著走的，一直上到兩公尺高的地方。那裡有一個凸處，這肯定是牠事先偵查好的，那裡是那麼高，底下是看不到的，牠必須不顧一切困難爬上去才行。蛛蜂把牠的獵物就放在那裡。這個牠那麼鍾情地視察過的絲管，只是在二十公分遠的地方。牠到那裡去，迅速檢查一下，又回到蜘蛛那裡，最後把蜘蛛運到管子裡去了。

　　過不久，我看到牠又出來了。牠在牆上這邊找找，那裡找找，找幾塊灰漿，兩三塊相當大的灰漿，運來封門。工程完工了，牠飛走了。

　　第二天，我去檢查這個奇怪的窩。蜘蛛在絲管的盡頭，四邊不靠，就像在吊床上似的。膜翅目昆蟲的卵緊貼在上面，不過不是在犧牲品的肚子上，而是在背部，接近中間處。卵是白色的，圓柱形，有兩公釐長。我看見牠運來的那幾塊灰漿，只

---

④ 安泰俄斯：希臘神話中的利比亞巨人，海神波塞東和大地女神該亞之子，在與他人角力時一接觸到他母親，就能獲得新的力量。——譯注
⑤ 海克利斯：古希臘神話中的英雄，以非凡的力氣和勇武的功績著稱。——編注

是非常粗略地用來把絲管盡頭的絲房間塞一塞罷了。因此尖頭蛛蜂把牠的獵物和卵不是存放在一個牠自己建造的窩裡，而是就放在蜘蛛的家裡。也許這絲管就屬於這個犧牲品所有，它既提供食物又提供住所。

對於蛛蜂的幼蟲來說，這是什麼樣的住所啊，那就是窖蛛柔軟的吊床和溫暖的隱蔽所啊！

現在我們已經看到了兩個捕捉蜘蛛的獵人：環節蛛蜂和尖頭蛛蜂。牠們對礦工的職業並不在行，不費什麼力氣地把牠們的後代安置在牆上隨便什麼洞裡，或者就放在作為幼蟲食物的蜘蛛的巢穴中。在這些不費勁得到的住所裡，牠們用幾塊灰漿做個像是門的東西。但是我們不要一概而論，認為蛛蜂的住所都是這樣草草率率的建築物。另外一些蛛蜂則是真正的挖掘工，牠們勇敢地在兩法寸深的土裡為自己挖一個窩。這些蛛蜂中，有八點蛛蜂，身著黑色和黃色的外衣，翅膀琥珀色，末端深色。牠選擇顏色很漂亮的大蜘蛛，例如彩帶圓網蛛和梯形圓網蛛為獵物。圓網蛛潛

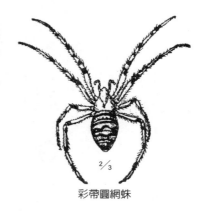

彩帶圓網蛛

伏在牠們垂直的大網中心等待著犧牲品。關於八點蛛蜂的習性
我還不大清楚，無法進行描述；我尤其不知道牠的狩獵辦法。
但是我對牠的窩卻很熟悉；那窩，從牠開始建造，到造好、到
封門，我都曾見過，都是按照膜翅目掘地蟲傳統的辦法造的。

第十三章

樹莓椿中的居民

　　樹籬荊棘叢生，枝椏蔓生到路邊，橫行霸道。農夫在修剪
籬笆時，在一些地上，把樹莓的藤剪下來，而留下莖椿，這莖
很快就乾枯了。這些由多刺的矮樹叢遮蔽、保護著的樹莓椿，
許多膜翅目昆蟲喜歡在那裡安家。乾枯了的椿頭，向善於利用
者提供衛生的住所，在那裡面，用不著害怕潮濕的樹汁。莖的
髓質柔軟，而且體積大，容易挖鑿；它那切斷的截頭就是一個
開挖點，可以立即挖到阻力不大的莖脈，而不必從堅硬的木質
牆壁中開闢道路。因此，對於許多膜翅目昆蟲，不管是採蜜者
還是搶劫者，如果這種乾枯的椿頭直徑符合安家者的身材，那
麼這個發現是很有價值的；而且對於昆蟲學家來說，這也是一
個有意義的研究課題。他在冬天，手裡拿著一把枝剪，就可以
在籬笆下面扒來一捆柴，裡面有許多令人嘆為觀止的巧妙工
藝。很久以來，去濃密的樹莓叢中察看，便是我在冬日閒暇

時，所喜愛的打發時間的好辦法。儘管我皮膚被棘刺劃破，但我很少不會因為發現一個新的情況，看到一件不知道的事情，而得到補償的。

我的記錄雖然遠遠談不上完整，可是關於我房子周圍，在樹莓椿中的居民，已經記下了的就有三十來種。其他一些比我更勤奮的觀察者在別的地區，在比我的探測半徑更大的範圍內，發現了五十種。我在附註中列出了我認得的全部昆蟲①。

這些昆蟲的職業十分不同。有些昆蟲比較靈巧，工具特別精良，把乾枯截頭裡的髓質挖出來，從而造出了一條圓柱形的垂直巷道，長度可達到將近半肘；然後把這個匣子用隔牆分成數量不等的樓層，每一層是一隻幼蟲的臥室。另外一些在力氣

① 在塞西尼翁（位於沃克呂茲）郊區，居住在樹莓椿中的昆蟲：
　　1.採蜜類膜翅目昆蟲：三齒壁蜂、齧屑壁蜂、肩衣黃斑蜂、盧比克黑孔蜂、鈍葉舌蜂、夏西特蘆蜂、泛白色蘆蜂、硬皮蘆蜂、科埃盧拉蘆蜂。
　　2.狩獵類膜翅目昆蟲：流浪旋管泥蜂（以雙翅目昆蟲為食物）、黑色旋管泥蜂（以蜘蛛為食物？）、三室短柄泥蜂（以黑蚜蟲為食物）、製陶短翅泥蜂（以蜘蛛為食物）、蛛蜂（以蜘蛛為食物）、海豚蝶贏。
　　3.寄生膜翅目昆蟲：褶翅小蜂，肩衣黃斑蜂的寄生蟲；刺脛小蠹，流浪旋管泥蜂的寄生蟲；姬土蜂，蛛椿象的寄生蟲；雙點小蠹，齧屑壁蜂的寄生蟲；轉紋小蠹，製陶短翅泥蜂的寄生蟲；占卜者長尾姬蜂；仲介者長尾姬蜂，三室短柄泥蜂的寄生蟲；庇里牛斯蜂；赭色廣宥小蠹，齧屑壁蜂的寄生蟲。
　　4.鞘翅目昆蟲：鈍帶芫青，三齒壁蜂的寄生蟲。
　　這些昆蟲大部分都請波爾多理學院的佩雷教授看過，我在此對他的樂意幫助，使我得以把他們確定下來，再次表示感謝。——原注。

和工具方面不如他人者，便利用別人的巷道，這些巷道曾是其他建築師的孩子的房子，用過後便被丟下。牠們唯一的工作就是把這破房子修一修，把巷道裡堵塞的東西，如蛹室碎屑、坍塌下來的碎地板等扒掉，最後，用一塊黏土，或者用一滴唾液黏住髓質殘屑形成的水泥，來造幾塊新隔牆。

人們認得出這些層次不等的住宅。如果工人自己挖掘巷道，牠很節約空間，牠知道想獲得這樣的巷道要花多少力氣。在這種情況下，房間都是一樣的，容積不大也不小，剛好夠住。在這個花了整整幾個星期勤奮工作做成的匣子裡，必須住得下盡可能多的幼蟲，同時又能給每個幼蟲留下足夠的空間。因此，樓層疊放的次序，彼此距離的節約，是絕對必須遵守的規則。

但是如果膜翅目昆蟲使用一棵別人挖的樹莓椿，那麼浪費情形就很明顯了，製陶短翅泥蜂就是這種情況。為了獲得倉庫來存放牠那少量的蜘蛛，牠用薄薄的黏土隔牆把借來的圓柱體切成大小不等的房間。有的房間長度約有十公分，適合幼蟲居住；有的則長兩法寸。從這些跟居民完全不成比例的寬敞大廳，可以看出這個僥倖的業主沒花上一點工夫，就得到了這筆產業，所以大而化之，毫不在乎。

製陶短翅泥蜂

不管是第一手建造房子的工人，還是把別人的建築物修修改改的工人，牠們都有自己的寄生蟲，這些寄生蟲成爲樹莓椿的第三類居民。這些居民不需要挖掘巷道，不需要儲備食物；牠們把卵產在別人的蜂房裡，而牠們的幼蟲就吃合法業主儲備的食物，或者就吃合法業主的幼蟲。

這些居民中，就工程的精緻和規模而言，占首位的要數三齒壁蜂，在這一章中我要專門談談。牠的巷道內徑有一支鉛筆粗，深有時有一肘長。這巷道最初差不多完全是圓柱體，但是在儲備糧食的過程中，由於不斷的修整，以致每隔一定的距離就有一些改動。牠們的挖掘工作沒多大意思。七月，我們會看到這種昆蟲釘在一節樹莓上挖掘豎井。井相當深了，壁蜂走下去扒了幾塊髓質，然後背上來扔到外面去。這項單調的作業持續到壁蜂認爲巷道已經夠長，或者常見的情況是直到碰到一個木疤，過不去才停下來。

隨後是儲存蜜、產卵和封閉房門這些細緻的作業，昆蟲從底部到頂部一步步進行。在巷道盡頭放著一堆蜜，卵就產在蜜

堆上。然後,建造一個隔牆把這個房間跟下一個房間隔開來,
因爲每個卵應該有自己專門的臥室,這臥室長約一公分半,跟
隔壁的臥室完全隔離。這種隔牆用的材料是樹莓髓質殘屑,壁
蜂分泌唾液的器官所吐出的一種汁液,把這些殘屑黏起來。材
料從哪裡獲取?壁蜂是到外面地上,把牠挖掘圓柱時扔掉的東
西收集起來嗎?牠對於時間是十分節約的,牠不是去撿起散在
地上的碎片,而是幹得更巧妙。我說過,巷道起初十分挺拔,
有點像圓柱體,巷道壁還保留著一層薄薄的髓質。這就是壁蜂
的儲備物,牠是有遠見的建築師,把這些預先留下來準備建造
隔牆用。牠用大顎尖在牠四周刮著,但刮的長度是確定的,即
與下一個臥室的長度相等。另外,牠把中間部分刮得較寬,而
兩端留得窄一點。這樣最初那圓錐體的巷道,在採掘過的部
分,是一個兩端削掉的卵球形空腔,一個小木桶狀的空間,這
空間將作爲第二個蜂房。

至於清除出來的雜物,牠就地利用來建造隔牆,這隔牆就
是前一間蜂房的天花板和下一間蜂房的地板。我們的承包商在
妥善運用工人的時間方面,也許組織工作還沒有牠做得好呢!
另一份蜜漿口糧就放在這樣做成的地板上,而一枚卵就產在蜜
漿的表面。最後在小木桶上方收縮處,用建造第三間蜂房的最
後一道程序所刮下來的東西,疊了一扇隔牆,而這第三間蜂房
也是兩端削掉的卵球狀。工程就是這樣一間房、一間房地進行

下去，每一間房向下一間房提供建造隔間壁板的材料。到達圓柱體的末端後，壁蜂用一大團跟做牆壁一樣的灰漿把匣子封住，然後牠就跟這段樹莓樁沒關係了，膜翅目昆蟲再也不會回來了。如果牠的卵巢裡還有卵，就以同樣方式去開發其他乾枯的截頭。

根據樹樁的質量，建造的房間數目有很大的不同。如果樹莓樁長、整齊，沒有木疤，房間會有十五間，這是我觀察到的最大的數目。要想好好地看看房間的結構，那就要在冬天——當食物早就吃完，幼蟲包在蛹室裡的時候，把截頭直劈開來。這樣就會看到這匣子在相等的距離處略微收縮，用厚度為一至二公釐的一個圓盤隔開。這些隔牆所隔開的房間像一個個小木桶，裡面正好放著一個紅棕色半透明的蛹室，透過蛹室可以看到幼蟲彎著像個釣魚鉤，蜂房就像是條由兩端削平、彼此相連、卵粒狀的珠子組成的大琥珀念珠。

在這由蛹室組成的念珠裡，哪個蛹室年紀最大，哪個蛹室最年輕呢？年紀最大的顯然是在盡頭的那個蛹室，第一間建造的蜂房裡的蛹室；最年輕的就是在最高處，這一窩蜂房末端的那個蛹室，就是最後一間蜂房裡的蛹室。年長的幼蟲先堆積在巷道底，最年輕的在上端斷後，其餘的則根據年齡，一個接著一個，從底部排到頂端。

現在我們看看，在巷道裡，在同一高度處，可能沒有地方同時供兩隻壁蜂使用，因爲每個蛹室填滿了屬於牠的那個樓屋，那個小木桶，沒有空的間隙。我們還會注意到，壁蜂在發育完全之後，必須全都從樹莓樁那個唯一的孔眼裡出來，那個孔眼在高處。那裡只有一個可以容易克服的障礙，就是黏結起來的髓質塞子，昆蟲的大顎是很容易把它解決掉的。在下面，樹樁中沒有任何事先準備好的道路。而且樹樁接著樹根，無窮無盡地一直延伸到地下，其他地方到處都是木質的圍牆，太硬太厚而無法鑿穿。因此，所有的壁蜂在離開窩的時刻來臨時，不可避免地都要從頂部出來；如果從下面走，那麼由於通道狹窄，只要底下的昆蟲待在原地不動，上頭的昆蟲就無法通過，所以搬家必須從上面開始，從上到下，一個房間一個房間地直到底部爲止。因此出去的順序跟出生的次序相反：最年輕的壁蜂最先出去，而最年長的最後出去。

處於底部的年長壁蜂第一個吃完牠的蜜漿和織好牠的蛹室，牠孵化行爲完成得比牠所有的弟弟妹妹都早，第一個咬破牠的絲囊和摧毀把牠臥室封住的天花板，至少事物的邏輯是讓人這麼預料的。牠迫不及待地要出去，那麼牠想解放自己該怎麼辦呢？道路被後來織的蛹室堵住，而這些蛹室還完好無損呢。用武力戳個洞，穿過這些蛹室，那就會要了這一窩其餘幼蟲的命；結果一隻壁蜂的解放卻毀滅了所有夥伴。昆蟲是固執

地要做自己的事，而不惜一切手段的。如果匣子底部的壁蜂要想離開住所，牠會顧慮阻礙牠的其他幼蟲嗎？

　　困難是巨大的，這一點可以理解，困難似乎是無法克服的。於是我產生了這麼一個懷疑，出殼或者說羽化，是不是按照長幼的次序進行的呢？會不會由於一種的確很奇怪，但在這種條件下卻是必要的例外，年紀最小的壁蜂最先咬破牠的蛹室，而年紀最大的最後呢？總之，會不會孵化的次序跟年齡的次序相反，從上一間臥室到下一間臥室，這樣一間間地傳下去呢？如果是這樣，一切困難都解決了；每隻壁蜂在撕破牠那絲的牢房時，面前的道路都暢通無阻，因爲最靠近出口處的壁蜂已經出走了。但是事情眞是這樣嗎？我們的看法往往跟昆蟲的做法不相符合。即使在我們看來十分符合邏輯的事，在下任何斷言之前，也要謹愼地先看看才行。第一個著手研究這個問題的杜福就不是這樣的謹愼。他向我們敘述一種赭色蜾蠃的習

性，這種昆蟲把用土砌成的蜂房，堆積在一個乾枯的樹莓樁巷道裡。杜福對於他那靈巧的膜翅目昆蟲充滿著熱情，他進一步指出：

赭色蜾蠃

　　您怎麼想像得出，八個水泥蛹室首尾相連，緊密地裝在一個木匣子裡，最下面的那個毫無疑問是最

早建造的，因此裝著的卵是最早產下的，而根據通常的法則，應該是最早羽化出第一隻帶翅膀昆蟲。您怎麼想像得出，第一個蛹室的幼蟲居然奉命放棄長子權，在牠的弟弟、妹妹之後才徹底羽化成形呢？究竟需要什麼樣的條件，才會產生這種表面看來與自然法則完全相悖的結果呢？面對這個事實，收起您的驕傲，承認您的無知，別用無謂的解釋來掩飾您的尷尬吧！

如果聰明的母親產下的第一個卵，應該就是第一隻生出來的螺贏，這隻昆蟲要想在長了翅膀後立即就看到光亮，那牠就要有這樣的能力——在牠的牢房的雙重牆壁上打開一個缺口，或者打開一個洞穿過牠前面的七個蛹室，然後從樹莓椿的截斷處出來。然而，自然既沒有賦予牠從側面逃走的手段，也不允許牠暴力地直接挖洞，因爲這麼一來，爲了僅僅一個孩子的性命，就不可避免地要犧牲掉同一家族的七個成員。

母親善於巧妙地制訂計畫，又有的是辦法，牠應該預料到一切困難，並採取了預防措施。牠讓第一個新生兒最後從搖籃裡出來；最晚的新生兒給第二晚的開闢道路，第二個給第三個開闢道路，依次類推。事實上，我們樹莓裡的螺贏正是按照這樣的次序出生的。

是的，我尊敬的老師，我將毫不猶豫地同意，樹莓椿的居

民是以跟年齡大小相反的次序，從牠們的匣子裡出來，最年輕的最先，最年長的最後，即使不總是，但至少通常是這樣。但是，羽化，我所說的羽化指的是從蛹室裡出來，是不是也按這樣的次序呢？年長的羽化是否必須比年幼的慢，以便每隻蟲給擋住牠道路的那隻蟲一個解脫束縛的時間，從而留下可以通行的道路呢？我很擔心，邏輯會使您的結論誤入歧途而背離事實。親愛的老師，從道理上來說，您的推論是很正確、很有力；可是我必須拋掉您提出的這種奇怪的顛倒說。我實驗過的樹莓樁中的幾種膜翅目昆蟲，沒有一種是這樣行事的。我本人對赭色螞蟈一無所知，因為在我們地區似乎沒有這種昆蟲。但是在窩一樣的情況下，從窩出來的方法應該是差不多相同的，我認為只要對樹莓樁的某些居民進行實驗，就可以知道其他居民普遍的歷史了。

我特別對三齒壁蜂進行研究，因為牠強壯有力，在同一根樁中房間蓋得最多，所以比別的昆蟲更適合於實驗室的實驗。第一個要弄明白的事，就是羽化的次序。我把一段樹莓樁裡取出來的十個左右的蛹室，嚴格按照其自然順序疊放在一個內徑與壁蜂巷道相同，一端封閉一端開著的玻璃管裡。這個作業是在冬天進行的，這時幼蟲早就封閉在牠們的絲袋裡了。為了把這些蛹室彼此隔開，我用做掃把的高粱稈切成圓薄片來做人工隔牆，薄片厚約一公分。這材料是一種白色的髓質，外面的纖

維套已經剝掉，壁蜂的大顎很容易戳穿。我採用的橫隔膜比自然的隔牆厚得多，這是有好處的，下面就可以看到。更何況，要想使用更薄的可不容易，因為這些圓薄片必須能夠承受得住把它們一個個放進管子時的壓力。另一方面，實驗向我表明，壁蜂要在那上面打開缺口是很容易辦到的。

　　為了避免光線進入而擾亂必須在完全黑暗中度過的幼蟲生活，我用一個厚厚的紙套子套住管子，在進行觀察時，這套子可以輕易地拿掉和套上。最後，我把這些管子口朝上，垂直懸掛在我書房的一個角落。這些儀器每一個都相當符合自然的條件，同一根樹莓樁中的蛹室，按它們在出生的巷道中的次序疊放著，最年長的在管子底部，最年輕的在靠近管口的地方。它們彼此用隔牆隔開，垂直放著，頭朝上。另外，我的辦法還有這樣的好處，那就是用透明的板壁來代替樹莓不透明的板壁，這樣我就可以日復一日地在任何合適的時刻觀察羽化的情形。

　　雄壁蜂在六月底，雌壁蜂在七月初撕破蛹室。這個時期來到後，如果想記下正確的出生情況，我就得加倍監視，並在同一天裡對管子重複多次檢查。然而，我操心這個問題已經四年了，我見過，我見過不知道多少次壁蜂的出生，因此我可以斷言，一批壁蜂的羽化絕對不受任何次序的支配。打破的第一個蛹室，可能是管底的、上部的、中間的，或者任何不同區域的

蛹室。第二個撕破的蛹室可能是靠近第一個，或者跟第一個或前或後隔開好幾行。有時同一天，同一小時羽化出好幾隻，有的住在最底部，有的住在最上面的房子裡。沒有明顯的理由可以說明，爲什麼這樣同時羽化出來。總之，羽化相繼而來，我不說是隨意的，因爲每隻蜂的羽化都有確定的時間，雖然其原因無法弄清楚；但這些羽化卻是出乎我們判斷之外，因爲我們的判斷是由某種考慮來指導的。

　　如果我們不是受某種過於狹隘的邏輯欺騙，也許我們可以預見這種結果。那些卵是產在各自的蜂房裡，間隔的時間相差不了幾天、幾小時，年齡的這麼一點點先後，對於延續一年的羽化會起什麼作用呢？這跟精確的數學並沒有關係。每個胚胎，每隻幼蟲，有牠自己的能量，一個胚胎和另一個胚胎，一隻幼蟲和另一隻幼蟲，能量都不相同，我們不知道這是怎樣確定出來的。如果某個胚胎得天獨厚，得到卵還在卵巢時給予的贈品，因此生命力大一些，那麼牠難道不會在最終的羽化時，使最年輕的先於年長的羽化出來，或者年長的先於最年輕的嗎？在母雞孵化的蛋中，難道年長的眞的總是第一個孵出來？與此同理，住在底層、年紀最大的幼蟲並不會比其他幼蟲優先第一個達到完善狀態的。

　　如果我們對這個問題考慮得更成熟些，那麼另一個理由便

會動搖我們對於數學般的嚴格次序的信念了。在一截樹莓樁中，一窩蛹室的念珠串裡既有雄的也有雌的，而這兩者在整個窩中的分布是隨意的。然而，膜翅目昆蟲中，雄蟲通常都要比雌蟲早一點出來。三齒壁蜂的雄蜂大約提前一個星期。因此，在一條人口眾多的巷道裡，總有一定數量的雄蜂，其羽化時間要比雌蜂提前八天，而這些雄蜂在窩裡是散布在各處的。這就使得羽化根本不可能從一個方向，或者從相反方向有規則地逐步進行。

這些推測是符合事實的，蜂房建造的時間先後，絲毫不能告訴我們羽化的時間先後，羽化的時間在整個窩中是沒有任何次序的。因此並沒有像杜福所說的放棄長子權的問題；每隻壁蜂並不追隨別人，而是在各自的時間咬破牠的蛹室。為什麼是在這個時間，原因我們並不清楚，不過無疑應該追溯到卵的固有潛在因素。我曾對樹莓樁中的其他居民（齧屑壁蜂、肩衣黃斑蜂、流浪旋管泥蜂等）進行了同樣的實驗，牠們的行為也是這樣；因此赭色蟹蠃應該也是這樣行事，牠們之間極大的相似性肯定了這一點。可見，使杜福如此驚奇的奇怪例外，只是從邏輯出發的一種純粹幻想罷了。

肩衣黃斑蜂

　　排除了一個差錯等於獲得了一個真理；可是如果只局限於此，我的實驗結果就沒有多大價值了。在破壞之後，讓我們設法來建設吧，也許對於破滅的幻想，我們會找到補償的。我們先看看出口處吧。

　　出蛹室的第一隻壁蜂，不管牠在這一窩中的位置在哪裡，都立即去啄把牠和隔壁隔開的天花板。牠在天花板上挖了一個輪廓分明、錐頂被削掉的錐形洞口，壁蜂所在的那邊為寬的底部，另一邊為窄的頂部。出口大門的這種形狀完全是受牠的挖掘方式所決定的。壁蜂在試圖啄開隔牆時，剛開始是有點隨意挖的，然後隨著挖掘的進展，便集中於一塊工作面上，這工作面逐漸縮小直至洞口正好夠牠通過。錐形洞口並不是壁蜂所特有的，我利用高粱髓質做的厚厚圓隔牆中，就曾見過樹莓樁中的其他居民也開鑿這樣的洞。在自然條件下，因為蜂房上部很小，幾乎只有昆蟲所需要的寬度，而且隔牆非常薄，所以隔牆被徹底破壞了。這種頂部削掉的錐狀缺口對我來說是很有用的。寬的底部使我可以不必花力氣就可以看到相鄰的兩隻壁蜂是哪隻鑿開隔牆的；牠會告訴我夜間的搬家是從哪個方向進行的，因為我看不到。

　　第一個出來的壁蜂，不管位置在哪裡，都在天花板上鑿了洞。現在牠遇到了下一個蛹室，頭部在洞口處。面對著牠的弟

弟或妹妹的搖籃，牠十分謹慎，通常都會停下來，退回到自己的房間去，在破碎的蛹室殘屑和天花板掉下來的碎片中轉來轉去。牠等了一天、兩天、三天，如果需要，等的時間更長些。如果牠不耐煩了，就試圖在巷道壁和擋道的蛹室之間鑽過去。牠甚至頑強地去啃咬內壁以盡量擴大間隙。在樹莓椿內挖掘的巷道中，一些地方可以看出這樣的企圖，那裡的髓質被磨掉甚至看到木頭，而木纖維牆壁也被咬齧掉了許多。這些在側面進行的啃咬，事後可以辨認出來，但在進行的當時卻看不出來，這一點是用不著多加說明的。

想要看到這種情形，必須把玻璃儀器做些許變動。我在玻璃管內部加上一層灰色的厚紙，不過紙只是蓋住周邊的一半；另一半仍然裸露著，使我可以始終注視著壁蜂的嘗試。看吧，這個囚犯對這個紙夾層（傳統住所的髓質層的代替品）發動猛烈的進攻了。牠一小片一小片地把紙撕下來，拚命在蛹室和玻璃管之間開闢一條道路。雄蜂的個子小些，比雌蜂易於成功。牠扁著身體，盡量收縮，把蛹室擠得稍微變了形（不過，因為蛹室具有彈性，還會恢復原狀的），鑽進狹窄的隘路，終於進入了下一個蜂房。

只要管子稍微適合這種作業，雌蜂在很急於出去時也這麼做。但是第一個蛹室通過後，前面又出現了另一個蛹室，牠又

要開路。第三個蛹室、其他的蛹室，如果昆蟲能夠做到，都是這樣繞過去的，直至精疲力竭為止。我的那些隔牆很厚，而雄蜂太弱，無法走得遠。如果牠們能夠戳通第一層，這就是牠們最大的本事了，何況不是所有雄蜂都能做到。但是在牠們的故居樹莓椿這種條件下，牠們只需要戳通阻力不大的橫隔膜，那麼就像我前面說的那樣，牠們在蛹室和迫於時勢而略加啃齧的牆壁之間穿越著。牠們能夠繞過住有幼蟲的蜂房而率先走到外面來，而不管牠們的房間原來是在第幾層。很可能是由於牠們羽化得早，才迫使牠們採取這樣的方式出窩，可這種方式儘管經常嘗試，並不是都能成功的。雌蜂擁有強有力的工具，在我的玻璃管裡前進得遠些。我曾見到有的戳破了三、四個隔牆，而超過了在牠前面好幾層未羽化的蛹室。在這長時間的工作中，比較靠近洞口的房間開闢了一條通道，而從比較遠處來的就可以利用了。在管子寬度允許的情況下，一隻房間在比較底部的壁蜂，是有可能首先從管子裡出走的。

　　樹莓內的管道直徑跟蛹室的直徑一般大，我認為在這樣的管道裡，這種從立柱側面鑽著逃出去的辦法是不大可行的，除非少數雄蜂。而且牆壁上還得有相當豐富的髓質才行，因為只要去掉這髓質，就可以給牠們打開一條狹窄的通道。現在假設一根管子相當狹窄，使得臥室在下面的壁蜂不可能提前出窩。那會發生什麼情況呢？再簡單不過的了。剛剛羽化出來、並戳

破了自己的天花板的壁蜂，發現前面有一個完好無損的蛹室，把牠的道路堵住了，牠在側面試了幾下，知道無能為力，便回到自己的住所，日復一日地等著，直至牠的鄰居也把蛹室戳破。牠的耐心是無論如何不會消失的。另外，牠經歷考驗的時間並不長，因為在一個星期左右的時間裡面，所有的雌蜂都羽化了。

如果相鄰的兩隻壁蜂同時獲得自由，彼此就會穿過通往兩間房間的洞，互相拜訪。上面的壁蜂到下層來，下面的壁蜂到上層去；有時，兩隻壁蜂待在同一個房間裡。這樣的來往不會振奮牠們的精神，而使牠們產生耐心嗎？在這期間，這裡幾隻壁蜂，那裡幾隻壁蜂，穿過把牠們隔開來的牆壁，把門打開了。一段一段的路打通了，然後領頭者出窩的時刻到了，其他的如果已經準備就緒，也跟著出來。但是總會有一些落後的，結果位置在最底下的一直要等到別的都出來後，才能出去。

總之，一方面，羽化是絲毫沒有次序的。另一方面，出窩又是按從上到下的規則進行，不過這個規則只是由於上一層樓房還沒騰空，所以昆蟲無法前進的緣故。這裡並沒有特殊的與年齡相反的羽化，只是因為無法從別的地方出去而已。如果有可能提前出去，壁蜂一定會利用這個可能性的；等得不耐煩的壁蜂從側面溜過去，從而前進了幾步，甚至最幸運的終於得到

解放，這種情況便是證明。我所看到的，最令人注意的，那就
是對身旁還沒有打開的蛹室根本碰都不會去碰一下。壁蜂再怎
麼急著出去，也不會用自己的大顎去咬別的蛹室；這是神聖不
可侵犯的。壁蜂會把隔牆摧毀，會頑強地齧咬牆壁，直至見到
木頭。可是向擋路的蛹室進攻，絕不會，永遠不會。咬破弟
弟、妹妹的蛹室，給自己打開一個洞口，這是不允許的。

　　真的，壁蜂真有耐心；擋住道路的障礙有可能永遠不會消
失。有時在一個蜂房裡，卵沒有孵化；於是沒有吃掉的食物乾
了起來，變成了一個發黴的、黏答答而密實的塞子，下一層的
居民不可能從那裡打開一條通道。有時幼蟲還會死在蛹室裡
頭，牠的搖籃變成了棺材，成為永遠的障礙。在這些嚴重情況
下，壁蜂怎麼辦呢？

　　在我收集的所有樹莓椿中，有一些（數量很少）有令人矚
目的特點。除了上部的洞口外，在側面還有一個，有時兩個圓
洞，好像是用打孔機鑽開似的。把這些存有已經拋棄的舊窩的
樹椿打開，我看出了為什麼會有這些如此奇特的窗戶的原因。
在每個窗戶上頭有一個蜂房，裡面都是發黴的蜜。卵死掉了，
而食物還沒動過，因此，要從通常的道路出去已經是不可能的
了。下一層的壁蜂由於這個無法穿越的塞子而被關在家裡，便
從匣子的側部挖一條出路，而在更下面幾層的壁蜂便利用了這

個天才的革新。既然通常的門進不去，牠們便用大顎在側面咬出一扇窗戶來。已經撕破的蛹室還留在下一層的房裡，所以我們對這種奇特的出窩方式不會產生絲毫的懷疑。另外，在其他三齒壁蜂築窩的樹莓椿中，我也看到了同樣的事實；這種情況甚至在肩衣黃斑蜂的窩裡也有發現。觀察到的事實有必要用實驗加以證實。

我選了一截內壁盡可能薄的樹莓椿以方便壁蜂鑿洞。我把樹椿一劈為二，把蛹室取出來，再把劈成兩半的樹椿內部細心地刮乾淨，做成一個內壁平坦的小溝，這使我可以更容易判斷未來卵孵化的情況。然後我把蛹室整齊地排在每一個小溝裡，用高梁稈圓片把蛹室隔開，圓片的各面都塗上一層封蠟，膜翅目昆蟲的大顎是無法咬破這種材料的。我把這兩個小溝對在一起，用繩子捆住，用填塞物糊住接縫，不讓任何光線透入內部。最後把這實驗儀器垂直懸掛著，蛹室的頭朝上。現在除了等待外，沒有別的事好做了。沒有一隻壁蜂可以用常規的方式出去，因為牠們被關在塗著封蠟的兩個隔牆之間。為了走出黑暗的牢房，牠們只有一個辦法：每隻壁蜂在側面為自己開一扇窗戶，如果牠們有這樣的本能和這樣的能力的話。

到了七月，實驗的結果是這樣的：二十隻這樣囚禁著的壁蜂中，有六隻在內壁上鑿了一個圓洞出來了；其他的無法解放

自己，而死在牠們的房子裡。但是在我打開這個圓柱體，把這兩個木頭做的小溝分開時，我發現所有的壁蜂都曾經試圖從側面逃走，因為每間房子的內壁上都有齧咬的痕跡，而且都集中在某一點。由此可見，所有的壁蜂都跟牠們那些比較幸運的兄弟姐妹一樣奮鬥過；牠們之所以沒有成功，那是因為牠們力氣不夠。總之，在我那些玻璃儀器裡，管內一半高度處包著一層灰色厚紙，我經常看到在住房側面開鑿窗戶的企圖：紙上一些地方被戳了一個圓洞。

還有一個結果我很樂意記下來，以說明樹莓樁居民的生活史。如果壁蜂、黃斑蜂或別的昆蟲無法從平常的道路出去，牠們便做出一個英勇的決定，從側面鑿開匣子。這是最後的辦法，是在嘗試了其他一切辦法都行不通之後，才決定採取的辦法。勇敢的、力氣大的成功了，弱小的因過度勞累而死了。

壁蜂的本能會從側面鑿洞，假設所有壁蜂的大顎都擁有從事這樣工程所需的力氣，那麼通過一扇專門的窗戶從每個蜂房出去，顯然比從通常的門出去要方便得多。昆蟲一旦羽化出來，就可以著手解放自己，而不必延遲到牠前面的壁蜂出去之後。這樣牠就可以避免長時間的等待，而這樣的等待對牠往往是致命的。在樹莓樁裡看到許多壁蜂死在牠們的房間裡，因為上面幾層的壁蜂還沒有及時離開，這種情形並不少見。是的，

這種側面開洞的辦法好處極大，因為每個居民不必受制於鄰居會有什麼意外發生：許多本來不會死的死掉了。所有受情況所逼的壁蜂，最後都會採取這種傑出的辦法。所有的壁蜂都有從側面鑿洞的本能，但是辦到的很少。只有得天獨厚者、最有堅韌精神和最強壯者才會成功。

如果「優勝劣敗」這個說法是支配和改造著世界的著名定律、言之有據，如果最有天賦的真的把最沒有天賦的從世界這個舞臺上排除掉，如果未來是屬於最強者、最有技巧者，那麼壁蜂家族自牠們在樹莓椿裡挖洞以來，本應該就讓那些固執地要從通常的出口出去的弱小者死掉，而全都由善於從側面鑿洞的強有力者來代替，難道不該這樣嗎？為了物種的昌盛，需要有長足的進步；壁蜂接觸到了，可是牠無法穿過那條把牠隔開的狹窄的線。誠然，優勝劣敗需要時間進行選擇，可是，即使有幾隻獲得成功，失敗的卻占多數，而且多得多。強者的子孫並沒有使弱者的子孫消失，相反牠們仍然是少數，而在任何時候肯定都是這樣。優勝劣敗法則的巨大意義給我留下了強烈的印象，但是每當我想把這個法則應用於觀察到的事實，它卻使我空忙一場，而得不到任何證據來解釋實際的情況。這個規律在理論上是宏偉的，可在事實面前卻是裝著空氣的球。它莊嚴無比，卻沒有什麼價值。那麼關於世界的這個謎，謎底在哪裡呢？誰知道？誰有可能知道呢？

　　空洞的理論無法消除懵懂無知，我們不要因此再耽擱了，我們還是回到事實上來，回到樸素的事實，腳下唯一不會坍塌的實地上來。壁蜂不去侵犯相鄰的蛹室，牠是如此謹慎，以至於在試圖從這蛹室和內壁之間溜過去，或者從窩的側面試圖開路卻徒勞無功之後，牠寧願死在自己的房間裡，而不願用暴力挖洞，從那些有幼蟲的房間裡穿過。可是如果擋道的蛹室裡面裝著的是一隻死的，而不是活的幼蟲，壁蜂是否也是這樣呢？

　　我在我的那些玻璃管子裡，一層放著裝著活幼蟲的蛹室，另一層放著種類相同、但幼蟲因硫化碳的蒸氣中毒窒息而死的蛹室，兩者彼此交替著。各層間仍然是用高粱稈圓片隔開。在羽化時，那些與外界隔絕者並不會長時間猶豫不決，牠們一戳破自己的蛹室，就向死的蛹室進攻，從這些蛹室中間穿過，把已經乾癟的死幼蟲踩得粉碎；牠一路上把一切弄得亂七八糟，最後終於出去了。可見，牠對死的蛹室是不會留情的；牠對待這些死的蛹室就跟對待其他一切障礙一樣，用大顎咬碎了。對於壁蜂來說，這些死的蛹室只是個必須推翻的路障，而沒有什麼好顧慮的。蛹室的外表毫無改變，壁蜂是怎麼知道裡面裝著的是死的，而不是活的幼蟲呢？這肯定不是靠視覺。是靠嗅覺嗎？我對於這種嗅覺總是有點不相信，因為我們不知道牠的嗅覺器官是在哪裡，但人們動輒就把嗅覺搬出來，十分方便地解釋那些我們也許根本無法解釋的事情。

　　現在管子裡完全是活著的蛹室，這些蛹室我顯然不能從同一類昆蟲中取出來，因為這樣的實驗會跟我們已經見到過的沒有什麼不同。我從兩類不同的昆蟲中取蛹室，這些蛹室從樹莓中出來的時期不同，不會發生混淆。另外，這些蛹室的直徑應當大致跟三齒壁蜂的蛹室相同，以便放到管子裡去後不會在內壁那一邊留下空隙。採用的昆蟲，一種是流浪旋管泥蜂，在六月底，樹莓中有很多；另一種是齧屑壁蜂，牠出來得早一些，在六月的上半月。我在一些玻璃管裡，或者在以兩個半圓柱狀合併的樹莓樁小溝中，交替著一層放齧屑壁蜂的蛹室，一層放流浪旋管泥蜂的蛹室，而後者的蛹室放在最上面的一層。

　　這種混居雜處的結果令人十分驚訝。壁蜂早熟些，出來了；而流浪旋管泥蜂的蛹室以及蛹室中已經發育完全的居民卻成了碎塊，成為粉屑，要不是到處都有這些被消滅的不幸者的頭，我根本不可能認得出來。可見，壁蜂對別種昆蟲的活蛹室是不會留情的；為了出去，牠從擋在中間的流浪旋管泥蜂的身體上踩過去。我說什麼，從身體上踩過去？才不呢，牠就從流浪旋管泥蜂中穿過，用大顎把這些後成熟者咬得稀爛，牠對待這些昆蟲就像對待我的高粱稈橫隔膜一樣，隨意齧咬。可是這些路障畢竟是活的！管他呢，壁蜂出去的時候到了，牠就這麼闖過去，把牠路上的一切東西都消滅掉。動物對於不是牠的、或者牠那個種族的東西是完全不在乎的，這便是一條我們至少

可以信得過的法則。

　　但嗅覺呢？嗅覺不是能夠把死的和活的區別開來嗎？這裡全是活的呀，可是壁蜂就像在一串死屍中鑽洞一樣。如果有人說，流浪旋管泥蜂的氣味可能跟壁蜂的氣味不同，那麼我就要回答說，昆蟲的嗅覺靈敏得簡直超過了我可以接受的程度了。那麼，對於這兩種事實我是怎麼解釋的呢？解釋！我是沒有什麼解釋好給的！我可以很容易地承認自己的無知，這至少可以使我免於空話連篇地亂說一氣。我不知道在漆黑的巷道裡，壁蜂是怎麼區別同類的死活，我也不知道牠怎麼能夠辨認得出一個異族的蛹室。噢！人們從我承認自己的無知可以完全明白，我是多麼不符合當前的潮流啊！我把一個可以侃侃而談，但等於什麼也沒說的絕好機會白白錯過了。

　　這根樹莓樁是垂直的，或者說差不多是垂直的，洞口朝上，在自然條件下一定是這樣的。我的把戲可以改變這種狀況；我可以隨意把管子垂直或者水平放置，可以讓唯一的洞口朝上或者朝下；最後可以讓管子兩頭都敞開著，這樣就有兩扇出去的門。在這些不同的條件下，會有什麼情況發生呢？這就是我們要用三齒壁蜂來考察的。

　　管子垂直懸掛著，但上頭封閉而下頭敞開；總之相當於一

段倒放著的樹莓椿。為了做不同的實驗並使實驗複雜些，我的
儀器裡，各個管裡的蛹室的放置方式不同：有些蛹室頭朝下，
朝著開口那一頭；有些蛹室頭朝上，朝著封閉的那一頭；有些
蛹室頭對頭，尾對尾，一上一下交替排列。用高粱稈隔牆做分
隔的地板，這是不用說的。

　　所有這些管子，實驗的結果都相同。如果壁蜂的頭朝上，
牠們就像在自然的條件下那樣齧咬上面的隔牆；如果頭朝下，
牠們就在自己的房間裡轉身，然後像平常那樣工作。總之，不
管蛹室怎麼放，牠們一般都從上面出去。

　　顯然，這裡有地心引力的影響，它提醒昆蟲，位置顛倒了
要轉過身來，就像我們如果頭朝下時，提醒我們一樣。在自然
條件下，昆蟲只能遵從地心引力的意見而往上挖掘，結果一定
會到達位於上端的出口。但是，在我的儀器中，地心引力的意
見使牠上了當；牠往上走，但是上頭沒有出路。壁蜂受到我的
欺騙而走錯了路，牠們堆聚在上部的樓層中死掉了，埋在碎磚
破瓦中。

　　不過，也有企圖往下開闢一條道路的，但是在這個方向很
少有成功者，尤其是位於中層或者上層的壁蜂。昆蟲的本性不
大善於朝著與平常相反的方向走。另外，在反方向的挖掘中有

一個嚴重的困難。在壁蜂把挖出來的東西往後拋時，這些東西由於自身的重力，又落到大顎下面，於是清理場地的工作又要重新開始。壁蜂被這種沒完沒了的工作累得精疲力竭，而且對於這麼奇特的工作方法不大相信，索性不幹了，結果死在房間裡。我應當補充指出，位於最下層、最靠近出口處的壁蜂，有這麼一隻、兩隻或者三隻，最後還是得到了解放。在這種情況下，牠們毫不猶豫地向牠們身子下方的隔牆發起攻勢，而牠們的夥伴，這是絕大多數，仍然固執地朝上挖，結果死在上面的房間裡。

不考慮蛹室的朝向，想要絲毫不改變自然條件下，重複進行這種實驗也很容易，只要把樹莓椿原封不動地洞口朝下垂直懸掛就行了。兩根住著壁蜂的樹莓椿一根朝上，一根朝下這樣擺放著，一個出口都沒有，結果所有的昆蟲都在巷道裡死掉了，有的頭朝上，有的頭朝下。相反地，三根住著黃斑蜂的樹椿，裡面所有的居民全都安然無恙。從第一根到第三根，出口全都開在下部。難道這兩種膜翅目昆蟲對地心引力的感覺不一樣嗎？是不是因爲黃斑蜂天生要穿過牠那些棉袋子的困難障礙，所以比壁蜂更善於在不斷落下的瓦礫中開闢道路呢？或者不如說，因爲這種碎棉花本身不會造成使昆蟲那麼厭惡的碎屑的掉落呢？這一切全都有可能，可是我什麼也不能肯定。

現在我們用兩端開口的管子做實驗,除了上部有開口外,其他的安排都跟前面一樣。有的管子裡,蛹室的頭朝下;有的管子裡,蛹室的頭朝上;還有的管子裡,兩種朝向交替著。結果大致與前面所得到的相同。有幾隻離下面洞口最近的壁蜂,不管牠們的蛹室是怎麼放置的,都是走朝下的路;其他絕大多數壁蜂走朝上的路,即使牠們的蛹室是朝著相反的方向。這兩扇門都是可以自由出入的,所以不管從哪個門出去都成功了。

從這些實驗可以得出什麼結論呢?首先,地心引力指引昆蟲往上走,因為自然的門是開在上頭;而當蛹室擺放的位置顛倒時,地心吸力讓昆蟲在自己的房間裡轉過身來。其次,我覺得這裡多少有大氣的影響,不管怎樣,有第二個原因促使昆蟲朝出口走。現在我們假設影響這些隱居者穿過層層隔牆的這個原因,就是周圍的自由空氣。

因此,昆蟲一方面受地心引力的影響,這種影響對於所有的昆蟲都是一樣的,不管牠住在哪個樓層,這就是指引全窩壁蜂從底部往頂部去的共同領路人。但是當底部有開口時,處於下部房間的壁蜂還有第二個領路人,那就是周圍空氣的刺激,這是比重力更具作用的刺激。由於隔牆的緣故,外面空氣進入得很少;如果說在底層可以感覺得出空氣,隨著樓層的升高,空氣也迅速減少。因此,底層少數的昆蟲在主要因素的影響,

即大氣的影響下，便往下面的出口走去，而如果需要，便在原先的朝向上掉一個頭。相反地，位於上部的絕大多數昆蟲，由於只受地心引力的指引，在上端封閉的情況下，還是往高處走。不言可喻，如果上端跟下端都開著，上面的居民便有雙重的理由要往上走；儘管這樣，住在最下層的還會首先服從周圍空氣的召喚，而走朝下的路。

我還有一種辦法可以判斷我這種解釋有沒有價值，那就是用兩端開口平放著的瓶子來實驗。水平放置有雙重好處。首先，昆蟲可以隨便走什麼方向，或者往右，或者往左，從這個意義上說，水平放置使昆蟲免受地心引力的影響。其次，當從下部挖掘時，殘屑掉落到工作者大顎底下的問題不存在，這種掉落遲早會使昆蟲灰心喪氣，從而放棄牠的事業。

要做好實驗必須注意幾點，我向願意重複實驗的人做幾句交代，甚至對於我前面講的那些實驗，最好也要考慮到這幾點。雄蜂衰弱，不是幹這種活的料，在我那些厚厚的橫隔膜面前是一籌莫展的工人，牠們大部分都無法戳穿整個隔牆，便在我的玻璃瓶裡可憐地死去了。另外，牠們在本能的天賦方面也不如雌蜂。牠們的屍體在管子裡橫七豎八，造成這種困擾的原因必須予以排除。因此我選擇外表看來最粗壯、直徑最大的蛹室。除了某些難以避免的差錯外，這些蛹室都是雌蜂的。我把

這些蛹室按照各種不同的朝向，或者用同一朝向放在管子裡，
不管是從同一截或者從若干樹莓椿中取出來的，都沒什麼關
係，我們願意從哪裡選就從那裡選好了，實驗的結果都沒有什
麼不同。

　　第一次我用這種方式製備了一根水平放置的、兩端開口的
管子，結果令我強烈地震驚。管裡有十個蛹室，分成數目相等
的兩組，左邊的五隻從左邊出去，右邊的五隻從右邊出去。如
果需要，把最初的朝向反過來，結果還是這樣。這樣的對稱是
非常引人注目的，而且在各種可能的排列中，這樣排列的或然
性很小，下面的計算會證實這一點。

　　假設壁蜂的數目為 n，牠們中每一隻在重力不產生影響，
兩端讓牠隨意出去的情況下，根據牠選擇的是左邊的出口還是
右邊的出口，可以有兩種態度。第二隻壁蜂也有兩種態度，每
一種態度可以與第一隻壁蜂的兩種態度中的每一種進行組合，
從而總共得出 $2 \times 2 = 2^2$ 種排列。這些 2^2 種安排的每一種，又
可以與第三隻壁蜂的兩種態度中的每一種組合，從而第三隻壁
蜂可以得出 $2 \times 2 \times 2 = 2^3$ 種排列。如此類推，每多一隻壁蜂就
給前面已得到的結果增加了一個因數 2。因此，n 隻壁蜂的排
列方式就有 2^n 種。

　　但是請注意，這些排列是兩個兩個相對稱的，向右走的排列與向左走的排列相對應，而這種對稱引起了對等，因為在我們要考慮的問題中，某種一定的排列是與管子的左邊還是右邊無關的，因此前面的數目應當除以 2。這樣，n 隻壁蜂根據牠的頭在水平管子中是轉向右邊還是左邊，排列的數目可以有 2^{n-1} 種。如果像我第一個實驗那樣， n ＝10，那麼排列的數目就是 2^9 ＝512。

　　這樣，在我那十隻昆蟲出去的方向上，可以有的五百一十二種排列中，所實現的對稱性是最令人矚目的。而且必須注意到這個結果不是壁蜂經過反覆嘗試，左闖闖、右轉轉之後得到的。那一半位於右邊的壁蜂，每一隻都是往右邊鑿洞而沒有去碰左邊的隔牆，而那一半位於左邊的壁蜂，每一隻都是往左邊戳洞而沒有去碰右邊的隔牆。如果想察看，那麼洞的形狀和隔牆表面的狀態可以告訴您。這個決定是立即做出的：一半向左，一半向右。

　　得到的排列還有另一個比對稱性更重要的價值，那就是這樣的排列符合花費力氣最小的要求。為了讓所有的壁蜂都出去，如果管子裡有 n 個房間，那麼首先就有 n 塊隔牆要戳破。甚至由於我要避免混亂現象，隔牆還可能多放了一塊。因此，至少有 n 塊隔牆要戳開。每隻壁蜂戳自己的隔牆或者同一隻壁

蜂為了減輕鄰居的工作，而戳好幾塊隔牆，這對我們來說並不重要。這一窩壁蜂所花力氣總數是與隔牆的數目成正比的，不管壁蜂是以什麼方式出去。

但是還必須充分考慮到另外一項工作，因為這種工作往往比戳通隔牆更困難；那就是從殘磚碎瓦中為自己開闢一條道路。現在假設所有的隔牆都已經鑿開，各個房間被殘磚碎瓦堵塞著，而且僅僅是被自己房間的殘磚碎瓦堵塞著，因為水平的放置，這個房間的東西根本不可能跟別的房間的東西混在一起。為了從這些舊建築材料中打開一條道路，如果每隻昆蟲穿過的房間盡可能少些，總之，如果牠向離牠最近的洞口走去，那麼牠花的力氣就會最少。每隻昆蟲所花費的最少力氣，加起來就是最少力氣的總和。因此壁蜂正是以在我的實驗中的那樣走法，用最少的力氣走了出去。看到一種昆蟲會應用機械學的「最少動作原則」，真是滿有意思的。

一種可以滿足這一原則而且符合對稱規律的排列，只有五百一十二分之一的機會可以成功，這肯定不是偶然的結果。有一個原因使之必然如此，而這個原因總是在發揮作用，如果我重新進行實驗，得到的排列必然還是這樣。於是我在後來幾年中又進行這種實驗，我積極尋找樹莓椿，我能找到多少根，實驗的儀器就有多少部。我在每一次新的實驗裡所看到的，都是

第一次那種令我十分感興趣的情況。如果昆蟲的數目是偶數——我的縱隊通常是十隻昆蟲，那麼一半從右邊出去，另一半從左邊出去。如果是奇數，比方說十一隻吧，那麼當中那隻壁蜂是從左邊還是從右邊出去，就顯得無所謂了。因為對於牠來說，不管從這邊還是那邊走，要穿過的房間數目都一樣多，牠走哪個方向所花的力氣都一樣，牠一直遵守著最少動作原則。

重要的問題是要了解樹莓椿中的其他居民，或者其他膜翅目昆蟲，牠們住在不同地方，但是在離窩的時刻來臨時，必須開闢一條艱難的道路，是不是也有三齒壁蜂的這種天賦。可以說，除了蛹室中的幼蟲在我的管子裡沒有發育而死掉，或者由於雄蜂對工作不大在行而產生的某些不規則現象外，肩衣黃斑蜂經過實驗，結果一樣：牠們分成兩組，一組往右，一組往左。對於製陶短翅泥蜂我還拿不準。這種纖弱的昆蟲無法戳穿我的隔壁；牠略微齧咬幾下，而我是需要根據齧咬的情況來判斷走向的，但牠咬得不大明顯，所以我還無法發表意見。流浪旋管泥蜂是靈巧的鑽孔者，牠的表現與壁蜂不同。一個十隻昆蟲的縱隊全都朝同一個方向出去。

我另一方面還用棚簷石蜂做實驗。這種石蜂在自然條件下為了出窩，只要戳穿牠那水泥的天花板就行了，而不必穿過牠面前一連串的房間。雖然牠對於我為牠創造的布置感到陌生，

可是牠給的答覆還是十分肯定的。在一根兩端敞開的水平放置
的管子裡，十隻泥蜂排成一行，五隻往右走，五隻往左走。束
帶雙齒蜂是棚簷石蜂或高牆石蜂在砌石建築物中的寄生蟲，牠
們並沒有提供任何明確的信息。斑點切葉蜂在高牆石蜂的蜂房
裡建造圓片葉子的小盅，牠像流浪旋管泥蜂一樣，都朝同一個
方向走。

　　這份記錄雖然很不完整，卻
向我們指明，不要把從三齒壁蜂
那裡得來的結論隨便類推適用。
如果說某些膜翅目昆蟲，比如黃
斑蜂、石蜂具有從兩個出口出去
的才能，別的如旋管泥蜂、切葉

斑點切葉蜂

蜂，則學巴呂儲的羊[2]，跟著第一個出來的幼蟲走。昆蟲世界
不是千篇一律的，昆蟲的才能極不相同，某種昆蟲能做到的，
別的昆蟲卻不能，而看出這些不同則需要十分敏銳的目光。不

---

[2] 巴呂儲的羊：典出法國文藝復興時期文學巨匠哈伯雷 ※的《巨人傳》。巴呂儲
　　為書中主角之一。巴在船上與一羊商發生口角，商人侮辱了他，他為了報復便
　　向商人買了一隻羊並把牠趕下海，這隻羊的叫喚使其他羊也追隨牠相繼跳下
　　海，商人企圖拉住最後一隻羊，結果反被羊拖了下去而淹溺水中，以後這便成
　　為有名的成語。——譯注
　※ 哈伯雷：1494-1553年，法國諷刺作家、醫生暨人文主義者，作品有《巨人傳》
　　和《卡岡都亞》等。——編注

管怎樣，更加充分的研究，必定會發現能夠從兩頭出去的昆蟲的數目不止這些。今天，我們知道有三種，這對我們來說已經足夠了。

我要補充指出，如果水平的管子有一頭是封閉的，那麼這一排壁蜂都會朝開口的那一頭走，而如果必要，則轉個身走。

現在事實已經擺出來了，讓我們追溯其原因吧，如果辦得到的話。在一根水平放置的管子裡，重力對於昆蟲走哪個方向不再發揮作用了。應該進攻左邊的隔牆嗎？應該進攻右邊的隔牆嗎？怎麼做決定呢？我越尋思，我就越是懷疑這是大氣的影響，大氣可以從開口的兩端感覺得出來。這種影響是什麼？是壓力作用，是濕度測定學的作用，是電波的作用，是我們粗淺的物理學所不知道的某些特性的作用？誰要作出斷言都可能是相當大膽的。我們自己，當天氣要變的時候，我們內心不是也會產生某種感受，某些說不清的感覺嗎？但是如果我們處在跟我的那些隱居者類似的環境之下，那麼對大氣變化的這種模模糊糊的敏感性，對我們沒有多大的幫助。假設我們在一間漆黑而沒有一點聲音的單人囚室裡，前面還有別的囚室。我們有鑿通牆壁的工具，但是要從什麼地方鑿，才能到達最後的出口，並且最快到達呢？空氣的影響肯定不會告訴我們什麼的。

可是它卻會指導昆蟲。大氣雖然透過多層隔牆而影響十分
微弱，但是因為一邊的障礙數目比另一邊少，所以對這一邊的
影響就大些；而昆蟲對於這兩者（這究竟是什麼我也說不清）
之間的差別十分敏感，便向離自由空氣最近的隔牆進攻。昆蟲
縱隊就是這樣分成方向相反的兩組，以最少的工作量來實現全
體的解放。總之，壁蜂和牠的競爭者能夠感覺出自由的空間。
這又是一種感覺天賦，這種感覺天賦，根據演化論，本應是自
然的贈而賜給我們的。可是它沒有這麼做，那麼我們是不是像
許多人斷言的那樣，從第一個形成為細胞的生蛋白原子，經由
千萬年的演化，而達到盡善盡美的最高體現呢？

第十四章

西塔利芫菁

卡爾龐特哈郊區高高的沙質黏土邊坡是許多膜翅目昆蟲特別鍾愛的地方，牠們喜歡朝陽的地勢和容易挖掘的土地。在那裡，五月間，有兩種條蜂特別多，牠們既是採蜜工，又是地下蜂房建築工。一種是斷牆條蜂[1]，牠在住宅的入口處建造一個土質圓柱體做為前方工事，建築物跟螺螺的一樣是鏤空的，也

斷牆條蜂

呈彎狀，但有一個手指那麼粗，那麼長。蜂城裡面群蜂飛舞，黏土的鐘乳石垂掛門前，這種樸素的裝飾令我驚嘆不已。另外一種是低鳴條蜂[2]，這種條蜂常見得多，

---

[1] 斷牆條蜂：又名黑腳條紋花蜂。──編注

牠讓自己的巷道口裸露著。舊牆內的石頭
縫和廢棄的破房子，柔軟的砂岩和泥灰岩
內的洞壁，都適合牠們築窩；但是牠們特
別喜愛的地方，也是蜂房最密集的地方，
則是朝南而垂直的地表，如深深夾著道路
的邊坡。那裡，好幾步長的溝壁上鑽的洞
密密麻麻的，就像一塊大海綿。這些洞圓

低鳴條蜂

得就像用穿孔器鑽出來似的。每個洞進去都有一條彎彎曲曲長
三十公分的甬道。蜂房就分布在甬道盡頭。您想看看條蜂靈巧
的作工嗎？那就在五月下半的時候到工地去吧。如果您還是新
手，害怕被蜂螫著，那就不要走得太近，這樣您就可以注視那
些亂哄哄又嗡嗡叫的蜂群，又是築巢又是儲糧，這些令人眼花
撩亂的活動了。

　　我到條蜂居住的邊坡去參觀的時間，多半是在八、九月學
校放假的時候。這個時期，窩的四周一片寂靜；工程早就完工
了，許多蜘蛛網已經結在角落裡，或者像絲管似的深入到膜翅
目昆蟲的巷道裡去。但是您不要匆匆忙忙地就對這座以前那麼
熙熙攘攘，而如今卻是冷冷清清的城市置之不理。在地下幾法
寸深處，有幾千隻幼蟲和蛹關在黏土質的蜂房裡，直到來年春

② 低鳴條蜂：又名毛腳條紋花蜂。——編注

變形卵蜂虻

天。一些美味可口但無法自衛
的獵物，也像這些幼蟲一樣，
處於昏迷的狀態，這些難道不
會引誘某些寄生蟲想辦法寄生
在牠們身上嗎？

真的，您看吧！一些穿著
半白半黑喪服的雙翅目昆蟲——變形卵蜂虻，正無精打采地從
一個巷道飛到另一個巷道，無疑是想把卵產在那些獵物身上。
您看吧，另外一些，數目更多，已經完成了任務，在辛勤工作
之後已經死去，乾乾的掛在蜘蛛網上。在別處，整個陡峭的邊
坡上鋪滿了一種鞘翅目昆蟲的屍體（肩衣西塔利芫菁），牠們像卵蜂虻一樣懸掛在蜘蛛的絲網上。在這些屍體中間，一些春情勃發的雄性西塔利芫菁[3]根本不把這些死者當做一回事，來來往往，忙忙碌碌，見到一隻雌性西塔利

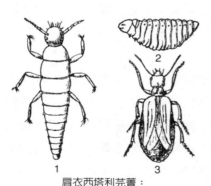

肩衣西塔利芫菁：
1.初齡幼蟲　2.二齡幼蟲　3.成蟲

[3] 西塔利芫菁：又稱花蜂寄生芫菁。——編注

芫菁從牠身邊搆得到的地方走過，便不管三七二十一，立即進
行交配，而已經受孕的雌性昆蟲則帶著大肚子鑽進一條巷道的
洞口，後退著走進裡面消失了。不可能發生什麼誤會的；一定
是出於重大的利益，這兩種昆蟲才會在短短的幾天中在這個地
方出現、交配、產卵，然後就死在條蜂房屋的門前。

　　現在我們在這塊地上挖幾鋤頭，應該會發生我們已經推測
到的意外情況，在這裡，同樣的事情去年也發生過。也許我們
會找到猜想的寄生現象的證據。如果我們在八月初挖掘條蜂的
窩，那麼就會看到這樣的情形：上層的蜂房跟位於比較深處的
蜂房並不一樣。這種不同是由於條蜂和一種壁蜂（三叉壁蜂）
都在同一建築物中進行開墾的緣故，五月在工程期所做的觀察
證明了這一點。條蜂是真正的先鋒，巷道是完全由牠挖出來
的，所以牠們的蜂房在底下。這些巷道由於已經破爛，或者位
於巷道最盡頭的蜂房已經建好，便被放棄
了。而壁蜂利用了這些被放棄的巷道，牠
使用粗糙的土隔牆把巷道分割成大小不
等、沒有藝術性的房間，就這樣建造了牠
的蜂房。壁蜂所做的唯一工作就是砌這些
隔牆。不過這也是各種壁蜂建造蜂房時通
用的方式，因為只要兩塊石頭間有縫隙，
只要有蝸牛的空殼，只要有某種植物空心

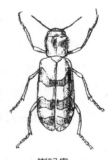

喇叭蟲

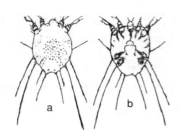

蟎蜱：a.背面 b.腹面

的莖幹，牠們就心滿意足了，可以不大費力地用薄薄的灰漿隔牆來堆建牠們的蜂房了。

條蜂的蜂房就挖在沙質黏土邊坡的土裡，除了用來蓋洞口的厚厚蓋子外，沒有增添任何物件，蜂房的幾何尺寸分毫不差，非常完美，簡直就是一件藝術品。條蜂的幼蟲在母親謹慎而巧妙的安排保護下，躲在偏僻而牢固的隱蔽所盡頭，不會受到侵害。牠們沒有吐絲的腺性器官，因此牠們從不織造蛹室，而是赤身裸體地躺在蜂房裡，蜂房的內部牆壁抹得非常光滑。相反，壁蜂的蜂房位於邊坡的上層，內部大小不一，十分粗糙，而且牠那薄薄的土隔牆幾乎無法抵禦外部的敵人，必須得有防禦手段。的確，壁蜂的幼蟲知道躲在一個深棕色非常堅固的卵狀殼裡，這個殼使牠不會接觸到蜂房粗糙的內壁，和免遭蟎蜱、喇叭蟲、圓皮蠹這些貪婪寄生蟲大顎的咬嚼，這許多敵人為了尋找可以吞噬的東西，正在巷道四周悠遊著呢。正是靠著母親和幼蟲的才能，部分條蜂和壁蜂的幼蟲在嬰兒時期才得以逃脫威脅著牠們的危險。因此在開挖的邊坡裡，根據蜂房的位置和形

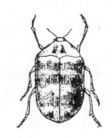

圓皮蠹

狀，最後還可以根據蜂房裡的幼蟲（條蜂的幼蟲是裸露著的，而壁蜂的幼蟲藏在蛹室裡），我們可以容易地認出，這是兩種膜翅目昆蟲中那一種的窩。

打開一定數量的蛹室後，我們終於會發現有的蛹室裡裝著的不是壁蜂的幼蟲，而是每個蛹室裡有一隻形狀奇怪的蛹。這些蛹，只要輕輕動一動牠們的小屋，就會亂動起來，用腹部拍打著房間的牆壁，把牆壁搖晃得像在顫抖似的。所以，即使不打開蛹室，只要動動這棟絲房子，從裡面就會傳出隱隱約約的摩擦聲，我們就知道裡面有蛹了。

這個蛹的前端配備著六根粗壯的棘吻，這種多齒犁頭十分適合挖掘土地。腹部前四個節段的背部環節上有兩排彎鉤。蛹借助這些彎鉤可以爬出牠用吻挖掘的狹窄巷道。最後，一束銳利的尖釘構成後部的盔甲。如果我們注意地檢查容納著各種窩的這個垂直坡面，我們很快就會發現，蛹的尾端藏在跟牠們直徑一樣大的巷道裡，而前端則自由地伸出在巷道外面，但是這些蛹只剩下了殼，殼的背上和頭上有一道長長的裂縫，成蟲就從這道裂縫出去了。因此，蛹強有力的盔甲的用途很明顯了，是蛹負責撕破把牠囚禁起來的堅韌的蛹室，挖開把牠埋著的密實的土，並最後把成蟲送到陽光下，因為成蟲自己大概是無法完成這麼艱巨的工作的。

　　果然，這些從蛹室裡取出的蛹過了沒幾天就變成了一種纖弱的雙翅目昆蟲——變形卵蜂虻，牠根本無力戳破蛹室，更無力從我用鎬也不容易挖開的土裡開闢出一條路來。雖然這樣的事情在昆蟲世界裡十分常見，可是看到這些總不免令人很感興趣。這些事實告訴我們，一種不可理解的力量，在一定的時刻，突然用不可抗拒的口吻，命令一隻卑微的小蟲放棄十分安全的隱蔽所，穿過千萬困難去迎接光明，這在其他任何情況下對於牠來說都是致命的，可是對於成蟲來說卻是必須的，因為成蟲自己無法做到這一點。

　　可是如今壁蜂蜂房的那一層已經掀掉，現在鎬觸及到條蜂蜂房這一層了。

　　在這些蜂房中，有些是五月份工作的成果，裡面裝著幼蟲；其他蜂房雖然也是

披甲毛斑蜂

同一日期建造的，卻已經被成蟲所占有。各個幼蟲成熟變態的日期不是一樣的；另外，年齡相差幾天可以解釋發育的不一致。別的一些蜂房，數目跟前者一樣多，裡面住著的是一種寄生性膜翅目昆蟲——披甲毛斑蜂，也處於發育完好的狀態。最後，還有許多蜂房裡有一種奇怪的蛋形蛹室，分成幾個節段，上面長有柱頭的芽蕾，這蛹室非常薄，易碎，琥珀色，十分透明，透過外殼可以清清楚楚地看出一隻成年的肩衣西塔利芫菁

在裡面直動，彷彿想掙脫出來。我們剛才看到西塔利芫菁為什麼來到這些地方交配產卵的原因了。壁蜂和條蜂是本宅的共同業主，牠們各自有自己的寄生蟲。卵蜂虻以壁蜂為對象，而西塔利芫菁則向條蜂進攻。

西塔利芫菁總是藏在蛋狀的蛹室裡，這種蛹室在鞘翅目昆蟲中是見不到的。這裡會不會有二次寄生現象，即西塔利芫菁住在第一個寄生蟲的蛹殼裡，而第一個寄生蟲則靠條蜂的幼蟲或者牠的食物過活呢？再者，這隻芫菁或者這些寄生蟲是怎麼進入這所看起來似乎不可侵入的蜂房呢？因為蜂房埋在那麼深的地底下，即使用放大鏡也看不出有任何強行進入的現象啊！這就是一八五五年當我第一次見到前面所敘述的事實時，在我的腦子中產生的問題。經過三年辛勤的觀察，我在這一章中可以對昆蟲變態的故事，做一番最令人驚訝的補充了。

在收集到相當大量的、裝著成年西塔利芫菁的這種可疑的蛹室之前，我有充分的時間觀察到成蟲從蛹室裡出來、交配和產卵。蛹室很容易裂開，只要大顎隨便在什麼地方戳幾戳，再用腿扒幾下，成蟲就可以從那易碎的監牢裡出來了。我把西塔利芫菁放在瓶子裡，我看到成蟲一獲得自由就進行交配。我親眼看到的事實充分證明，對於成蟲來說，毫不拖延地進行保障種族延續的行動，這種需要是多麼的急迫。一隻頭已經鑽出蛹

室的雌性昆蟲焦慮不安地掙扎著要徹底解脫出來；一隻得到自由已經兩小時的雄性昆蟲爬到這個蛹室的上面，用大顎在這裡啄啄，那裡扒扒，拚命要幫助雌蟲從桎梏中解放出來。牠的努力很快就取得了成功，蛹室的後面出現了一條裂縫，雖然雌蟲有四分之三還在襁褓裡，交配卻立即進行了，延續了大約一分鐘。在交配時，雄性昆蟲釘在蛹室的背上，或者如果雌蟲已經完全自由，便釘在雌蟲的背上一動不動。我不知道在平常的條件下，雄性昆蟲是不是也這樣幫助雌性昆蟲獲得自由的。要做到這樣，牠就得進入到裝著一隻雌蟲的蜂房裡面去，既然牠能夠從自己的蜂房裡鑽出來，這對牠來說，不管怎樣是可能做到的。但是，交配是就在條蜂的巷道入口處進行的；這樣不管是雌蟲還是雄蟲，在身後都沒有牠們鑽出來的蛹室殼的碎片。

交配之後，這兩隻西塔利芫菁就用大顎把大腿和觸角捋光亮，然後各自走開了。雄蟲躲到土坡的縫隙裡，奄奄一息，兩、三天後死了。雌蟲也一樣，牠一刻也沒耽擱，立即產卵，然後就在牠產卵的通道入口處死去了。這便是條蜂窩附近蜘蛛網上掛著的那些屍體的來歷。因此西塔利芫菁成蟲的生命僅僅是為了交配和產卵。除了在牠們愛情的舞臺同時又是死亡的舞臺之外，我在其他地方從未見過牠們。我也從未見過牠們在附近的植物上吃東西，以致於雖然牠們具有正常的消化器官，可我卻完全有理由懷疑牠們是不是真的吃過什麼東西。牠們過的

是什麼樣的生活啊！在裝滿蜜的倉庫裡大吃大喝半個月之後，在地下沈睡一年，在陽光下過一分鐘的愛情生活，接著就是死亡了！

雌蟲一旦受精後，便懷著不安的心情立即著手尋找合適的地方去產卵。看看牠到底到哪裡去？卵是很重要的。雌蟲是不是從一間蜂房到另一間蜂房，把卵產在條蜂、或者這個蜂房中的寄生蟲幼蟲的肋部上，因為那個部位味道鮮美呢？西塔利芫菁從牠那奇怪的蛹室裡出來，令人相信是這樣的。這種把卵一個個產在每間蜂房的方式似乎完全是必須的，因為只有這樣才能解釋我們已知的事實。但是，如果的確是這樣，為什麼被西塔利芫菁侵占的蜂房沒有留下絲毫破門撬鎖的痕跡呢？這是非有不可的啊！既然這種蛹室似乎不是鞘翅目昆蟲的，而且我渴望對這些神秘的事情有所了解，所以長時間堅持不懈地尋找，可是我為什麼連一隻也沒有找到可能與這種蛹室有關的寄生蟲呢？這是為什麼呢？讀者可能不由得會猜想，我的昆蟲學知識菲薄，我陷入了這些矛盾事實所構成的迷宮裡走不出來，被弄糊塗了。但是，且慢，耐心點！也許會弄明白的。

首先我們看看卵究竟產在什麼地方。一隻雌蟲剛剛在我眼前受了精；牠立即被關進一個大瓶子裡，與此同時我在瓶子裡放進了幾片有條蜂蜂房的土塊。這些蜂房中有一部分裝著蛹

室，有一部分裝著還是完全白色的蛹，有幾個蜂房稍微開了一點口，可以看到裡面裝著的東西。最後我在封住瓶子的軟木塞朝內的那一面，放上一根圓柱形的管子，一根直徑有條蜂的通道那麼大的盲管。瓶子平放著，以便在昆蟲如果願意的時候，可以進到這個人造的通道裡面去。

　　雌蟲拖著大肚子，在牠這個臨時找到的住宅裡巡視各個角落，用牠那伸向各處的觸角探測著。經過半個小時的搜索和仔細尋找，終於選定了挖在塞子裡的水平通道。牠把腹部伸進這個洞裡而頭懸在外面，開始產卵了。分娩經過三十六個小時才結束。在這難以相信的長時間裡，非常有耐心的昆蟲一直動也不動。

　　卵是白色的，蛋形，非常小，長幾乎不到三分之二公釐，彼此稍微有一點黏著，呈一個不定形的堆狀，像是一大把未成熟的蘭花種子。至於卵的數目，我得承認即使我再有耐心，不怕疲勞，也數不過來。不過我估計至少有兩千個也不算誇張。這個數位我是根據下面這些資料得出的。我說過，產卵持續了三十六個小時，我經常去察看這隻在塞子洞裡分娩的雌蟲，我深信牠差不多是無間斷地連續產卵。而產一個卵和產下一個卵之間的時間相隔還不到一分鐘，因此卵的數目不會低於三十六個小時的分鐘數，即不會低於二千一百六十個。但是這個數目

是不是分毫不差關係並不大，只要確認數目很大就行了。由此可以設想，新生的幼蟲從卵裡孵化出來後會大量遭到滅亡，因此需要有這樣大的數量，才可以使這個物種按所要求的比例生存下來。

在進行了這些觀察，了解了卵的形狀、數目和排列之後，我便在條蜂的巷道裡尋找西塔利芫菁產下的卵，而我發現牠們的卵總是堆在巷道裡，總是在離朝外開的洞口一、二法寸處。因此與人們所猜想的（這樣的猜想是滿有道理的）相反，西塔利芫菁的卵不是產在工程兵條蜂的每一個蜂房裡，而是僅僅在條蜂窩的前庭產下了一堆。另外，母親對於這些卵沒有作任何保護工作，牠沒有採取任何措施來抵禦嚴寒，牠把卵產在不深的地方，而且牠甚至沒有設法把這個前庭馬馬虎虎地堵起來，以使幼蟲免遭千百種威脅著牠們的敵人襲擊；因為，只要寒冷的冬日還沒來到，蜘蛛、粉蟎、圓皮蠹和其他掠奪者都要在這些敞開著的巷道中來來往往，而這些卵或者由卵孵化出來的初生幼蟲則是牠們美味可口的佳肴。由於母親的漫不經心，沒有被所有這些貪婪的捕獵者吃掉，或者沒被嚴寒凍死的幼蟲數量是非常少的。也許正因此，母親必須生產大量的卵來彌補牠的無能吧。

一個月後，接近九月末或者十月初，卵開始孵化。此時氣

候還很好，我以為初生的幼蟲會立即開始行走，四散開來，通過某些看不出來的裂隙，各自設法到條蜂的一個蜂房中安身。這種預料大錯特錯了。我把我的囚犯產下的卵存放在盒子裡，但初生的幼蟲，這些身長最多一公釐的黑色小蟲子，雖然具有強壯的腿，卻根本沒有移動位置；牠們從卵裡出來後就一直跟那些白色的碎卵皮雜亂地待在一起。

我把裡面有條蜂窩，有敞開的蜂房，有幼蟲，有蛹的土塊放在牠們摸得著的地方；可是一點用也沒有，什麼東西都無法引誘牠們，牠們一直跟卵的外皮混在一起，形成一個帶黑白點的粉堆。只有用針尖撥動這有生命的粉堆才會引起蠕動。除此之外，所有的幼蟲全都安然不動。如果我硬要把某些幼蟲從粉堆裡撥開，牠們便急忙地返回到粉堆裡去，鑽到其他幼蟲中間去。也許像這樣聚集在卵皮下面被卵皮遮蓋著，牠們可以不那麼怕冷吧。不管牠們堅持這樣堆積在一起的原因是什麼，我得承認我所能夠想像出來的任何辦法，都無法讓牠們放棄那個由彼此略微黏著的卵皮所形成的小小海綿塊。最後，為了更加確信獲得自由的幼蟲在孵化後不會四散開來，我便在冬天時到卡爾龐特哈去察看條蜂築窩的邊坡，我發現幼蟲像在我的盒子裡一樣，跟卵皮一起形成了小堆。

第十五章
西塔利芫菁的初齡幼蟲

　　直至第二年將近四月末，都沒有任何新情況發生。我要利用這漫長的休息時間來更好地了解初生的幼蟲，下面就是我對這種幼蟲的描述。

　　長一公釐或者不到一公釐。肉硬，淡綠黑色，閃閃有光，上部隆起，下部扁平，長長的，直徑從頭部逐步加大到後胸的後端，然後迅速縮小。頭長而不寬，底部稍稍擴大些，接近嘴部為淡橙紅色，接近單眼處為色深些。

　　上唇為圓形節段，近橙紅色，邊上有少量非常短的硬纖毛。大顎粗壯，橙紅色，短而尖，休息時閉攏而不重疊。頜部的觸鬚相當長，由兩個一般長的圓柱體構成；末端有一根十分短的纖毛。頜和下唇幾乎看不出來，無法有把握地描述。

　　兩根圓柱形的觸角一樣長，彼此並不明顯地隔開，長度大致跟觸鬚一樣；末端有一根觸毛，其長度為頭上觸角的三倍，越來越細，甚至於在倍數很大的放大鏡下都看不出來。每根觸角根部的後面有兩個不一般大的單眼，彼此幾乎連在一起。

　　胸部每個節段一般長，並從前到後逐漸加寬。前胸比頭大，前窄底寬，兩邊略呈圓形。腳不長，相當粗壯，末端有強有力的爪，爪長而尖，而且非常靈活。每隻腳的髖部和大腿上有一根長觸毛，跟觸角的觸毛一樣，它幾乎有整隻腳那麼長，當昆蟲行動時與移動的平面相垂直。小腿上有幾根硬纖毛。

　　腹部有九個節段，各個節段的長度明顯相同，但比胸部的節段短些，寬度卻一節比一節迅速縮小，直至最後一個節段。在第八節段的附屬物下面，或者不如說在把這個節段和最後一個節段隔開的橫隔膜的附屬物下面，有兩根尖針，稍微有點彎，短短的可是粗而且尖，末端很尖，針尖一根偏右，另一根偏左。這兩根尖針通過一種類似蝸牛的觸毛的機制，隨著底部橫隔膜的狀態而收縮起來。另外，當肛門節段收縮到第八節段中時，它們可以被帶動而藏在第八節段下面。最後，在第九節段或者說肛門節段的後部邊緣上有兩根長觸鬚，跟腳上和觸角的觸毛一樣，從上到下彎下來。在最後這個節段後面有一個乳頭狀的小肉突，這便是肛門；我在研究時使用了顯微鏡，可是

卻沒看出肛門來。

　　當幼蟲休息時，各個節段像疊瓦似的有規則地排列著，於是各關節的橫隔膜就看不見了。但是如果幼蟲行走起來，所有的關節，尤其是腹部節段的關節都顯露出來，而且占的位置幾乎跟角質的彎拱一般大。與此同時，肛門節從第八節段所形成的匣子裡伸出，肛門也拉長成乳頭，而倒數第二環節的那兩根尖針先是慢慢活動，然後就像彈簧放鬆了那樣突然豎起；最後，這兩根尖針叉開成新月狀。這個裝置一旦打開，幼蟲就可以在最光滑的平面上行走了。最後那個節段和牠的肛門圈彎曲得與身體的軸線呈直角，而肛門則貼在運動面上，在那上面流出了一小滴透明的黏稠液體，肛門圈和最後節段的那兩根尾毛像個三腳架似的，小蟲支在這個三腳架上面，黏液把這小蟲黏起來，使得牠牢牢地釘著不動。如果我們觀察幼蟲在玻璃片上活動的方式，我們可以把玻璃片垂直放著，甚至翻過來倒過去，輕輕搖晃，幼蟲也不會掉下來，因為牠被肛門圈的黏液黏住了。

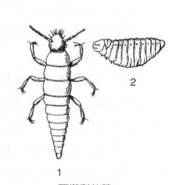

2

1

西塔利芫菁
1.初齡幼蟲　2.二齡幼蟲

　　小傢伙不怕從這平面上掉下

來，如果牠想在平面上走，牠便使用另一種方法。彎起腹部，
而當第八節段那兩根，如今已經完全展開的尖針在運動平面上
爬動（姑且這麼說吧）能找到支點時，牠就全身依靠在這個基
座上，藉由把腹部各個關節膨脹開來而向前進。此外那些腿也
不是無所作為的，前進的運動也得到了腳的幫助。往前爬了一
步後，牠伸出腳上那些強有力的爪抓住平面，收縮腹部，收攏
各個環節，而已經往前伸的肛門，借助那兩根尖針重新找到支
援，於是便這樣開始了第二步奇怪的行走。

　　在行走時，髖部和大腿的觸毛在支撐面上拖動著，而根據
其長度和彈性，這些觸毛對於走路似乎只會礙事。可是我們別
忙著輕率地作結論；生物身上任何最微小的部分都是適應牠應
該在其中生活的環境；可以相信這些觸毛不但不會妨礙小傢伙
的行進，相反的，在正常情況下還會有些幫助的。

　　我們所看到的這一點點情況已經向我們表明，西塔利芫菁
的初齡幼蟲並不是注定要在普通的平面上移動的。不管牠以後
要在什麼地方生活，牠都很有可能從上面掉下來而有性命的危
險，所以為了預防，牠不但配備著非常靈活粗壯的爪和一個像
犁頭一樣，可以抓住最光滑物體的銳利的新月形器械，而且還
有黏性非常強的黏液把牠牢牢地黏住，無須別的器械就可以固
著在平面上。我絞盡腦汁也猜想不到幼小的西塔利芫菁為什麼

要居住在這麼活動，這麼搖晃，這麼危險的軀殼裡面；沒有任
何現象可以向我解釋牠為什麼要有那種身體結構。經由對這種
結構認真的研究，我深信我將會看到某些奇怪的習性，於是我
迫不及待地等候著大地回春，我相信靠著堅持不懈的觀察，在
來年春天我便會揭示這個奧秘。這個朝思暮想的春天終於來到
了。我發揮了最大的耐心，最豐富的想象，最高度的洞察力；
可是，非常慚愧，更是遺憾得很，我沒有發現這個秘密。我必
須把這個沒有取得成果的研究再延遲到來年，噢！滿腦子糊里
糊塗的，這種折磨是多麼痛苦啊！

　　我在一八五六年春天進行的觀察，雖然沒有得出肯定的結
果，卻具有一定的意義；因為它證明，根據「西塔利芫菁一定
過著寄生生活」所自然產生的假設是錯誤的。因此我必須對此
說幾句。接近四月末時，至今動也不動、蜷縮在卵殼的海綿堆
中的初齡幼蟲開始活動了；牠們四散開來，在過多的盒子和瓶
子裡到處奔走。從牠們匆忙的步伐，不知疲倦地東奔西闖，我
們很容易會猜想牠們在尋找缺少的什麼東西。這東西，要不是
食物會是什麼呢？因為，別忘了，這些幼蟲是在九月末孵化出
來的，而從那時起，就是說，在整整七個月中沒有吃一點東
西，但牠們卻是生氣勃勃地，而不是像冬眠的動物那樣昏昏沈
沈地度過這段時間的，我在整個冬天經由刺激牠們的方法，可
以確認這一點。牠們一孵化出來後，雖然充滿著生命，卻必須

絕對禁食七個月。因此，看到牠們目前這樣的煩躁不安，我們
自然就會設想牠們是因為餓極了，才這樣東奔西走的。

　　想要的食物只能是條蜂蜂房裡所裝著的東西，既然不久後
我們會發現西塔利芫菁就在這些蜂房裡面。然而，那裡面的東
西只有蜜和幼蟲。我把有條蜂蛹或者幼蟲的蜂房保留下來；其
中有些是打開著，有些封閉著。我把這些蜂房放在西塔利芫菁
搆得著的地方，就像在幼蟲孵化後我立即做的那樣。我甚至把
西塔利芫菁放到蜂房裡面去；放在條蜂幼蟲的肋部，那裡看起
來應該是鮮美的部位；我採取了一切手段來刺激牠們的食慾；
可是在用盡了一切辦法總是一無所獲之後，我相信我的這些飢
餓的小昆蟲既不要幼蟲也不要蛹。

　　現在用蜜來試試看。顯然，西塔利芫菁寄生在哪種條蜂窩
裡，就必須採用那種條蜂的蜜才行。但是這種蜂在亞維農郊區

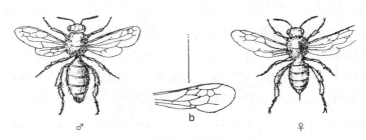

地蜂：b.翅膀

不常見，而我在中學的工作又不允許我到卡爾龐特哈去，雖然
那裡條蜂很多。為了尋找儲備著蜜的蜂房，我花了五月大部分
時間；不過我終於找到了一些我所需要的條蜂蜂房，而且是剛
剛封閉起來的。我久思苦盼的東西得到了，我興奮得迫不及待
地把這些蜂房打開。一切都很好，淡黑色的蜜汁裝滿一半蜂
房，氣味令人想吐，剛孵化的膜翅目昆蟲的幼蟲就浮在蜜的表
面上。我把這條幼蟲拿走，十分小心地把一隻或者幾隻西塔利
芫菁擱在上面。在另外一些蜂房裡，我留下膜翅目昆蟲的幼
蟲，又把西塔利芫菁放進去，有時放在蜜上，有時放在蜂房的
內壁上，有時就簡單地放在蜂房入口處。最後，把所有這樣準
備好的蜂房放到玻璃管裡，這樣我觀察起來就容易了，而不必
害怕在用餐時打擾了我的這些餓壞了的客人們。

　　可是我談什麼用餐啊！根本就沒有開飯。放在入口處的西
塔利芫菁不但不想進去，而且拋棄了蜂房跑到玻璃管裡去；放
在蜂房內壁離蜜不遠處的西塔利芫菁急急忙忙從那裡跑出來，
因為半黏住，每走一步就會搖晃一下；最後，我放在蜜上面，
以為給了牠們最大優待的那些西塔利芫菁掙扎著亂撲亂跳，陷
進黏稠的蜜漿裡悶死了。實驗還從來沒有遭到過這樣的慘敗。
幼蟲、蛹、蜂房、蜜，我全都給你們了；該死的小蟲，究竟你
們想要怎麼樣啊？

　　一切嘗試都一無所獲，我心煩透了。一切都得重新開始，我便到卡爾龐特哈去。可是太晚了：條蜂已經結束了牠的工程，我什麼新情況都沒有看到。我過去曾經跟杜福談起西塔利芫菁，這一年，我從他那裡得悉，他在地蜂身上找到的這種小蟲，後來由牛波特認定是一種短翅芫菁的幼蟲。而我在培育西塔利芫菁的條蜂蜂房裡，的確發現過幾隻短翅芫菁。這兩種昆蟲的習性有沒有類似之處呢？這對於我來說好似一線希望的亮光。當然我還有充足時間對我的計畫深思熟慮，因為我還得等待一年呢。

　　四月來了，我的西塔利芫菁幼蟲像平常一樣活動了起來。我隨便抓了一隻膜翅目昆蟲，一隻壁蜂，把牠活活地扔到瓶子裡去，那裡有幾隻西塔利芫菁幼蟲。一刻鐘後，我用放大鏡察看。五隻西塔利芫菁釘在壁蜂胸部的毛皮上。行了，問題解決了！西塔利芫菁的幼蟲跟短翅芫菁的幼蟲一樣，趴在東道主的胸上，由東道主運到蜂房裡去。

　　我用到我窗前的丁香花上來採蜜的各種膜翅目昆蟲，特別是雄性條蜂，反覆實驗了十次，結果都一樣：幼蟲釘在牠們胸部的毛中間。但是在經過這麼多次失望之後，應當不要輕信才好；所以最好是到現場去觀察事

短翅芫菁的幼蟲

實。正好復活節學校放假，我可以從容不迫地進行這些觀察。

　　我得承認，當我又站在條蜂築窩的陡直邊坡前時，我的心跳得比平常快一點。實驗會得出什麼結果呢？我會不會再一次滿面羞愧呢？天氣寒冷多雨，在為數不多、綻放著的迎春花上，一隻膜翅目昆蟲也沒有。許多凍得麻木的條蜂蜷縮在洞口動也不動。我用鑷子把牠們一個個從躲藏的地方夾出來，放在放大鏡下檢查。第一隻胸上有幾隻西塔利芫菁幼蟲；第二隻也有這麼多，第三隻，第四隻，不管檢查多少隻，情況都一樣。我換個蜂窩，十次，二十次，結果都沒有什麼不同。這個時刻，對我來說，就像那些人一樣，在多年以各種方式考慮一種想法之後，終於可以高喊道：行了！

　　以後幾天，天氣溫暖晴朗，條蜂可以離開隱蔽所，飛到田野各處採蜜了。我又開始對這些就在牠們誕生地附近，或者在離那裡很遠的地方，不停地從一朵花飛到另一朵花的條蜂進行觀察。有的身上沒有西塔利芫菁的幼蟲，而更多的條蜂胸部的毛中間有兩隻、三隻、四隻、五隻乃至更多的幼蟲。在亞維農，我還沒見過肩衣西塔利芫菁，在大致同一時期，對在丁香花中採蜜的同類條蜂進行的觀察，都沒有發現牠們身上有西塔利芫菁的初齡幼蟲。相反地，在卡爾龐特哈，沒有一個條蜂窩裡沒有西塔利芫菁，我檢查過的條蜂中幾乎占四分之三，胸部

中央都有幾隻這些幼蟲。但是，另一方面，如果我們在洞穴前
庭裡尋找，這些幼蟲前幾天還成堆地待在那裡，但如今我們卻
找不到牠們了。由此可見，西塔利芫菁幼蟲出於本能而警惕地
守候在這些巷道裡，等到條蜂打開了蜂房，走進巷道，打算走
到洞口飛走的時候；或者由於天氣惡劣或者夜間，條蜂要暫時
回到這裡的時候，牠們便釘在條蜂身上，鑽進毛裡，緊緊抓
住；這樣，當攜帶著牠們的昆蟲長途旅行時，牠們就根本用不
著害怕會掉下來了。西塔利芫菁幼蟲這樣抓住條蜂，顯然是為
了讓條蜂在適當的時候，將牠們帶到儲備著糧食的蜂房裡去。

　　我們最初甚至會以為牠們要在條蜂身上生活一段時間，就
像普通的寄生蟲鳥蝨、頭蝨那樣在動物的身上生活，靠動物來
養活自己。根本不是這麼回事。西塔利芫菁幼蟲釘在毛裡，跟
條蜂的身體相垂直，頭在裡面，後部在外面，在選好的位於條
蜂肩膀附近的這個部位上動也不動。我沒看到牠在條蜂身上到
處探索，尋找表皮最嫩的部位，如果牠們真的要吸條蜂的汁
液，是一定會這麼做的。可是正相反，這些幼蟲幾乎總是釘在
條蜂身上最硬最粗的部位，在胸部翅膀下面一點的地方；或者
在頭上，這比較少見一些。牠們靠著大顎、腿、第八節段上閉
合的新月形器械，最後，靠著肛門圈的黏液，完全不動地固定
在同一根毛上。如果無法在這個位置待下去，牠們便十分遺憾
地從毛中間打開一條道路到胸部去，並像原先那樣在另一根毛

上固定下來。

　　爲了更清楚地證實西塔利芫菁幼蟲不是靠吃條蜂身上的東西維生，我有時在瓶子裡把已經死了一段時間，而完全乾了的條蜂放在牠們搆得著的地方。這些屍體頂多只能咀嚼，而根本吸不出什麼來，可是西塔利芫菁的幼蟲仍然走到習慣的位置，在那裡動也不動，彷彿條蜂還是活著似的。可見這些幼蟲並不吃條蜂身上的任何東西；但是牠們會不會像鳥蝨啃鳥的羽毛那樣啃條蜂的毛呢？

　　幼蟲要啃條蜂的毛只要有一個比較有力的嘴部器官，尤其是角質粗壯的大顎就行了，可是幼蟲的大顎是那麼細，用顯微鏡觀察都看不出來。誠然，幼蟲大顎強壯；不過這細長而彎曲的大顎用來拉、用來撕東西是再好不過的，卻無法用來咬碎、咀嚼。最後可以說明西塔利芫菁幼蟲在條蜂身上沒有絲毫作爲的，還有一個證據，那就是條蜂絲毫沒有因爲身上有這些幼蟲而感到不舒服，因爲我沒有看到牠企圖擺脫這些幼蟲。我把一些沒有芫菁幼蟲的條蜂和一些帶著五、六隻幼蟲的條蜂分別放在瓶子裡。當剛剛被囚禁而產生的混亂平靜下來後，我看不出那些帶有西塔利芫菁幼蟲的條蜂有絲毫異常的現象。如果所有這些理由還不夠，那我就再補充一點好了。一隻小蟲，牠能夠七個月不吃不喝，而過不了幾天就可以吃到一種非常美味可口

的流體物質了，難道如今卻會去啃膜翅目昆蟲乾巴巴的毛！如果是這樣，這種虎頭蛇尾真是太奇怪了。因此，在我看來，西塔利芫菁幼蟲在條蜂身上安身，只是為了讓條蜂把牠們帶到蜂房去，而建造蜂房的工作很快就要開始了。

條蜂經常在花叢中間迅速飛行，當牠走進巷道藏身時會跟牆壁摩擦，尤其是牠經常用腳來刷毛，把毛揮乾淨，因此這些未來的寄生蟲要想被帶到蜂房裡去，就必須能夠一直待在東道主的毛中，由此無疑就需要這種奇怪的器械。我前面說過的，我曾尋思幼蟲以後必須在上面安身的如此活動、如此搖晃、如此充滿危險的物體究竟是什麼，如果幼蟲只是在普通的平面上停留、走動，是無法解釋為什麼需要這樣的器械的。這物體，就是某種膜翅目昆蟲的毛，這種膜翅目昆蟲整天快速飛行，時而進入狹窄的巷道，時而強行鑽進花冠一點點大的花鐘裡，而牠一休息下來就用腳來刷毛，把蓋著身子的毛上面的灰塵揮掉。現在我們完全明白那新月狀器械的用途了，器械上的兩個角靠攏起來就可以抓住一根毛，比最細的鑷子夾得還要好；一看到有危險，肛門就會排出黏膠不讓幼蟲掉下去；最後我們了解到了大腿和爪上的彈性剛毛所能發揮的有益的作用了，這些剛毛在光滑的平面上行走時，的確是非常礙事的多餘東西，可是在目前這種情況下，這些剛毛對於幼蟲來說，簡直就是一個錨，它像探頭一樣深入到條蜂的毛裡面去。這種表面看來是任

　　意形成的構造，當幼蟲在光滑的平面上艱難地爬行時，我們越是深思，對於這些工具越會讚嘆不已，因為它們使這纖弱的小昆蟲有多種手段保持平衡，而且這些手段都十分有效。

　　在敘述西塔利芫菁的幼蟲怎樣拋棄條蜂的身體，然後又發生什麼變化之前，我不能不談談一個非常值得注意的特點。迄今為止，我們觀察到的所有被這些幼蟲釘在身上的，全都是雄性的條蜂，無一例外。我從牠們躲藏處取出來的是雄性的，我從花中抓到的也是雄性的；儘管我拼命尋找，卻沒有找到一隻自由的雌蜂身上帶有幼蟲。為什麼沒有雌蜂呢，原因是很容易找到的。

　　在條蜂築窩的地方挖下幾塊土，我們便會看到，當雄性條

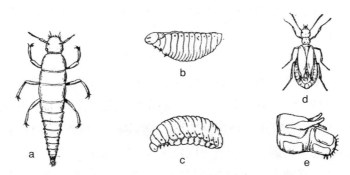

西塔利芫菁：a.初齡幼蟲　b.二齡幼蟲　c.三齡幼蟲
d.西塔利芫菁　e.鼻腔紡絲器和彎鉤

蜂已經打開並拋棄了牠們的蜂房時，雌蜂還在蜂房裡，不過很快地也要飛走了。雄蜂比雌蜂出窩大約早一個月，這並不只是條蜂如此；其他許多膜翅目昆蟲，尤其是跟低鳴條蜂住在同一處的三叉壁蜂，都是這樣。雄性壁蜂甚至在雄性條蜂之前出窩，這個時期是太早了，西塔利芫菁的幼蟲還沒有受本能的刺激而活動起來。無疑地，正是由於早熟，雄性壁蜂才安然無恙地穿過西塔利芫菁幼蟲成堆的巷道，而沒有被這些幼蟲釘在毛上。至少，我無法用別的理由來解釋為什麼雄性壁蜂的背上沒有這些幼蟲，因為如果人為地把這些幼蟲放在壁蜂面前，牠們就像對待條蜂一樣，也是非常樂意趴在壁蜂身上的。

雄性壁蜂先從共同的窩出來，接著是雄性條蜂，最後雌性的壁蜂和條蜂幾乎同時出窩。我在家裡，在初春時節，觀察著前一年秋天採集到的蜂房裂開的時期，我很容易就看到了這樣的順序。

在出窩時，雄性條蜂在穿過西塔利芫菁幼蟲十分警覺地等候著的巷道時，就被釘上了一定數量的幼蟲；那些走進沒有幼蟲的巷道的條蜂，雖然第一次可以逃過敵人的攻擊，但牠們逃得過今天，卻逃不過明天；因為下雨、冷風和夜晚使牠們又回到原先的窩裡來，牠們在四月份的大部分時間裡，時而躲在這個巷道裡，時而躲在那個巷道裡。雄性條蜂在洞穴前庭來來去

去，由於天氣不好而不得不在那裡待相當長的時間，這便給西塔利芫菁提供了最有利的機會，溜進牠們的毛裡，而在那裡站穩腳跟。這樣的情況延續了大約一個月後，結果就沒有或者說只剩下很少的幼蟲沒有達到目的而到處遊逛了。在這時，我除了在雄性條蜂身上外，在別的地方都找不到這些幼蟲了。

因此，雌性條蜂在將近五月出窩時，在巷道裡很可能沒有黏上這些幼蟲，或者黏上的數目很少，無法跟雄蜂身上的相比。事實上，我四月在住所附近觀察到的頭批雌蜂身上都沒有這些幼蟲。西塔利芫菁幼蟲目前在雄蜂身上，可是牠們最後必須在雌蜂身上安身，因為雄蜂根本不參加建造蜂房和給蜂房儲備糧食，是不會把牠們帶進蜂房的。所以西塔利芫菁幼蟲在某個時候必須從雄性條蜂轉到雌性條蜂身上去。這種情況毫無疑

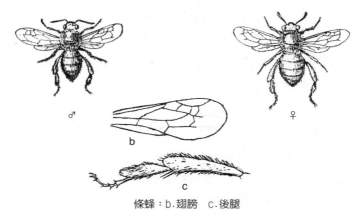

條蜂：b.翅膀　c.後腿

問是在兩性交配的時候發生的。雌蜂在與雄蜂擁抱中，既獲得了子女的生命，同時又給子女帶來了死亡；就在雌蜂爲了種族的延續而與雄蜂交配的時候，時刻窺伺機會的寄生蟲就從雄蜂轉到雌蜂身上，以便把這個種族消滅掉。

下面這個很有說服力的實驗可以作爲這個推論的證明，雖然它只不過大體上再現了自然的情形。我把一隻雄蜂放在一隻從蜂房裡抓來、沒有西塔利芫菁的雌蜂身上，盡可能不讓牠們亂動，使這兩隻異性的條蜂保持接觸。這樣強迫結合十五到二十分鐘後，原先在雄蜂身上的幼蟲就跑到雌蜂身上去了；當然囉，在這樣不完備的條件下進行的實驗並不總是獲得成功。

經由我對在亞維農所能發現的，很少量的條蜂所進行的監視，我有可能掌握牠們工作的精確時間。於是我在第二年五月二十一日星期四，便急急忙忙地到卡爾龐特哈去，可能的話，看看西塔利芫菁是怎樣進入條蜂的蜂房的。我沒有搞錯，工作正如火如荼地進行著。

在一個高高的土層前面，一窩蜂被太陽曬得暖烘烘的，在陽光下亂舞。這是一群條蜂，密集的厚度有幾尺，面積有筆直的坡面那麼寬。從亂哄哄的蜂群裡可以聽到一種單調但令人心悸的嗡嗡聲，在這熙熙攘攘，擠來擠去，亂成一團的你來我往

中，我看得眼花撩亂也看不出個究竟。不斷地有幾千隻條蜂快得像閃電一般飛走，四散到田野裡去探蜜，又不斷地有幾千隻滿載著蜂蜜和灰漿飛來，使蜂群一直保持著嚇人的規模。

那時我對於這些昆蟲的性格還不大了解，我心想，糟了，該我這個莽撞鬼倒楣了，他居然敢闖到蜂群中心來，尤其是居然膽大得冒冒失失地把手伸進正在建造的蜂窩裡面去！憤怒的蜂群會立即包圍我全身，我大概要被螫上千百個洞，做為這種瘋狂舉動的代價的。想到這裡，再加上回憶起我因為想觀察黃邊胡蜂的巢而離得太近，所遭到的不幸事故，我害怕得不禁渾身上下打起哆嗦來。但是，我來到這裡是為了弄清楚問題的，我非要進入這可怕的蜂群不可；我必須整整幾個小時，也許整天都待在那裡，在會被我擾亂的工程面前觀察著；手拿著放大鏡，在這上下飛舞的憤怒的蜂群中間，仔細地觀看蜂房裡面發生的事情。使用面罩、手套、任何外套都是行不通的，因為要進行這種研究，手指必須十分靈活，眼睛必須哪裡都能看到。沒關係，我即使從蜂窩裡出來時臉會腫得認不出來，今天也一定要給這個問題找到答案，這個問題糾纏著我太久了。

我在蜂群外面對出發探蜜或者探蜜回來的條蜂揮動幾下捕蟲網，我很快就知道了，正像我所料到的那樣，西塔利芫菁就在條蜂的胸部，而且跟在雄蜂身上一樣，在同一個位置上。可

見時間是再有利不過的，別耽擱了，去看看蜂房吧。

　　我立刻採取了措施，我把衣服裹得緊緊的，盡量不讓條蜂螫著，然後就鑽進蜂群中去。我挖了幾鎬，雖然這引起了條蜂更大聲的轟鳴，令人不免有點擔心，可是我卻很快就挖下了一塊土；我立即逃了出來，一邊對自己還安然無恙而且沒有被追趕感到相當驚訝。但是我剛才挖的那塊土太淺了，裡面只有壁蜂的蜂房，而目前是沒有什麼好看的。於是我進行第二次出征，時間比第一次更長。雖然我撤退時並不是匆忙地扭頭便跑，卻沒有一隻條蜂來螫刺我，也沒有顯出打算向侵略者衝上來的樣子。

　　成功使我膽大起來了。我一直待在建築物前面，不斷地把滿是蜂房的土塊挖下來，而由於不可避免的忙亂，蜜灑了一地，幼蟲被刨得開膛破肚，正在窩裡忙著的條蜂被砸死了。這樣的搶掠蹂躪在蜂群中只是引起更響一點的嗡嗡叫罷了，並沒有表現出任何敵對的態度。蜂房沒受到攻擊的條蜂忙著自己的工作，彷彿在旁邊沒有發生任何異常的事情似的；住所被破壞的則設法修補，或者驚慌失措地在廢墟前飛著，但沒有一隻蜂顯出要向破壞者撲上來的樣子，頂多有幾隻更生氣一點的條蜂時不時地飛到我的面前兩法寸遠的地方，跟我面對面地對峙著，這樣奇怪地審視了一會兒，然後便飛走了。

儘管條蜂選擇了一處共同的地方造窩，會令人以為牠們開始建立了利益的共同體，可是這些膜翅目昆蟲服從的仍然是「個人為自己」這條自私的規律，不知道要聯合起來趕走一個威脅牠們的敵人。每隻被分別抓到的條蜂甚至不知道向破壞牠的蜂房的敵人撲去，用螫針把他趕走。這種性情溫和的昆蟲急忙離開牠那被鐵鎬震得搖晃的屋子，一瘸一瘸地倉皇逃竄，有時甚至受到致命傷，可是卻沒有想到使用牠那有毒的螫針，除非是在被抓住的時候。別的許多膜翅目昆蟲，不管是採蜜的還是捕獵的，也都一樣溫和厚道。因此，在經過長時間實驗之後，我今天可以肯定，只有群居的膜翅目昆蟲，人工飼養的蜜蜂、胡蜂和熊蜂知道組織共同的抵抗，也只有牠們勇於孤身一人撲向侵略者，向侵略者進行復仇。

幸虧泥水匠條蜂意想不到的溫和，我才能夠在沒有採取任何預防螫刺措施下，卻可以整整幾個鐘頭坐在一塊石頭上，在嗡嗡叫、亂哄哄的蜂群中間，不慌不忙地一直進行著我的研究而沒有挨一下刺。一些鄉下人從那裡路過，看到我若無其事地坐在一窩蜂中間，驚訝得目瞪口呆，便停下來問我是不是給這些蜂施了法術，因為我顯得對此也不害怕似的。「嘿，我的好朋友，你是給蜂施了法術吧？」我那些散在地上的各種傢伙，如盒子、瓶子、玻璃管、鑷子、放大鏡，無疑被這些善良的人們當作是我施法術的工具了。

　　現在我們檢查一下蜂房。有些還打開著，儲存的蜜有的多，有的少。其他的蜂房則已經用土蓋子密封起來，裡面裝的東西非常不同。有的是一隻已經吃完或者即將吃完蜜漿的膜翅目昆蟲的幼蟲；有的幼蟲跟前者一樣是白色的，但是肚子大一些而且形狀很不相同；最後，有的是蜜，卵浮在上面。蜜是黏稠的液體，淡棕色，難聞的氣味十分衝鼻。卵非常白，圓柱狀，略彎成弧形，長四至五公釐，寬並不全是一公釐，這是條蜂的卵。在一些蜂房裡，只有蜂房卵漂浮在蜜上；另外一些蜂房裡（數目非常多），我們會看到西塔利芫菁的卵附在條蜂的卵上面，就像擱在木筏上似的，牠的形狀和大小我在前面已經介紹過了，也就是說有小蟲從卵裡出來時那樣的形狀和大小。這就是藏在家裡的敵人。

　　牠是什麼時候和怎樣進入的呢？在我觀察過的所有蜂房上，都看不出有任何裂縫可以鑽進去；全都密閉得一點毛病都沒有。可見寄生蟲是在倉庫封閉之前就在裡面安身下來的；另一方面，那些裝滿了蜜而敞開著但沒有條蜂卵的蜂房裡一定沒有寄生蟲。因此西塔利芫菁的幼蟲是在產卵時或者在產卵後，當條蜂正忙著砌門的時候進入蜂房的。用實驗的辦法不可能確定出西塔利芫菁是在這兩個時期中的哪個時期進入蜂房的，因為顯然，條蜂再溫和，我們也別想當牠正在產卵或者正在建造房門蓋子的時候看到蜂房裡發生什麼事情。但是做了幾個實驗

後，我們就可以深信，卵產在蜜上的時候，是西塔利芫菁安身在條蜂住房裡的唯一時刻。

現在我們把一個裝滿蜜並產了卵的條蜂蜂房拿來；把蓋子掀開後，把這蜂房跟幾隻西塔利芫菁幼蟲一齊放到一個玻璃瓶裡。這些幼蟲似乎一點也沒有被剛剛擺在牠們跟前的瓊漿玉液所引誘，牠們在管子裡隨意遊逛著，在蜂房外面溜達，有時來到蜂房的洞口，但很少會冒險進到蜂房裡面去，而總是深深走下去後立即又跑出來。蜂蜜只裝了蜂房的一半，如果有某一隻幼蟲走到蜜漿那裡，牠一感覺到那黏稠的土地會活動，自己在那上面會陷進去，便企圖逃走，可是由於蜜黏住了牠的腳，牠一步一顛簸，往往最後又掉進蜜裡淹死了。

我們還可以用下面這種方式進行實驗。像前面那樣準備一個蜂房後，盡可能小心地把一隻幼蟲放在蜂房的內壁上，或者就放在食物的表面上。在前一種情況下，幼蟲急忙要出去；在第二種情況下，牠在蜜上面掙扎一會兒，最後陷到裡面去，以至於牠費盡力氣要到岸邊去，但還是被黏性的湖水淹死了。

總之，無論採取什麼辦法，想把西塔利芫菁的幼蟲放在已經儲備著食物並有卵的條蜂蜂房裡，這種企圖都沒有取得成功，只有我前面說過的，在膜翅目昆蟲的幼蟲已經開始吃糧食

的蜂房裡才會找到這種寄生蟲。因此當泥水匠條蜂在蜂房裡，
或者在蜂房的入口處時，西塔利芫菁幼蟲肯定不會鬆開條蜂的
毛，而自己跑到牠所覬覦的蜜那裡去的，因為只要牠的跗節末
端不幸碰到這危險的表面，那麼牠必死無疑。

　　既然我們只能假定西塔利芫菁的幼蟲是在條蜂建造房門的
時候才離開東道主毛茸茸的前胸，神不知鬼不覺地進入洞口還
沒完全封閉的蜂房，那麼只剩下產卵的時候要看一看了。我們
先回憶一下，我們在封閉後的蜂房裡發現的西塔利芫菁幼蟲總
是在卵的上面。我們過一會兒將會看到這卵只是供小蟲在這個
非常兇險的湖上漂浮的木筏，但又是牠最初必不可少的食糧。
為了到達這個位於香蜜湖中心的卵，為了得到這個木筏和最初
的口糧，初生的幼蟲顯然有某種辦法避免跟蜜發生致命的接
觸，而這辦法只能是由膜翅目昆蟲自己的行為來提供。

　　其次，反覆進行的充分觀察向我證明，在任何時候，每個
蜂房裡只有一隻西塔利芫菁侵入，這幼蟲以後會相繼演變為各
種各樣的形狀。但是在條蜂前胸柔軟的毛叢裡有好幾隻初孵化
的幼蟲，牠們全都眼巴巴地注意等待著有利的時機，鑽進這個
住所好繼續發育。那麼，既然可以設想牠們經過八個月絕對禁
食後一定飢腸轆轆，但為什麼牠們不是遇到第一個蜂房便一擁
而上，相反卻是一個個按照嚴格的次序進入膜翅目昆蟲正在儲

備糧食的各個蜂房呢？這裡應該還有西塔利芫菁的獨立行為。

　　為了滿足這兩個必不可少的條件，即幼蟲不從蜜上走而到達卵的上面，和所有在條蜂的毛中等候的幼蟲裡只有一隻進入蜂房，只可能有如下一種解釋：那就是設想在條蜂的卵從產卵管裡出來一半時，所有從胸部跑到腹部末端的西塔利芫菁中，有一隻由於牠的位置有利而即時地趴在卵上（那橋太窄無法上兩隻），並跟著卵一起到達了蜜的表面。除此之外，不可能有別的辦法實現這兩個條件。可惜這種情況無法直接觀察到，不過我提出的這個解釋具有幾乎跟直接觀察一樣的可信度。誠然，這就意味著這種必須在這許許多多危險中生活的小不點昆蟲有一種驚人的合理的靈感，並且以一種令我們困惑的邏輯性來使手段適應於目的。我們對昆蟲本能的研究難道不是總會得出這樣的結論嗎？條蜂在把一粒卵落到蜜的上面的同時，也就把種族的天敵放進了蜂房裡；牠認真地砌造蓋子把蜂房的大門封閉住，於是萬事大吉了。第二個蜂房就建在旁邊，這蜂房多半具有同樣致命的用途；就這樣一間一間地蓋下去，直至牠的毛裡藏著的寄生蟲全都安頓下來為止。我們且讓這個不幸的母親繼續去幹牠那一無成果的工作吧。我們把注意力放到那隻剛剛以如此巧妙的辦法取得食物和住所的幼蟲身上，看看牠是怎麼行事的。

　　打開那還是新做成的蜂房蓋子，我們會發現剛產下不久的卵上面有一隻年輕的西塔利芫菁。卵毫無損壞，狀況良好。可是現在破壞開始了：一隻小黑點的幼蟲在卵的白色表面上奔跑著，最後停了下來，用牠那六隻腳讓自己牢牢地平衡立著；然後用大顎的尖鉤抓住卵的嫩皮，粗暴地拉扯著直到把皮撕破，讓卵裡面的東西流出來，然後便貪婪地喝著。寄生蟲大顎對篡奪的蜂房的第一記打擊，目的在於摧毀膜翅目昆蟲的卵。這種預防措施是非常合乎邏輯的！我們將會看到，西塔利芫菁的幼蟲要靠蜂房的蜜來維生；從這卵裡生出來的條蜂幼蟲也要吃這種食物；但是糧食太少不夠兩隻蟲吃的，因此趕快用牙齒摧毀條蜂的卵，這樣困難就解決了。敘述這樣的事情是用不著注解的。西塔利芫菁初孵化幼蟲的口味很特別，非要以這卵作為第一份口糧不可，所以摧毀這個礙事的卵就更加不可避免了。的確，我們先是看到幼蟲貪婪地吸著從破碎的卵皮流出來的汁；而在好幾天中我們會看到牠時而在這個卵殼上，動也不動，時而用頭在那上面搜尋著，時而從卵皮的一頭走到另一頭，再把它戳破，讓它再流出幾滴汁來，當然，汁一天比一天少了；但是我們從來沒有看到牠去吸取四周的蜜。

　　這卵同時具有第一份口糧和救生設備的作用，我們很容易就可以明白。我在一間蜂房的蜜的表面上放了一條跟卵一樣大小的小紙帶，然後把一隻西塔利芫菁幼蟲放置在這木筏上頭。

　　儘管我十分小心，我反覆嘗試多次都失敗了。擱在一根紙帶上
被放到蜜中間的幼蟲，牠的行為就像前面那些實驗中一樣。牠
沒有找到適合牠吃的東西，便企圖逃走，可是牠一丟掉那紙帶
就被淹死了，這種情況很快就發生了。

　　相反的，採用還沒被寄生蟲侵入，而且卵還沒有孵化的條
蜂的蜂房，要飼養西塔利芫菁的幼蟲就容易多了。只要用一根
濕的針尖把西塔利芫菁的幼蟲挑起後小心地放到卵上，就不會
有逃亡的事發生。在對卵進行探察，看出自己在什麼地方後，
幼蟲就把卵戳破，好幾天不改變位置。從此，只要蜂房不是蒸
發得太快，使蜜乾了而無法吃，那麼牠的發育就沒有什麼障礙
了。因此，條蜂的卵對於西塔利芫菁的幼蟲是絕對必須的，這
個卵不僅是牠的小舟，而且是第一份食物。我原先不知道這種
情況，企圖在我的瓶子裡飼養幼蟲卻總是失敗，這就是秘密之
所在。

　　八天之後，被幼蟲吸盡的卵只剩下一片乾巴巴的薄膜。第
一餐飯吃完了。西塔利芫菁幼蟲長了有一倍那麼大，背上從頭
裂到胸部的三個節段，從裂縫裡出來一個白色的小生物，這就
是這個奇怪結構的第二種形狀，小生物掉到蜜的表面上，而蛻
下的皮仍然固著在迄今為止拯救了幼蟲、並為牠提供食糧的木
筏上。很快地，西塔利芫菁和卵的殘骸便被新生幼蟲掀起的蜜

浪淹沒而消失了。關於西塔利芫菁第一種形狀的故事，到此結
束了。

　　對前面所說的做一番概述：我們看到這奇怪的小生物在七
個月中什麼也不吃，等待著條蜂的出現，而先出窩的雄蜂穿過
走道時一定會從牠們身旁經過，這時牠們便攀在雄蜂前胸的毛
上。三、四星期後，在交配的時候，幼蟲從雄蜂轉到雌蜂身
上，然後當卵從產卵管排出時又轉到卵上去。正是經過這一連
串複雜的操作，幼蟲終於趴在一個卵上面，到了一個封閉著而
且裝滿了蜜的蜂房裡。先是在整天活動著的膜翅目昆蟲一根毛
上時時有性命之危的走鋼絲，接著從雄蜂轉到雌蜂身上，然後
通過卵這座架在黏黏的深淵上的橋來到蜂房的中間，這一切要
求幼蟲具有我前面介紹過的平衡器官。最後，要想把卵摧毀就
要有銳利的剪刀，而這正是牠那尖而彎的大顎的用途。這就是
西塔利芫菁最初的形狀，其作用就是讓條蜂把牠運送到蜂房中
去並把卵戳破。之後，身體形狀發生了如此巨大的變化，以至
於需要反覆觀察，才能夠相信親眼所看到的東西。

第十六章
短翅芫菁的初齡幼蟲

　　我現在擱下西塔利芫菁的故事來談談短翅芫菁。這是一種
難看的甲蟲，牠有著笨重的大肚子，軟弱無力的鞘翅在背上大
大張開著，就像大胖子穿著過窄的衣服把下擺撐開似的；討厭
的顏色黑黑的，有時還雜著綠色；更討人厭的是形狀和步伐。
這種昆蟲令人噁心的防禦系統，更會引起人們的反感。短翅芫
菁認為自己有危險時，便使出自動滲血的手段。一種淡黃色油
膩膩的液體從關節滲出來，您用手抓牠，手指上就會沾上黑
點，一股惡臭味。這便是牠的血。英國人為了提醒人們記住昆
蟲在自衛時這種油膩膩的滲血，把短翅芫菁稱為「油甲蟲」。
這種鞘翅目昆蟲要不是幼蟲的變態和遷徙跟西塔利芫菁完全一
樣，那就沒什麼好談的了。當短翅芫菁處於第一種形態時是條
蜂的寄生蟲；這種小昆蟲破卵而出後，由條蜂帶進蜂房裡去，
而條蜂的儲存物則成為牠的糧食。

昆蟲學家們觀察到這種稀奇古怪的小蟲子躲在各種膜翅目昆蟲的毛中間，可是由於不知道這種蟲的眞正來源而出了差錯，把牠作爲無翅昆蟲中的一類，或者一個特殊的種。林奈稱之爲蜂蝨。他們看到這種蟲是寄生蟲，是生活在採蜜者的毛中的一種蝨子。著名的英國博物學家牛波特論證出這所謂的蝨子

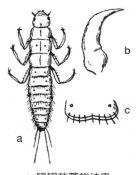

a.短翅芫菁的幼蟲
b.大顎　c.腹部環

是短翅芫菁的初始形態。我專門進行的觀察使我可以在這位英國學者的論文中彌補一些缺陷。因此，我將對短翅芫菁的演變做一些說明，同時在我沒有觀察到的方面使用牛波特的資料；我將對具有同樣習性和變異的西塔利芫菁和短翅芫菁進行比較；經由比較將會對這些昆蟲奇怪的變態有所了解。

築巢蜂不僅餵養了西塔利芫菁，而且在自己的蜂房裡也餵養某些罕見的疤痕短翅芫菁。我那地區另一種條蜂（斷牆條蜂）更容易受這種寄生蟲的侵襲。牛波特也是在條蜂──不過種類不同（鈍背條蜂）──的窩裡觀察到短翅芫菁的。疤痕短翅芫菁所選定的這三個住所可能具有某種意義，牠們會使我們猜想，每一種短翅芫菁可能是不同膜翅目昆蟲的寄生蟲。這種猜想在我們觀察初齡幼蟲如何進入充滿著蜜的蜂房時，就可以得

到證實。不大改變住所的西塔利芫菁也可以住在不同類條蜂的窩裡。牠們在低鳴條蜂的蜂房裡最常見；但是在面具條蜂的蜂房裡我也曾見到，不過數量很少。我為了了解西塔利芫菁而經常挖掘條蜂的窩，發現裡面有短翅芫菁，可是我在一年的任何季節裡從沒看到過這種昆蟲跟西塔利芫菁一樣在通道的入口處，漫步在垂直的土面上，以便到裡面去產卵；如果哥達爾、吉爾，尤其是牛波特沒有告訴我們短翅芫菁把卵產在地上，我對於產卵的詳細情形是一無所知的。據牛波特說，他所觀察到的各種短翅芫菁在乾燥向陽的土地上，在一簇草的根部，挖一個兩法寸深的洞，在裡面產下一堆卵後，仔細地把洞再掩埋起來。產卵在同一季節，間隔若干天，重複三、四次。每次產卵時，雌性短翅芫菁都單獨挖一個洞，產卵之後一定會把它再蓋起來。這個工作是在四、五月間進行的。

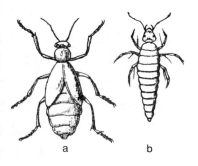

a.疤痕短翅芫菁　b.牠的初齡幼蟲

一次產卵的數目真多。根據牛波特的估計，普羅加拉伯短翅芫菁第一次產卵，的確是所有產卵中最多的，其數目驚人，有四千二百二十八個卵；是西塔利芫菁產卵數目的一倍。而在第一次之後，還要接著產卵兩三次，那該有多少啊！短翅芫菁

的幼蟲生在遠離條蜂窩的地方，所以不得不親自去找向牠們提
供食物的膜翅目昆蟲，這樣就得冒許多危險。而西塔利芫菁把
牠們的卵就放在巷道上，或條蜂一定要經過的巷道上，因此幼
蟲就可免遭無數危險。短翅芫菁沒有西塔利芫菁這種本能，所
以牠們的繁殖力要強得多。牠們死亡的機會雖然大，但胚胎的
數目多，如此一來，輸卵管提供的財富便彌補了本能的缺陷。
使輸卵管的繁殖能力和不完善的本能得以平衡，這是多麼卓絕
的和諧啊！

　　卵產下大約一個月後，在五、六月底孵化。西塔利芫菁的
卵也是在產卵後一個月內孵化的。但是短翅芫菁的幼蟲運氣
好，可以立即去尋找將要向牠們提供食物的膜翅目昆蟲；而西
塔利芫菁的幼蟲是在九月孵化的，只好什麼也沒得吃，就守在
條蜂蜂房的門口，等候條蜂的出窩，一直等到來年的五月。我
不想描述短翅芫菁的初齡幼蟲，因為經由牛波特的描述和提供

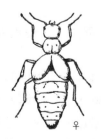

普羅加拉伯短翅芫菁

的圖，我們對牠們已經相當了解了。為
了理解下面所要說到的內容，我只想說
這種初齡幼蟲像一種黃色的小蝨子，扁
扁長長的，春天時在各種膜翅目昆蟲的
毛裡面可以找到。

　　這種小昆蟲在地下孵化出來後怎麼

從地下到某種蜂的毛裡去的呢？牛波特猜想是這樣的：短翅芫菁的幼蟲從出生的地穴裡出來，爬到附近的植物，特別是菊苣上，躲在花瓣裡等待某些膜翅目昆蟲來採蜜，然後立即攀在牠們的毛上面由牠們帶走。我不像牛波特僅是猜想而已，對於這個有趣的問題，我親自做過觀察和實驗，而且很成功。我要把結果敘述出來，作爲蜂蝨生活史的第一個特徵。這些觀察的日期是一八五八年五月二十三日。

我的這次觀察在從卡爾龐特哈往貝端的公路旁的垂直邊坡上進行。無數群條蜂在開墾著這個被太陽曬焦的邊坡。這些斷牆條蜂比別的蜂手巧，會用蠕蟲狀的細土在過道的入口處建造一個防禦性的彎曲圓柱體的稜堡。從路邊到邊坡腳下有薄薄的一層草。爲了更舒適地密切注視正在工作的條蜂，我躺在草地上已經一陣子了，就躺在這些不傷人的蜂群中間，希望能夠了解一些牠們的秘密。這時大批帶著急切的願望，在絨毯表面纖維叢中，不顧一切地東奔西跑的黃色小蝨子爬上了我的衣服。我身上到處都爬著這種像赭石粉般的小蝨子，我很快就認出來這些是我的老相識——短翅芫菁的幼蟲，不過以往我都是在膜翅目昆蟲的毛上或者在牠的蜂房內見到的，在別的地方這是第一次看見。我是不會放過一個這麼好的機會，看看這些幼蟲是怎麼樣在爲牠們提供食物的昆蟲身上安下身來的。

　　我躺著休息一會兒便渾身爬滿了蝨子，草地上有幾種開著
花的植物，最多的是多形甜菜、雞形黃菀和耕地春黃菊。不過
牛波特相信他記得是在一種菊科植物，一種蒲公英（俗稱「獅
齒草」）上觀察到短翅蕪菁的幼蟲的。所以我首先注意那幾種
植物。幾乎在這三種植物所有的花上，特別是春黃菊的花上，
或多或少都有短翅蕪菁的幼蟲，我真是太滿意了。在一株春黃
菊上，我可以數出五十來隻這種小傢伙，蜷縮在小花中間，一
動也不動。另一方面，在這些植物中間，還雜亂地長著虞美人
和野芝麻菜，可是在牠們的花上面卻不可能找到這些蟲子。因
此我覺得短翅蕪菁只是在菊科植物的花上，等待膜翅目昆蟲的
到來而已。

　　這群小傢伙趴在菊科植物的花上動也不動，似乎眼前牠們
的目的已經達到了；除此之外，我很快又發現了另一種蟲子，
數量更多，牠們是那麼焦躁不安地奔走著，說明牠們的尋找沒
有取得成果。無數小幼蟲在地上，在草地下忙忙碌碌地奔跑
著，好像熱鍋上的螞蟻那樣亂糟糟的；一些則匆匆忙忙地爬到
一根草尖，然後又匆匆忙忙地從上面下來；一些則鑽到毛茸茸
的乾枯的鼠尾草中去，在裡面待了一會兒，不久後又出來重新
尋找。最後，我稍微注意觀察，才知道在十來平方公尺的面積
上，大概沒有一根草上會沒有好幾條這樣的幼蟲。

　　我貪婪地看著短翅芫菁初生的幼蟲從出生的地穴剛剛出來。有一部分已經蹲在春黃菊和千里光的花裡等待膜翅目昆蟲的到來，但大部分還在東奔西走尋找臨時棲息地。我躺在邊坡腳時，渾身爬滿的就是這些四處走動的蟲子。這些幼蟲的數目嚇人，我敢說千條都不止，儘管牛波特告訴我們短翅芫菁驚人的繁殖力，可是牠們數目是那麼大，我也無法相信這些全都屬於一個家庭，是同一個母親生下來的。

　　雖然路邊草地面積很大，可除了築窩條蜂居住的邊坡對面幾平方公尺之外，別的地方，我連一隻短翅芫菁的幼蟲都找不到。可見這些幼蟲不會是從遠方來的；牠們跟條蜂近鄰，用不著長途跋涉，因此我在任何地方都看不到落後者，脫隊的，而這種情況在遠行商隊中是不可避免的。因為幼蟲孵化的地穴就在條蜂窩對面的這個邊坡裡。由此可知，短翅芫菁並不是人們根據牠們的流浪生活而認為的那樣，隨便把卵產在什麼地方，牠知道條蜂會到什麼地方，並把卵產在那些地方附近。

　　在緊靠著條蜂窩的菊科植物的花朵裡有這麼多的寄生蟲，所以大多數蜂窩肯定遲早都要被占據。在我進行觀察的時候，這個饑餓軍團中，在花上等待者還是很小的一部分，大部分還在條蜂很少歇腳的地上四處流浪；可是幾乎所有被我抓來檢查的條蜂胸部的毛中間，都有好幾隻短翅芫菁的幼蟲。

我在條蜂的寄生性膜翅目昆蟲——毛斑蜂和尖腹蜂身上也找到了這種幼蟲。這些膜翅目昆蟲是專偷儲備好糧食的蜂房的竊賊，牠們原先在正建造著的巷道前無所顧忌地來回走動，後來到菊科植物的花中停了一會兒，就在這個時候，小偷也被偷了。當這個寄生者摧毀了條蜂的卵，而把自己的一隻卵產在篡奪來的蜜上面時，一隻看不出來的小蝨子溜進了小偷的毛中，並跟著溜到牠的卵上面，然後把這卵摧毀而自己成為這些糧食唯一的主人。就這樣，條蜂採集的蜜漿經過三個主人的手，而終於成為最弱者的財產了。

那麼，誰能告訴我們，短翅芫菁會不會自己也被另一個竊賊趕下臺，或者目前這種半睡半醒、胖嘟嘟、軟綿綿的幼蟲會不會也成為某個掠奪者的獵物，而被活活地開腸破肚吃掉呢？當想到自然迫使這些生物為了生存而這樣殊死地無情鬥爭，輪番成為占有者和被剝奪者，捕食者和被捕食者時，各種寄生蟲為了達到自己的目的，而使用的各種手段時，我驚嘆不已。但同時我也油然產生了一種痛苦的感情，我暫時忘記了發生這些事情的小小世界，面對著這一連串的扒竊、奸詐和搶掠，而這一切，咳！卻屬於滋長萬物的母親[1]的觀點，心中不免產生了一陣恐懼。

---

① 指「自然」。——譯注

　　安身在條蜂或者條蜂的寄生蟲毛斑蜂和尖腹蜂毛裡的短翅
芫菁，走著一條非走不可的路，牠們遲早會來到牠們所要去的
蜂房的。是明智的本能要牠們作出這樣的選擇呢？或者僅僅是
偶然碰運氣的結果？到底是哪種情況，我們很快就可以弄清楚
了。好些雙翅目昆蟲，比如黏性鼠尾蛆、圓形麗蠅不時地落在
被短翅芫菁幼蟲占據的千里光和春黃菊的花上，在那裡待了一
會兒，吸吮著滲出來的甜汁。除了極少數例外，我在所有這些
雙翅目昆蟲中都找到了短翅芫菁的幼蟲，在胸部柔軟的絲綢間
動也不動。還有一種砂泥蜂（毛刺砂泥蜂）身上也有這些幼
蟲，毛刺砂泥蜂在春天給地穴儲備一條毛毛蟲，而牠的同類者
則在秋天築窩。這種毛刺砂泥蜂可以說是一直在一朵花上擦來
擦去；我抓住了牠，一些短翅芫
菁在牠身上來回走動著。鼠尾蛆
和麗蠅的幼蟲生活在腐爛的物質
裡，毛刺砂泥蜂用毛毛蟲餵養牠
的子女。顯然，不管是鼠尾蛆和
圓形麗蠅，還是毛刺砂泥蜂，都
絕不會把爬到牠們身上的幼蟲帶
到裝滿蜜的蜂房裡去的。因此，
這些幼蟲是走錯路了，本能沒有

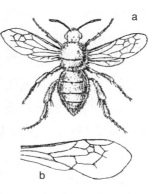

a.毛斑蜂　b.牠的翅膀

發揮作用，這是很少見的。

　　現在讓我們注意一下在春黃菊花上伺機活動的短翅芫菁的幼蟲。牠們十隻，十五隻或者更多，半埋在花鐘裡或者間隙中，小蟲琥珀色的身子跟黃色的花錘混在一起，不注意是看不出來的。如果花上面沒有什麼異常的情況，如果沒有突然的晃動說明有外來的客人，那麼短翅芫菁完全動也不動，就像死了似的。看到牠們頭朝下垂直倒掛在花鐘裡，我們還很可能以為牠們在尋找某種甜汁作為食物呢；如果是這樣，牠們就要更經常地從一朵小花跑到另一朵小花的，可是牠們沒有這樣做，牠們只是在誤以為條蜂到來，才出來一下，而發現期待落空時，又回到躲藏處，找好牠們認為最有利的地方。這樣的完全不動意味著，春黃菊的小花只是牠們的埋伏地點而已，就像不久後，條蜂的身子只是把牠們運到這種膜翅目昆蟲的蜂房去的車輛而已。可見，不管是在花上還是在條蜂身上，牠們都不吃任何東西；牠們跟西塔利芫菁一樣，第一餐飯就是條蜂的卵，而牠們大顎的彎鉤就是用來把卵戳開的。

　　必須重複指出，牠們的不動是徹底的動也不動；可是要想讓牠們恢復暫時停止的活動，那是再容易不過的。用一根麥稈輕輕搖動春黃菊的花；短翅芫菁立即離開牠們隱藏的地方，在花瓣四周探索著前進，牠們個子小，可以非常迅速地從花的一

端跑到另一端。到達花瓣邊上後，牠們或者用尾部的附屬器官，或者也許用一種類似西塔利芫菁的肛門環所分泌出來的黏性液體，把自己固定在那上面；牠們的身子懸掛在外面，六隻腳四邊不靠，這樣牠們便可以向各個方向彎起身子，可以盡量把身體伸直，就好像牠們要搆到一個離得很遠的目標似的。如果沒有什麼東西可以讓牠們抓住，牠們在試了幾次而沒有達到目的之後，便又回到花中間去，過一會兒又動也不動的了。

但是，如果在附近有什麼東西，牠們一定會以驚人的敏捷把牠抓住。禾本科植物的一片葉子，一根麥稈，我放到牠們跟前的鑷子，一切都可以，只要牠們還沒有離開，仍在花間短暫逗留。沒錯，在到了這些沒有生命的物體上之後，牠們很快就發現自己搞錯了，這從牠們匆匆忙忙地走來走去和試圖回到花上去，便可以看得出來。那些像這樣傻傻地撲到一根麥稈上去，然後又回到花上來的幼蟲，就很難再讓牠們上當了。可見這些有生命的小不點也有某種記憶力，對事情有某種經驗。

在做了這些實驗之後，我用纖維性的物質又進行了實驗，我用從我衣服上剪下來的小塊毛呢或者絲絨，用棉塞子，用鼠尾草上摘下來的絨球，做成多少像是膜翅目昆蟲的毛的樣子。這些東西用鑷子送到牠們跟前，短翅芫菁立即十分樂意地撲到上面去，但是牠們根本沒有像在膜翅目昆蟲身上那樣在這些毛

茸茸的東西中休息下來，根據牠們焦躁不安的舉止，我很快就相信，牠們在這些毛皮裡，就像在麥管內無毛的表面上一樣，感到困惑不自在。我應該料到這種情況的，難道我沒見過牠們在裹著毛茸茸的外套的鼠尾草上，無休止地走來走去嗎？如果牠們只要到了有毛的住處就會以為到達了正確的目的地，那麼牠們不要幹任何別的事，就會幾乎全都死在植物的絨毛中了。

現在我們把活的昆蟲放在牠們跟前，首先就用條蜂。如果事先把條蜂身上可能帶有的寄生蟲去掉，抓住牠的翅膀讓牠跟花接觸一會兒，那麼我們一定就會發現，在快速的接觸之後，短翅芫菁就鉤在條蜂的毛上，並敏捷地來到了胸部的某個部位，一般是肩部、肋部；之後，牠們就不動了。牠們奇怪旅行的第二站已經到了。

試了條蜂之後，我用在當時能夠抓到的隨便什麼昆蟲來試，如鼠尾蛆、圓形麗蠅、蜜蜂、小蝶蛾，短翅芫菁毫不猶豫地爬上所有這些昆蟲的身子；更妙的是牠們根本不想回到花上去。由於當時我找不到鞘翅目昆蟲，我無法用牠們來實驗。牛波特的確是在跟我很不同的條件下觀察的，因為他是觀察關在瓶子中的短翅芫菁幼蟲，而我是在正常的環境下觀察。牛波特曾看到短翅芫菁附在囊花螢身上一動不動，這使我相信我用鞘翅目昆蟲也可以獲得跟用一隻鼠尾蛆一樣的結果。果然，我以

後在一隻大鞘翅目昆蟲，喜歡到花上去的金色花金龜身上找到了短翅芫菁的幼蟲。

這些昆蟲用完了，我就把一隻大型黑蜘蛛放在牠們跟前，這是我最後的一手了。牠們毫不猶豫地從花跑到蜘蛛身上，來到靠近腿關節處，在那裡一動不動地待著。這樣，為了離開牠們暫時在那兒等待的居留地，牠們似乎附在什麼昆蟲上面都可以，而不管是哪個類，哪個種，哪個綱，牠們面前碰巧遇到什麼活的生物就附在上面。於是我們明白了為什麼我們可以在許多不同的昆蟲，尤其是在花上採蜜的雙翅目昆蟲和膜翅目昆蟲的春天蟲種身上觀察到這種幼蟲了。我們還明白了一隻雌性短翅芫菁產下這麼多卵的必要性，因為牠產下的絕大多數幼蟲必然會產生差錯，而無法到達條蜂的蜂房。本能方面的不足就用繁殖力來彌補了。

但是在另一種情況下，也必然有這種情形：我們前面看到，短翅芫菁十分樂意地從花轉到牠們身旁的任何東西上去，不管是沒毛的還是有毛的，有生命的還是無生命的。在轉到另一個東西上去之後，根據那是昆蟲還是其他東西，牠們的行為極其不同。在第一種情況下，在一隻雙翅目昆蟲和一隻有毛的蝴蝶上，在一隻蜘蛛和一隻無毛的鞘翅目昆蟲上，幼蟲在到了合適的部位之後便動也不動。也就是說，牠們本能的願望已經

忽略

滿足了。在第二種情況下，在呢和絲絨的毛中，在棉花或鼠尾草絨毛的纖維中，最後在一根麥稈和一片葉子無毛的葉面上，牠不斷地走來走去，努力要回到輕率拋棄的花上去，這表明牠們知道自己搞錯了。

那麼牠們怎麼認得出牠們剛剛從上面走過的物體的性質呢？為什麼這種物體，不管其表面的狀態如何，有時會適合牠們，有時又不適合呢？牠們是不是靠視覺來判斷牠們新的居留地呢？如果是這樣，那就不應該會搞錯了。視覺應該一上來就告訴牠們，身旁的東西適合不適合，而根據視覺的建議，再決定是不是遷居。其次，怎麼能夠認為，這些埋在厚厚的棉花球或者條蜂的毛裡面的小不點幼蟲，會靠視覺來認出牠走過的這個龐大的物體呢？

是不是靠接觸，靠感覺出有一個活的肉在顫動呢？也不是，短翅芫菁的幼蟲在完全乾癟的昆蟲屍體上，在至少一年前從舊蜂房裡取出來的死條蜂身上也一直是動也不動的。我曾見到這些幼蟲十分安詳地待在截斷的條蜂身上，在被蛀蟲蛀空很久的胸骨上面。既然不能用視覺和觸覺來做解釋，那麼牠們是靠什麼樣的感官能力，才有可能將條蜂的胸部和小毛團區別開來的呢？還剩下嗅覺。但是必須假設這嗅覺多靈敏異常啊！何況我們還可以設想，除了其他所有不適合牠們需要的東西之

外，在適合短翅芫菁需要的所有昆蟲中，在死的和活的，整條的和節段的，新鮮的和乾癟的之間，氣味是多麼相似啊！一隻微不足道的蝨子，一個活著的小不點，牠的敏感性強到可以指引著牠的行為，真讓我們困惑不已。我們已經有許許多多弄不清的謎了，現在又增加了一個。

　　在做了這些觀察之後，我還需要把條蜂居住的地皮挖開，我必須注意觀察短翅芫菁幼蟲的演變。我前面研究的正是疤痕短翅芫菁，就是牠破壞了條蜂的蜂房，因為我發現牠在舊蜂房裡沒有出去。這個從未有過的機會一定會給我帶來豐富的收穫的。我必須把別的事全都丟到一旁去。星期四就要結束了；我必須回到亞維農去，第二天還要再去拿起電盤和托里切利管呢。多麼令人高興的星期四啊！可是時間太短了，我失去了多好的機會啊！

　　我們倒回去一年把這個故事繼續下去；我做了相當多的筆記，的確那是在狀況差許多的條件下做的，現在可以給我們剛才看到，從春黃菊上遷居到條蜂背上去的小傢伙寫個傳記了。根據我關於西塔利芫菁幼蟲的敘述，短翅芫菁幼蟲最先是爬到一種蜂的背上去，牠們這樣做的目的僅僅是讓蜂把牠們運到儲備好食物的蜂房裡去，而不是要吃掉運輸者來生活一段時間。

　　這一點如果需要證明，只要指出我從未見過這些幼蟲試圖戳破條蜂的表皮或者咀嚼條蜂的毛，我也沒有見到這些幼蟲在條蜂背上時身材長大了。可見，就像西塔利芫菁一樣，對於短翅芫菁來說，條蜂只是做為運到儲備好糧食的蜂房這個目的地的運輸工具而已。

　　我們還需要了解，短翅芫菁是怎樣拋棄了運載牠的條蜂的毛，而鑽進蜂房裡去的。雖然我對西塔利芫菁的策略還沒有徹底的了解，我還是利用從各種膜翅目昆蟲身上收集到的幼蟲，做了牛波特在我之前已經進行過的研究，以便對短翅芫菁的歷史中這個首要問題有所了解。我的嘗試是仿照過去對西塔利芫菁的實驗進行的，但同樣失敗了。我讓短翅芫菁的幼蟲跟條蜂的幼蟲或蛹接觸，但短翅芫菁幼蟲對這個獵物毫不在意；有的我把牠們放在打開而且裝滿蜜的蜂房附近，但牠們並不走進蜂房，或者至多只是到蜂房門口看一看而已；最後，還有的被放在蜂房裡面或者擱在蜜的表面上，牠們立即走了出來或者被淹死了。牠們跟西塔利芫菁幼蟲一樣，只要跟蜜接觸就會有致命的危險。

　　在低鳴條蜂的窩裡，不同時期所進行發掘使我幾年前就明白，疤痕短翅芫菁跟西塔利芫菁一樣，是這種膜翅目昆蟲的寄生蟲；因為我不時在條蜂的蜂房裡發現了已經死掉，而且乾癟

了的短翅芫菁成蟲。另一方面，我從杜福的著作知道，在膜翅目昆蟲的毛裡找到的蝨子，這種黃色的小蟲就是短翅芫菁的幼蟲。我每天對西塔利芫菁進行的研究使我對這些基礎知識有了更生動的了解，於是帶著這些基本知識，我於五月一日到卡爾龐特哈去察看條蜂正在建造的窩，我前面已經敘述過了。我幾乎確信關於西塔利芫菁的研究遲早會取得成功，因為牠們在條蜂窩裡特別多；但是對於短翅芫菁我卻沒有抱多大的希望，因為在條蜂窩裡短翅芫菁很少。但是出乎我的預料，情況十分順利。經過六個小時主要靠揮動鐵鎬的勞動之後，我汗流滿面，但是我得到了大量被西塔利芫菁占有的蜂房，和兩個屬於短翅芫菁的蜂房。

如果我每時每刻都看到西塔利芫菁幼蟲趴在條蜂的卵上，漂浮在小小的蜜沼中間，興奮的情緒就來不及平靜下來，那麼當看到這些蜂房中某個蜂房裡面的內容時，這種興奮就更加難以抑制了。在黑色蜜汁上漂浮著一個發皺的薄皮，而在這薄皮上有一個黃色的蝨子動也不動。這薄皮，就是條蜂卵的空殼；這隻蝨子，就是短翅芫菁的幼蟲。

現在這種幼蟲的歷史便自動補充完整了。短翅芫菁的幼蟲在條蜂產卵時離開了條蜂的毛；而既然與蜜接觸對牠來說是致命的，牠為了保護自己，就必須採取西塔利芫菁所奉行的戰

術，也就是說隨著正在產下的卵而流下來。到了那裡，牠的第一項工作就是吞噬做為牠的竹筏的卵，牠待在那空殼上面就是證明；這是牠處於目前形狀期間所吃的唯一的一餐飯。正是在這餐飯後，牠將開始牠那漫長的變態過程，並靠條蜂堆積的蜜來維生。這就是我和牛波特企圖飼養短翅芫菁幼蟲而徹底失敗的原因。不應該向牠提供蜜，或者幼蟲和蛹，而是應該把牠放在條蜂剛產下來的卵上面。

從卡爾龐特哈回來後，我想在飼養西塔利芫菁的同時飼養短翅芫菁，飼養西塔利芫菁很成功，但是我手邊沒有短翅芫菁的幼蟲，而只有在膜翅目昆蟲的毛裡才能找到，但當我出發遠征終於找到時，條蜂蜂房裡面的卵都已經孵化了。這次嘗試失敗了，但沒什麼好可惜的，因為短翅芫菁和西塔利芫菁不但在習性方面，而且在演變方式方面完全相似，毫無疑問我本應該會成功的。我甚至相信可以試圖用各種膜翅目昆蟲的蜂房來進行這樣的飼養，只要牠們的卵和蜜跟條蜂差別不太大就行。我不指望，例如用與條蜂居住在一起的三叉壁蜂的蜂房，就能夠取得成功。壁蜂的卵短而粗，牠的蜜是黃色的，沒有氣味，是固體的，幾乎可以粉碎而且味道十分淡。

第十七章

過變態

　　短翅芫菁和西塔利芫菁的初齡幼蟲採取狡猾的計謀進入條蜂的蜂房，牠安身在既是牠的第一餐飯又是牠的救生木筏上。一旦把卵吃完後，牠會變成什麼樣子呢？

　　我們先回到西塔利芫菁幼蟲上來。八天後，條蜂的卵被寄生蟲吸乾了，只剩下卵殼這一葉輕舟，使小蟲不會跟蜜發生致命的接觸。第一次變態就在這小舟上進行，然後，幼蟲已經結構健全，可以生活在黏答答的環境中了，便拋棄背部裂開的皮讓它掛在卵殼上，而自己從木筏上滑落到蜜湖中。這時，一個兩公釐長、卵形扁平的奶白色小東西，在蜜上動也不動地漂浮著。這就是新形態的西塔利芫菁幼蟲。借助放大鏡，可以看到充滿著蜜的消化道在起伏著；而在橢圓形小蟲扁平的背部側面有兩條長著呼吸孔的小帶，這些呼吸孔由於位置的關係，不會

被黏性的液體堵塞住。要想詳細描述這個幼蟲，必須等待牠發育完全，而這很快就能實現，因爲食物如此迅速地減少了。

但是這種迅速跟條蜂貪吃的幼蟲吃完食物的速度還是無法比擬的。在六月二十五日最後一次訪問條蜂的居民時，我發現條蜂的幼蟲已經把牠們的食物全部吃完，並發育齊全，而西塔利芫菁的幼蟲仍然沈浸在蜜中，而且大部分還只吃了該吃的一半。這是西塔利芫菁要把卵首先摧毀的又一個原因，因爲如果這個卵發育好了，就要孵化出一隻貪婪的幼蟲，有可能在短短的時間內把牠們餓死。由於我親自在玻璃管中飼養幼蟲，我知道西塔利芫菁花三十五至四十天吃完牠們的蜜漿，而條蜂的幼蟲吃同樣多的飯，卻只用了不到兩個星期。

西塔利芫菁幼蟲是在七月上半月完全發育好的。這時，被這個寄生蟲篡奪的蜂房，除了一隻胖嘟嘟的幼蟲外什麼也沒有了，而在一個角落裡，則堆了一堆淡紅色的糞便。這隻幼蟲呈白色，軟軟的，有十二至十三公釐長，最寬的部分有六公釐。牠浮在蜜中時，從背部看上去，是橢圓形，往前端逐漸縮小，而往後端則突然小下來。牠的腹部非常突出；相反地，背部卻幾乎是平的。幼蟲在液體的蜜中漂浮時，過分發胖的腹部埋在蜜中，好像把幼蟲壓沈了似的，這樣就使得牠有可能取得平衡，而這對牠來說極爲重要。因爲在幾乎是扁平的背部各邊排

列著的呼吸孔與黏液齊平，而又沒有保護手段；因此，如果沒
有合適的壓艙物使幼蟲不致翻船，那麼只要動作稍有不對，這
些呼吸孔就要被黏膠堵塞住了。我從來也沒見過肥胖的肚子派
上這麼大的用場，靠著這肥肥的肚子，幼蟲不會窒息而死。

　　幼蟲包括頭在內一共有十六個節段。頭扁平，軟軟的，跟
身體其他部位一樣；但比起牠的體積來，頭就是很小的了。觸
角非常短，由兩段圓柱體組成，我用高倍放大鏡也看不見。幼
蟲處於前一種狀態時要做奇怪的遷徙，顯然需要視覺，所以牠
有四個單眼。在目前這種狀態，在黏土築成的蜂房裡到處漆黑
一團，眼睛有什麼用呢？

　　上唇突出，跟頭並沒有明顯分開，前面短，旁邊有非常細
的蒼白色纖毛。大顎很小，末端淡紅，內側凹陷圓鈍，像湯匙
狀。在大顎下面有一塊鼓肉，上面有兩個非常小的乳頭般的隆
突，這是帶有兩根觸鬚的下唇。下唇左右兩旁有另外兩塊肉緊
貼在嘴唇上，末端有退化的觸鬚，由兩、三個極小的節組成。
這兩塊肉是未來的頜。整個器官——嘴唇和大顎完全不動，而
且處於雛形狀態，故無法描述。這是一些處於萌芽狀態，仍模
糊不清，正在生長的器官。上唇與由嘴唇和頜組成的複雜利刃
之間留下了一個狹窄的縫，大顎就在其中發揮威力。

　　腳只剩下了殘餘，雖然每隻腳有圓柱形的三截，可是幾乎不到半公釐長。不管是在牠生活其中的流動蜜漿中，還是在堅實的土地上，幼蟲都根本無法使用這些腳。如果把幼蟲從蜂房裡取出來，放在一個固體上以便於觀察，我們就會看到那極其肥胖的肚子把胸部拱了起來，結果腳就踏不到一個支點上了。由於體態的關係，幼蟲只能側躺著，一動也不動或者只有腹部懶洋洋地蠕動，而軟弱的腳則從來都不動一下，所以這些腳對於牠來說也是一點用處都沒有的。總之原先那麼敏捷、那麼活躍的小傢伙，現在變成一個大腹便便、胖得不能動彈的毛毛蟲了。看到這隻笨重浮腫的小傢伙，肚子大得非常難看，腳只剩下像是殘缺不全的一截，一點用也沒有，誰會認得出這就是前不久那個長著盔甲，身材苗條，器官極其完善，可以從事危險旅行的漂亮小蟲呢？

　　如果說西塔利芫菁初齡幼蟲的結構是為了行動，為了占有牠所覬覦的蜂房，那麼牠在第二種形態時的結構只是為了消化所得到的食物。我們看看牠的內部結構，尤其是牠的消化器官吧！怪事，這個將要吞食條蜂堆積的蜜漿的器官，跟也許永遠不吃食物的成年西塔利芫菁的消化器官完全一樣。兩者都有同樣短得驚人的食道，同樣的乳糜室，不過成蟲的乳糜室裡面是空的，而幼蟲的則被大量橘黃色的肉糜鼓脹了起來；兩者都有四個同樣的膽囊管，管的一端跟直腸連在一起。幼蟲跟成蟲一

樣沒有唾液腺和任何類似的器官。牠的神經支配器官如果只從食道前胸算起，有十一個神經節；而成蟲只有七個——胸部三個，其中最後兩個連在一起；腹部有四個。

食物吃完後，幼蟲有那麼幾天仍然處於不動的狀態，不時把一些淡紅色的糞便排泄出來，直到消化管完全沒有橘黃色的肉糜為止。這時昆蟲收縮起來蜷成一團，然後我們很快便會看到從牠的身上褪下一塊有點皺、非常細、像個有口的透明薄膜袋子，下面的轉變就是在那裡進行的。在這皮袋上，在這由幼蟲整個褪下來的透明的皮袋上，可以看到保存得好好的各個外部器官：帶著觸角的頭、大顎、頜、觸鬚、胸部節段以及殘餘的腳；腹部和腹部的一連串氣孔彼此仍然靠氣管絲連著。

然後，在這個纖細得哪怕再小心地碰一下都幾乎要碰破的外套下面，出現了一團軟軟的白色物體，過幾個鍾頭，牠變成了深黃褐色的角質固體。於是變態完成了。我們把包著剛形成的身體的這個細紗袋撕開，察看一下西塔利芫菁幼蟲的第三種形態。

幼蟲由節段組成，沒有活力，周邊橢圓，角質，跟蝨子和蛾蛹完全一樣，深黃褐色，簡直就跟棗子的顏色一樣。牠上頭那一面由一個兩邊傾斜的面組成，脊柱非常鈍；底下那一面起

初是平的，以後由於蒸發的緣故日益隆起，一個環形的軟墊圍繞著橢圓形的四周。最後，牠的兩端，或者說兩極有點扁平。底下那一面的大軸線平均有十二公釐，而小軸線為六公釐。

　　這個身體的頭部那一端，有一個大致按幼蟲頭的模樣脫出來的罩子；而相反的那一端，有一個小小的圓盤，中間部分有深深的皺紋。頭下面的三個節段，每個節段有兩個囊泡，非常小，沒有用放大鏡幾乎看不出來，這些就是幼蟲在前一種形態時的腳，而那頭部的罩子就是幼蟲過去的頭。這些並不是器官，而是在以後要長出這些器官的部位留出的標誌，是設下的方位標。最後，在每個側面有像以前那樣，位於中胸上的九個氣孔和腹部的前八個節段。這八個節段的深棕色和身體的淡黃褐色形成明顯的對照。這些節段是發亮的椎形囊泡，頂端有一個圓孔。第九節段雖然形狀跟前者一樣，但小得多，在放大鏡下也看不出來。

　　從第一種形態過渡到第二種形態已經這麼奇怪了，現在牠還要變得更加異乎尋常哩。但我不知道用什麼名詞來稱呼這樣一個身體，因為這不僅在鞘翅目昆蟲，甚至在整個昆蟲界都沒有相似的。雖然，一方面，這個身體由於堅固的角質，由於各個節段完全不動，由於幾乎根本沒有什麼突出的東西可以看出成蟲的身體部位，所以在許多方面跟雙翅目昆蟲的蛹相似；而

另一方面，牠又與蛾蛹接近，因為要達到這個狀態，牠需要像毛毛蟲那樣蛻皮；可是牠跟蛹不同，因為牠並沒有長出變成角質的表皮來進行發育，而是長出幼蟲的一層內皮；而且牠又跟蛾蛹不同，因為牠沒有任何東西可以看出蛾蛹成蟲所具有的附屬器官。最後，牠跟蛹和蛾蛹的更加深刻的不同在於，蛹和蛾蛹直接衍生出成蟲，而牠衍生出來的只是一隻跟前面一樣的幼蟲罷了。因此我建議用「擬蛹」來指稱這個奇怪的身體，並保留「初齡幼蟲」、「二齡幼蟲」、「三齡幼蟲」這些名詞，來稱呼具有西塔利芫菁幼蟲所有特點的這三種形態。

如果說具有「擬蛹」形態的西塔利芫菁在外貌上改變得令昆蟲形態學也無法明確判斷出來，牠的內部情況可不是這樣。我曾經在一年中的各個時期仔細觀察擬蛹（牠們整年都動也不動）的內臟，牠們的器官跟二齡幼蟲的器官沒有任何不同。神經系統沒有變化。消化器官內一直完全是空的，而由於空空如也，就像一個細繩子，藏在脂肪袋裡看不出來。儲藏糞便的腸子硬些，形狀也更清楚。四個膽囊一直分得很清楚。糞便比任何時候都多，比起整個體積來，神經系統和消化器官的薄膜太小了，如果這些不算在內，擬蛹體內除了糞便就沒有別的了。這是這個生命為了下一步的工作，要從中吸取養分的儲藏物。

有些西塔利芫菁的擬蛹狀態幾乎只有一個月。其他的變態

是在八月完成的；到了九月初，昆蟲就處於成蟲狀態了。但是
一般而言，演變進行得慢些，擬蛹要度過冬天，而最後一次變
態是在來年的六月。在這期間裡，西塔利芫菁以擬蛹的形態在
蜂房裡睡著，睡得這麼沈，就像胚胎在卵中睡著一樣，我們別
理會這長時間的休息好了；現在讓我們來到可以稱爲第二次孵
化期的第二年的六、七月吧。

擬蛹一直關在由二齡幼蟲的表皮構成的軟袋子裡。外表看
來沒有任何新的情況發生；可是在內部，卻剛剛完成了巨大的
變化。我說過，擬蛹上面像驢背似的隆起，而下面先是平的，
然後越來越凸出。上頭那一面，或者說背部那一面，具有兩個
傾斜面的肋部，也由於液體部分的蒸發而發生凹陷，下陷得那
麼厲害，以致於擬蛹上與其軸線相垂直的一個斷面，像個曲線
三角形，頂部是鈍角，而兩條邊朝內隆起。前蛹在冬天和春天
就是這種形狀。

但是，到了六月，牠便沒有了這種乾癟的樣子，而是成爲
一個規則的圓球，一個橢圓球，牠與軸線垂直的斷面則是些圓
圈。這種膨脹像是一個皺癟的氣囊被吹大了似的，但是與此同
時還發生了一個比這種膨脹更重要的事實。擬蛹的角質外皮跟
牠裡面裝著的東西相脫離，就像去年二齡幼蟲的皮那樣，一點
也沒有破裂地整個脫落下來；於是這皮就形成了一個跟所裝著

的東西毫不相連的橢圓形罩子，而這罩子本身又包含在用二齡幼蟲的皮做出來的袋子中。這兩個沒有口的袋子，一個套著一個，外表透明、柔軟、無色並且極其纖細；第二個袋子易碎，幾乎跟第一個一樣纖細，但它的顏色是淡褐色，像一張琥珀色薄膜似的，所以遠不如第一個透明。在這第二個袋子上有我們在擬蛹上看到的氣門突起、胸腔囊泡等。最後，在袋子裡面可依稀看到某種東西，牠的形狀使人立刻想到二齡幼蟲。

　　的確，如果我們把保護著這個奧秘的雙層罩子撕開，我們一定會驚訝地看到眼前又有一個跟二齡幼蟲一樣的幼蟲。在最奇怪的變態之後，這個昆蟲又倒回到第二種形態了。用不著描述這個新的幼蟲了，因為牠跟前者只有某些小小的地方有些許不同。兩者的頭都有幾乎看不出來的附屬器官；腳同樣只是些痕跡，同樣有著水晶那麼透明的殘餘。三齡幼蟲跟二齡幼蟲不同之處只在於：腹部由於消化器官完全凹陷而沒有那麼粗；肋部各邊有兩串肉瘤珠子；氣門像水晶似的稍稍突出，但沒有擬蛹突出得那麼厲害；原先只是雛形的第九對氣孔如今已經跟其他的一樣粗了；最後，大顎末端非常尖。三齡幼蟲從雙層的袋子中出來後，只是懶洋洋地收縮和膨脹，由於腳軟弱無力，不能前進，甚至不能保持正常的狀態。牠通常都側身躺著一直不動，或者只微弱地蠕動。

擬蛹的外皮成了幼蟲的殼，萬一牠在殼中頭是朝下的，牠就利用身體膨脹和收縮的交替作用，儘管動作非常懶洋洋的，還可以在殼裡面全身轉過來；而且由於殼內的空間幾乎全被幼蟲占滿了，所以翻轉就更加困難。小蟲收縮身子，把頭彎到肚子下面，經由垂直的動作讓身子的前半部滑到後半部上面，這動作是那麼慢，放大鏡幾乎都看不出來。過了不到一刻鐘，起初是顛倒著的幼蟲如今頭朝上了。我讚賞這種體操，但是對此我卻難以理解，因爲幼蟲在其中休息的殼子裡，空的地方是那麼小，既然牠能夠做這樣的翻轉，那麼比起我們期待牠做的事情來，那簡直不算什麼了。這種特權使牠可以在牠的小屋中恢復牠喜歡的朝向，即處於頭朝上那原始的姿勢，可是幼蟲享有這種特權的時間並不長。

在牠第一次出現後至多兩天，牠又陷入跟擬蛹一樣完全無活力的狀態。我們把牠從琥珀色的殼中取出來，發現牠那隨意收縮和膨脹的能力徹底麻木了，甚至用針尖刺激也不能使牠動起來，雖然外皮仍然保持十分柔軟，而且身體結構沒有絲毫的變化。擬蛹的毫無感應持續了整整一年，牠剛剛甦醒了，才一會兒又立即陷入深深的昏沈之中。這種昏沈只在過度到蛹的狀態時才部分消失，然後立即又恢復到原樣，並一直繼續到成蟲狀態的來臨。

　　因此，如果使用玻璃管使三齡幼蟲，或者說使裹在殼中的蛹保持顛倒的姿勢，不管時間多長，這些幼蟲也絕不會恢復直立的姿勢；就算是成蟲，關在殼裡時，由於不夠柔軟，也無法恢復直立。如果我們沒有見到過三齡幼蟲最初的那些動作，那麼有幾天年齡的三齡幼蟲，以及蛹的這種完全不動，加上殼裡剩下的空間很小，一定會讓人相信這種小蟲是完全不可能整個翻轉過來的。

　　現在讓我們看看，如果在規定的時刻沒有進行觀察，會導致什麼樣奇怪的後果。我收集了一些擬蛹，把牠們以各種可能的姿勢放在一個瓶子中。合適的季節來到了，而我們理所當然會感到驚訝，因為我們看到，在大部分殼子裡，關在裡面的幼蟲或蛹都處於顛倒的方向，也就是說，頭轉向殼的肛門那一端。我們觀察著在這些顛倒著的殼裡有沒有任何活動的現象，沒有。我們把殼擺在各種可以想像出來的位置，看看小蟲會不會翻轉過來，毫無作用。我們想看看進行翻轉所需的自由空間到底在哪裡，也一樣是徒勞。這些是純粹的幻想。我受騙了，我在兩年中提出了各種猜想，企圖了解這殼和殼裡的東西之間為什麼這樣不一致，企圖最後能夠解釋一個無法解釋的事實，但有利的時機過去了。

　　而在現場，在條蜂的蜂房裡，從來沒有出現過這種明顯的

不正常的現象，因為二齡幼蟲在即將轉變為擬蛹時，總是注意根據蜂房或多或少接近垂直的軸線使自己的頭朝上。但是當擬蛹雜亂無章地擺在一個盒子裡，一個瓶子裡的時候，所有那些顛倒放置的擬蛹裡面裝著的幼蟲或蛹，後來都會翻轉過來。

　　在我所描述的四次深刻的變態之後，我們可以預料內部的身體會發生某些改變，這看法是十分有道理的。可是什麼變化也沒有，三齡幼蟲的神經系統跟前面的一樣，生殖器官甚至還沒長出來，更不用說消化器官了，這些消化器官一直到成蟲都保持不變。

　　三齡幼蟲期只有四、五星期，二齡幼蟲期大致也這麼長。七月是二齡幼蟲轉為擬蛹，三齡幼蟲轉為蛹的時期，這些變化總是在橢圓形的雙重外套內進行的。外套的皮在背的前部裂開，然後借助在這種情況下重新出現的幾下輕微的收縮，外套的皮蛻成一小團被褪到了後面。隨後的情況，就跟其他的鞘翅目昆蟲沒有任何不同了。

　　三齡幼蟲的蛹也沒有任何特別的地方，這是襁褓中的成蟲，黃白色，各個附屬器官透明得像水晶伸展在腹部下面。幾個星期過去了，在這期間，蛹部分穿上了成蟲狀態的外衣，而一個月左右後，小蟲按通常的方式做最後一次蛻皮達到最終的

形狀。這時鞘翅黃白色，翅膀、腹部和腳的大部分也是這種顏
色。過了二十四小時，鞘翅有一段呈黑褐色；翅膀變黑，腳最
後也變成黑色。於是成蟲完成了結構變化。但是西塔利芫菁還
在迄今完好無損的殼中待了半個月，不時排出一些尿酸的白色
糞便，並用牠最後兩次的蛻皮，即三齡幼蟲和蛹蛻下的皮，把
糞便扒到後面去。最後，接近八月中時，牠撕開裹著牠的雙層
套子，戳穿條蜂蜂房的塞子，走入通道，到外面去尋找異性伴
侶了。

　　我說過，我在搜尋西塔利芫菁時，曾發現了兩個屬於疤痕
短翅芫菁的蜂房。其中一個蜂房內裝著條蜂的卵，卵上有一個
黃色的蝨子，這是短翅芫菁的初齡幼蟲。關於這種昆蟲的故事
我們是熟悉的。第二個蜂房裡也充滿著蜜，蜜汁上漂浮著一隻
小小的白色幼蟲，長約四公釐，與屬於西塔利芫菁的白色幼蟲
很不一樣。牠的腹部迅速一脹一縮，說明牠在貪婪地喝著條蜂
採集的氣味濃烈的瓊漿。這隻幼蟲是短翅芫菁幼蟲發育的第二
個階段。

　　我把這兩個珍貴的蜂房保存了下來，打開它們，好研究其
中的內容。我從卡爾龐特哈回來時，由於車輛顛簸，蜂房裡的
蜜滲了出來，蜂房的居民死了。六月二十五日我再次造訪條蜂
的窩，我又帶回了兩個跟前面一樣，但肥大得多的幼蟲。一隻

幼蟲就要吃完糧食，另一隻的糧食還剩下將近一半。我十分小心地把第一隻幼蟲放到安全的地方，把第二隻立即浸泡在酒精裡面。

　　這些幼蟲看不見東西，軟綿綿、肉肉的，淡黃白色，身上蓋著只有在放大鏡下才看得見的絨毛，像金龜子的幼蟲那樣彎成鉤狀，兩者外形有點相像。包括頭在內總共有十三個節段，其中九個有氣孔，食囊袋為卵形，蒼白色。這是中胸和腹部的頭八個節段。就像西塔利芫菁的幼蟲一樣，最後一對氣孔，或者說腹部的第八節段比其他節段小一些。

　　頭是角質的，略帶棕色。前側片四周棕色。上唇突出，白色，梯形。大顎黑色，粗壯，短而鈍，不太彎，尖利，上下的內面各有一顆大牙齒。頜上的觸鬚和唇上的觸鬚狀如非常小的囊泡，有兩三節。觸角棕色，就插在大顎的底部，有三節，第一節粗大，小球狀，其他兩節直徑小得多，圓柱體。腿短，但非常有力，末端有黑而壯的爪，使小蟲可以用來攀登或者挖掘。發育最好的幼蟲長為二十五公釐。幼蟲的內臟放在酒精中太久已經壞了，但是根據我對那隻幼蟲的解剖所得到的了解，牠的神經系統除了食道環外，由十一個神經節組成；而消化器官與成年的短翅芫菁沒有太大不同。

　　六月二十五日的這兩隻幼蟲中最大的那隻，以及牠沒吃完的食物都放在玻璃管裡。這隻幼蟲在七月的頭一個星期具有了新的形狀。背部前半部分的表皮裂開了，一半被褪到後面去，一隻跟西塔利芫菁絕大部分相似的擬蛹部分地露出來了。牛波特沒有看到短翅芫菁幼蟲的第二個形態，也就是幼蟲吃條蜂採集的蜜漿時的形態，但是他看到過這幼蟲有一半裹著擬蛹的蛹殼。牛波特根據他在殼上觀察到的粗壯的大顎和帶利爪的腳，推測幼蟲由於能夠挖掘了，便不再待在條蜂的這個蜂房裡，而從一個蜂房轉到另一個蜂房去尋找補充食物。我覺得這個猜想是很有根據的，因為單單一個蜂房裡裝著的少量蜜，是不能讓幼蟲發育到所要達到的體積的。

　　再回到擬蛹上來。就像西塔利芫菁的擬蛹一樣，牠是沒有生命活力的身體，角質堅固，琥珀色，包括頭在內有十三個節段，長二十公釐，略微彎成弧形，背的那一面十分突出，肚子那一面幾乎是平的，四周有肉環鼓出，把背腹兩面分割開來。頭只不過像個面罩而已，上面模模糊糊地有一些與頭部的未來構件相對應的隆起點。在胸部節段上有三對結節，這就是幼蟲和未來的成蟲的腳。最後有九對節段，一對在中胸，接著的八對在腹部的頭八個節段上。最後的那一對比其他的小些，這種特點我們在擬蛹以前的幼蟲上看到了。

　　把短翅芫菁和西塔利芫菁的擬蛹相比較，我們會注意到牠們之間有一個最引人注目的相似之處，那就是牠們在最小的細節上都有同樣的結構。兩者頭部有同樣的面罩，腳的位置有同樣的結節，節段的數目和分布相同，以及，具有同樣顏色和同樣堅硬的外皮。唯一的不同在於這兩種擬蛹外觀和幼蟲蛻下的皮所構成的外罩不一樣。因爲西塔利芫菁蛻下來的皮是一個裹著整個擬蛹沒有口的袋子，一個皮袋；而短翅芫菁蛻下的皮則相反，背上裂開，褪到後面去，因此牠只把前蛹裹了一半。

　　對我擁有的僅有的一隻擬蛹解剖的結果表明，就像西塔利芫菁的身體結構所發生的情況一樣，儘管短翅芫菁的擬蛹外部發生了深刻的變化，其內臟的組織並沒有任何改變。一根細細的短繩就埋在無數脂肪袋中間，從這短繩上可以很輕易辨認出消化器官的基本特徵。凡是前面的幼蟲或是成蟲所具有的特徵，在這細繩上都具備。腹部的髓質，跟幼蟲一樣，由八個神經節構成；而在成蟲上，神經節只有四個。

　　我無法肯定地說，短翅芫菁有多長時間處於擬蛹的形態；但是由於短翅芫菁的演變跟西塔利芫菁完全相似，可以認爲某些擬蛹在當年完成轉變，而另外數量更多的則整年不動，只是到了來年春天才達到成蟲的狀態。牛波特的看法也相同。

　　不管怎樣，這些擬蛹中有一隻在八月末變成蛹了。正是靠著這個寶貴捕獲物的幫助，我才看到了短翅芫菁演變故事的結局。擬蛹的角質外皮順著延及整個腹部、整個頭部再伸到背部的裂縫裂開。就像在擬蛹階段時一樣，這個硬硬的、保持著原樣的蟲皮，有一半嵌在二齡幼蟲拋棄的皮中。最後，一隻短翅芫菁的蛹從把整個外皮幾乎分成一半的裂縫中鑽出來。這樣，從表面上看，似乎一隻蛹立即緊接著擬蛹而來；而西塔利芫菁可不是這樣。西塔利芫菁必須經歷一種中間形狀才能從第一狀態轉到第二狀態，而這種中間形狀則是嚴格仿照以蜜為食物的幼蟲形狀產生出來的。

　　但是這些表象是騙人的，因為把蛹從由擬蛹的外皮構成的套子裂開的地方取出來時，我們會發現在套子的盡頭有一個第三次蛻下的皮，也就是昆蟲迄今所褪下來的最後一張皮。這張蛻下的皮甚至還靠著氣管的幾根纖維絲而跟蛹連著。如果把皮放在水中泡軟，它不會變軟；如果原來有腳，它不會變成無腳；如果起初有單眼，它不會成為瞎子。確實，對於這些形狀不變的幼蟲來說，在整個幼蟲期間，牠們的生活制度以及牠們必須生活其中的環境一直都保持著原樣。

　　但是假設這種生活制度發生了變化，假設在牠們整個演變期中，牠們必須生活其中的環境可能有所改變，那麼顯然蛻皮

能夠，甚至應當使幼蟲的身體組織適應這些新的生存條件。西塔利芫菁的初齡幼蟲生活在條蜂的身體上。危險的長途旅行要求牠動作敏捷，眼睛明亮，平衡器官靈巧；而事實上，牠的確體態輕巧，有單眼，有腳，有可以專門預防跌落的器官。一旦進入了條蜂的蜂房裡，牠必須摧毀條蜂的卵；牠那彎鉤狀的銳利大顎將發揮這個作用。這一切完成之後，食物變了；在吃了條蜂的卵後，幼蟲要吃蜜漿了。牠必須生活其中的環境也變了：牠現在不是生活在條蜂的卵中，而是要漂浮在黏性的液體上；牠不是生活在明亮的陽光下，而是要一直待在深深的黑暗之中。於是牠那銳利的大顎就必須凹成像個湯匙好喝蜜漿；牠的腳，牠的觸毛，牠的平衡器官由於已經沒有用處，甚至礙事，就必須消失，因為這些器官只會使幼蟲黏上蜜，從而有巨大的危險。牠那輕巧的體態，牠那角質的外皮，牠那些單眼在黑漆漆的蜂房已經不需要了，因為在蜂房裡已不可能活動，也不必害怕任何強烈的碰撞，所以牠就必須變得完全失明，外皮柔軟，體形笨拙而懶散。幼蟲生命所必不可少的這種變態全都是靠蛻皮來完成的。

我們可以清楚地看出下面這種變態的必要性，這樣的變態是所有其他昆蟲根本沒有的。吃蜜的幼蟲最先外表似乎像蛹，然後恢復到以前的形狀，雖然我們完全不知道為什麼需要這樣的變化。我在此不得不把事實記錄下來，而把對這些事實的解

釋留待未來。短翅芫菁幼蟲在達到蛹的狀態前經歷了四次蛻皮，而在每一次蛻皮之後，其特徵都發生了深刻的變化。在外部發生變化期間，內部組織仍保持原樣而沒有改變。只是在蛹出現時，牠才完全像其他鞘翅目昆蟲那樣，神經系統集中起來了，生殖器官發育完全了。可見，芫菁科昆蟲除了跟鞘翅目昆蟲通常的變態一樣，有從幼蟲到蛹到成蟲相繼發生的各個階段之外，還有幼蟲的外形發生多次轉變，但內臟卻沒有任何變化這樣的階段。這種在昆蟲傳統的變態之前，幼蟲多次改變形狀的演變方式，必定值得有一個特殊的名稱，我建議稱之為「過變態」。

最後，我們把變態過程中最突出的事實概述如下：西塔利芫菁、短翅芫菁、帶芫菁以及可能還有別的一些，或許所有的芫菁科昆蟲，在初生時是採蜜的膜翅目昆蟲的寄生蟲。

芫菁科昆蟲在變成蛹之前經歷了四種形態，我稱之為初齡幼蟲、二齡幼蟲、擬蛹、三齡幼蟲，牠們靠蛻皮從一個形態轉到另一形態而內臟沒有變化。

初齡幼蟲，角質，在膜翅目昆蟲身上安身，其目的是讓膜翅目昆蟲把自己運到裝滿蜜的蜂房裡去。到了蜂房後，牠吞噬膜翅目昆蟲的卵，牠的作用完成了。

　　二齡幼蟲身體柔軟，在外部特徵方面與初齡幼蟲完全不同，牠靠篡奪的蜂房中裝著的蜜維生。

　　可以很容易地看出，初齡幼蟲的組織跟擬蛹以前的幼蟲的組織幾乎一模一樣。只不過大顎和腳沒有那麼粗壯罷了。在經過了擬蛹階段後，短翅芫菁竟有一段時間恢復了以前的形態，幾乎沒有什麼變動。

　　隨後三齡幼蟲變成了蛹。蛹沒有任何特別之處。我餵養的唯一的蛹，是在接近九月時達到成蟲狀態的。在一般情況下，短翅芫菁是不是在這個時期從牠的蜂房中出來呢？我不這麼認為，因為交配和產卵只是在初春才進行的。牠可能要在條蜂的窩裡度過秋天和冬天，而只是在第二年的春天才離開。甚至很可能在一般情況下，演變進行得更慢些，大部分短翅芫菁跟西塔利芫菁一樣，以擬蛹的狀態度過嚴寒季節，因為這種狀態非常適合於昏昏沈沈的冬眠。只是在春暖花開的季節來臨時，牠們才完成那無數的變態。

　　西塔利芫菁和短翅芫菁屬於同一族──芫菁科。牠們整族的昆蟲很可能都有這樣奇怪的變態，事實上，我幸運地看到了第三個例子，不過事隔二十五年，我在此無法對細節進行研究了。在這漫長的時間中，我曾六次，僅僅六次，看到我將要描

述的那個擬蛹。有三次我是在建在石頭上的石蜂舊窩裡得到擬蛹的，我原先認為那是高牆石蜂的窩，現在我認為更有可能是棚簷石蜂的窩。我有一次從食木虻幼蟲挖的洞穴裡取出了擬蛹，這洞穴挖在野梨樹的枯樹幹裡，後來這洞穴成某種壁蜂的蜂房，我不知道是哪種壁蜂。最後我曾找到一對擬蛹住在三齒壁蜂的蛹室中，三齒壁蜂把這一條挖在乾枯樹莓樁中的通道給牠的幼蟲做臥室，因此這種擬蛹是壁蜂的寄生蟲；當我把這擬蛹從石蜂的舊窩裡取出來時，我不應該把窩說成是石蜂的，而應該說是一種壁蜂（三叉壁蜂或拉特雷依壁蜂）的，這種壁蜂使用築巢蜂的舊洞穴來做窩。

我十分完整地看到的這一切，為我提供了下面的資料：擬蛹由二齡幼蟲的表皮緊緊裹著，這表皮是一張纖細透明，沒有絲毫裂縫的薄膜。除了薄膜緊貼著裡面的東西之外，這簡直就是西塔利芫菁的袋子了。在這緊身衣上面我們看出，三對腳只剩下了殘餘，成了殘肢。頭部清楚地顯出大顎和嘴的其他部分，沒有眼睛的痕跡。在身體兩側各有一條乾癟的白色氣管帶，從一個氣孔延伸到另一個氣孔。

然後就是角質的擬蛹了，牠長一公分，寬四公釐，棗紅色，圓柱體，兩端圓錐形，背面微凸，腹面微凹，身上覆蓋著突出的細點，非常密，要用放大鏡才能看得出來。頭部有一個

大包，嘴可以依稀看出；三對淺棕色但有點發亮的小點，這便是腳的殘餘，幾乎看不出來；在身體兩側有一排八個黑點，這是氣孔。第一對單獨在前面；與第一對之間隔著一個空隙的其他七對連成一排。最後，在相反一端是個小淺窩，這是肛門孔的標誌。

我幸運得到的六個擬蛹中，四個是死的，另外兩個是鈍帶芫菁。這樣就可以說明我的預料是正確的了，經由類推我最初把這些奇怪的身體組織設想為是帶芫菁屬的昆蟲。壁蜂的寄生蟲是短翅芫菁，而現在我們知道短翅芫菁的寄生蟲是什麼了。現在我們還需要了解由壁蜂運到裝滿蜜的蜂房去的初齡幼蟲，和在某個時候將要包含在擬蛹中以便以後變成蛹的二齡幼蟲是什麼樣子。

現在把剛才簡單勾勒的這些奇怪的變態作一番概述。在鞘翅目昆蟲中，任何幼蟲在變成蛹之前都要蛻皮，都有次數不等的換皮；這些蛻皮讓幼蟲脫下對牠已經太窄的外套以促進發育，但絲毫不會影響到幼蟲的外形。幼蟲在經歷了各種蛻皮之後仍然保存著自己的特點。如果最初是堅硬的，擬蛹不會做任何活動，有像蛹那樣的角質外皮。在這外皮上有一個頭罩，那裡沒有能夠辨別出來的活動部位，另外有六個腳痕跡的結節以及九對氣孔。西塔利芫菁的蛹裝在像是封閉的袋子裡，帶芫菁

的擬蛹則裝在由二齡幼蟲的皮所構成的緊貼著身子的口袋裡，短翅芫菁的擬蛹則只是一半套在二齡幼蟲的裂開的皮中。

　　三齡幼蟲除了很小的細節外，具有二齡幼蟲的所有特徵：西塔利芫菁的三齡幼蟲藏在二齡幼蟲和擬蛹蛻下的皮所構成的橢圓形雙層罩子裡，很可能帶芫菁也是如此。至於短翅芫菁，牠一半包在裂開的前蛹的外皮中，並像前蛹一樣，一半也是包在二齡幼蟲的皮中。

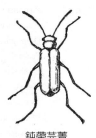

鈍帶芫菁

　　從三齡幼蟲起，變態的過程就跟通常的一樣了，也就是說幼蟲變成蛹，而蛹變成成蟲。

【譯名對照表】

中譯	原文
【昆蟲名】	
八點蛛蜂	Pompile à huit points
	Pompilus octopunctatus Panz.
三叉壁蜂	Osmia tricornis
	Osmie à trois cornes
三室短柄泥蜂	Psen atratus
三齒壁蜂	Osmie tridentée
	Osmia tridentata Duf. et Pér.
土蜂	Scolie
土熊蜂	Bombus terrestris
大頭蜂	Macrocère
切葉蜂	Mégachile
尺蠖	Chenille arpenteuse
木蜂	Xylocope
毛毛蟲	chenille
毛足蜂	Dasypode
毛刺砂泥蜂	Ammophile hérissée
	Ammophila hirsuta Kirb.
毛斑蜂	Mélecte
占卜者長尾姬蜂	Ephialtes divinator Rossi
巨唇泥蜂	Stize
白面螽	Dectique
白邊飛蝗泥蜂	Sphex à bordures blanches
	Sphex albisecta
皮蠹	Dermeste
石蜂	Chalicodome
石蠶蛾	Frigane
仲介者長尾姬蜂	Ephialtes mediator Grav.
吉丁蟲	Bupreste
地蜂	Andrène
尖腹蜂	Clioxy
尖頭蛛蜂	Pompile apical
	Pompilus apicalis V. Lind.
灰毛蟲	Ver gris
西西里石蜂	Chalicodoma sicula
低鳴條蜂	Anthophora pilipes
庇里牛斯石蜂	Chalicodoma pyrenaica Lep.
庇里牛斯蜂	Fœnus pyrenaicus Guérin
束帶雙齒蜂	Dioxys cincta
步行蟲	Carabe
赤角巨唇泥蜂	Stize ruficorne
刺脛小蠹	Scolien de petite taille
夜蛾	Papillon nocturne
拉特雷依壁蜂	Osmie de Latreille
	Osmia Latreillii
披甲毛斑蜂	Melecta armata
果仁形黑胡蜂	Eumène pomiforme
	Eumenes pomiformis Fab.
泥蜂	Bembex
泛白色蘆蜂	Ceratina albilabris Fab.
直翅目	Orthoptère
肩衣西塔利芫菁	Sitaris humeralis
肩衣黃斑蜂	Anthidium scapulare Latr.
花金龜	Cétoine
金色花金龜	Cétoine dorée
金龜子	Lamellicorne
	Scarabée
長腳蜂	Poliste
長頰熊蜂	Bombus hortorum
長鬚蜂	Eucère
阿美德黑胡蜂	Eumenes Amedei Lep.
扁屍岬	Silphe
流浪旋管泥蜂	Solenius vagus Fab.
疤痕短翅芫菁	Meloe cicatricosus
砂泥蜂	Ammophile
科埃盧拉蘆蜂	Ceratina cœrulea Villers.

中譯	原文
紅帶蜘蛛	Malmignatte
紅黃色石蜂	Chalicodoma rufescens J. Pérez
紅跗節石蜂	Chalicodoma rufitarsis Giraud
紅腳石蜂	Chalicodoma pyrrhopeza Gerstacker
紅螞蟻	Fourmi rousse
	Polyergus rufescens
胡蜂	Guêpe
虻	Taon
面具條蜂	Anthophora personata
飛蝗泥蜂	Sphex
修女螳螂	Mante religieuse
埋葬蟲	Nécrophore
夏西特蘆蜂	Ceratina chalicites Germ.
家蚊	Cousin
拿魯波狼蛛	Lycose de Narbonne
海豚蜾蠃	Odynerus delphinalis Giraud
狼蛛	Lycose
粉蟎	Acare
蚜蟲	Puceron
高牆石蜂	Chalicodome des murailles
彩帶圓網蛛	Epeira fasciata
梯形圓網蛛	Epeira sericea
條蜂	Anthophore
細腰蜂	Pélopée
鹿角鍬形蟲	Cerf-volant
喪門神珠腹蛛	Théridion lugubre
喇叭蟲	Clairon
斑點切葉蜂	Megachile apicalis Spin.
普通舞蛛	Tarentule ordinaire
普羅加拉伯短翅芫菁	
	Meloe proscarabœus
棘刺蜾蠃	Odynerus spinipés
棚檐石蜂	Chalicodome des hangars

中譯	原文
無翅目	aptère
犀角金龜	Orycte
短翅芫菁	Méloé
短翅螽斯	Éphippigère
硬皮蘆蜂	Ceratina callosa Fab.
窖蛛	Araignée des caves
	Ségestrie
	Ségestrie paralysée
紫色木蜂	Xylocope violet
腎形蜾蠃	Odynerus reniformis Latr.
蛛蜂	Pompile
象鼻蟲	Charançon
鈍背條蜂	Anthophora retusa
鈍帶芫菁	Zonitis mutica Fab.
鈍葉舌蜂	Prosopis confusa Schenck.
隆格多克飛蝗泥蜂	Sphex languedocien
黃斑蜂	Anthidie
黃邊胡蜂	Frelon
	Vespa Crabro
黑色旋管泥蜂	Solenius lapidarius Lep.
黑胡蜂	Eumène
黑蚜蟲	Puceron noirs
黑腹舞蛛	Tarentule à ventre noir
黑蜘蛛	Araignée noire
黑螞蟻	Fourmis noires
圓皮蠹	Anthrène
圓形麗蠅	Calliphora vomitoria
	Calliphore
圓網蛛	Épeire
節腹泥蜂	Cerceris
義大利舞蛛	Tarentule italienne
葉蟬	Cicadelle
蜂蝨	Pediculus apis

中譯	原文
雷沃米爾蜾蠃	Odynerus Reaumurii
鼠尾蛆	Éristale
熊蜂	Bourdon
綠色蟈蟈兒	Sauterelle verte
舞蛛	Tarentule
蒼蠅	mouche
蜜蜂	Abeille
蜘蛛	Araignée
蜾蠃	Odynére
製陶短翅泥蜂	Tripoxylon figulus
模糊狀黑胡蜂	Eumenes dubius Sauss.
穀田夜蛾	Noctuelle des moissons
	Noctua segetum Hubner
膜翅目	Hyménoptère
蝶蛾	Papillon
蝗蟲	Criquet
蝗蟲類	Acridien
赭色蜾蠃	Odynerus rubicola Duf.
赭色廣肩小蠹	Euritoma rubicola J. Giraud
壁蜂	Osmie
盧比克黑孔蜂	Heriades rubicola Pérez
築巢蜂	Abeille maçonne
螞蟻	Fourmi
閻魔蟲	Hister
隧蜂	Halicte
環節蛛蜂	Pompile annelé
	Calicurgus annulatus Fab.
蟈蟈兒	Sauterelle
蟋蟀	Grillon
褶翅小蜂	Leucospis
黏性鼠尾蛆	Eristalis tenax
斷牆條蜂	Anthophora parietina
蟬	Cigale

中譯	原文
蟎蜱	Acarien
轉紋小蠹	Cryptus gyrator Duf.
雙翅目	Diptère
雙點小蠹	Cryptus bimaculatus Grav.
雙點黑胡蜂	Eumenes bipunctis Sauss.
櫟棘節腹泥蜂	Cerceris tuberculé
	Cerceris tuberculata
鰓金龜	Hanneton
灌木石蜂	Chalicodome des arbustes
齧屑壁蜂	Osmia detrita Pérez
變形卵蜂虻	Anthrax sinuata
變形葉象鼻蟲	Phytonomus variabilis
鱗翅目	Lépidoptère
蠶	ver à soie

【人名】

巴格利維	Baglivi
牛波特	Newport
牛頓	Newton
卡廖斯特羅	Cagliostro
布朗夏	Blanchard
吉爾	Geer
安多妮雅	Antonia
克萊爾	Claire
希羅多德	Herodote
杜福	L. Dufour
杜熱	A. Dugès
亞里斯多德	Aristote
佩雷	Pérez
拉辛	Russie
拉普勒蒂埃	Lepeletier
林奈	Linné

中譯	原文
法維埃	Favier
阿格拉艾	Aglaé
阿基里德	Euclide
哥達爾	Gœdart
庫迪	L. Couty
勒瓦揚	Vaillant
梅斯梅爾	Mesmer
斯帕朗紮尼	Spallanzani
普林尼	Pline
雅納克	Jarnac
雷沃米爾	Réaumur
圖塞內爾	Toussenel
維克多・杜雷	Victor Duruy
維特魯威	Vitruve
歐端	Audoin
羅里奧爾	Loriol
露絲	Lucie

【地名】

中譯	原文
土魯茲	Toulouse
卡拉布利亞	Calabres
卡塔洛涅	Catalogne
卡爾龐特哈	Carpentras
布魯塞爾	Bruxelles
瓦倫西亞	Valence
皮佐	Pujaud
皮奧朗克	Piolenc
地中海	Méditerranéennes
多米提亞	Domitia
艾格河	Aygues
西班牙	Espagne
克里木	Crimée

中譯	原文
君士坦丁堡	Constantionple
沃克呂滋	Vaucluse
貝端	Bédoin
波爾多	Bordeaux
阿嘉丘	Ajaccio
阿爾卑斯	Alpes
非洲	Afrique
封克萊爾	Font-Claire
科西嘉	Corses
翁格勒	Angles
馬賽	Marseille
荷納	Varna
博尼法丘奧	Bonifacio
普伊	Pouille
隆德	Landes
雅典	Athènes
塞巴斯托波爾	Sébastopol
塞西尼翁	Sérignan
塞特	Cette
頓城	Down
歐宏桔	Orange
潘帕斯	Pampas
餘霄山區	Uchaux

法布爾昆蟲記全集 2

樹莓樁中的居民

SOUVENIRS ENTOMOLOGIQUES
ÉTUDES SUR L'INSTINCT ET LES MŒURS DES INSECTES

作者──JEAN-HENRI FABRE 法布爾

譯者──梁守鏘

審訂──楊平世

主編──王明雪　　　副主編──鄧子菁

專案編輯──吳梅瑛

發行人──王榮文

出版發行──遠流出版事業股份有限公司

104005 台北市中山北路一段 11 號 13 樓

郵撥：0189456-1　　電話：(02)2571-0297　　傳真：(02)2571-0197

著作權顧問──蕭雄淋律師

輸出印刷──中原造像股份有限公司

□ 2002 年 9 月 1 日 初版一刷　　□ 2021 年 7 月 15 日 初版十二刷

定價 360 元　　（缺頁或破損的書，請寄回更換）

遠流博識網 http://www.ylib.com　E-mail:ylib@ylib.com

昆蟲線圖修繪：黃崑謀　　內頁版型設計：唐壽南、賴君勝　　章名頁刊頭製作：陳春惠
特別感謝：王心瑩、林皎宏、呂淑容、洪閔慧、黃文伯、黃智偉、葉懿慧、賴惠鳳
在本書編輯期間熱心的協助。

國家圖書館出版品預行編目資料

　　法布爾昆蟲記全集. 2, 樹莓椿中的居民 ／ 法布
　爾（Jean-Henri Fabre）著； 梁守鏘譯. -- 初
　版. -- 臺北市 ： 遠流, 2002〔民91〕
　　　面 ： 　公分
　　譯自：Souvenirs Entomologiques
　　ISBN 957-32-4689-9（平裝）

　　1. 昆蟲 － 通俗作品

387.719　　　　　　　　　　　　　91012412

SOUVENIRS ENTOMOLOGIQUES